人力资源和社会保障部职业能力建设司推荐
冶金行业职业教育培训规划教材

机械基础知识

主　编　马保振　范淑果
副主编　袁建路　张文灼
主　审　郝宏伟

北京
冶金工业出版社
2011

内 容 提 要

本书为冶金行业职业技能培训教材，是参照冶金行业职业技能标准和职业技能鉴定规范，根据冶金企业的生产实际和岗位群的技能要求编写的，并经人力资源和社会保障部职业培训教材工作委员会办公室组织专家评审通过。

全书共分12章，主要内容包括机械制图基础、机械零件的几何精度、平面连杆机构、凸轮机构、间歇运动机构、带传动、链传动、齿轮传动、蜗杆传动、轴及其联接、轴承、螺纹联接及螺旋传动等基础知识。

本书也可作为职业技术院校相关专业的教材，或工程技术人员的参考用书。

图书在版编目(CIP)数据

机械基础知识/马保振等主编．—北京：冶金工业出版社，2005.3（2011.11 重印）
冶金行业职业教育培训规划教材
ISBN 978-7-5024-3551-6

Ⅰ．机…　Ⅱ．马…　Ⅲ．机械学—基本知识
Ⅳ．TH11

中国版本图书馆 CIP 数据核字(2004)第 089091 号

出 版 人　曹胜利
地　　址　北京北河沿大街嵩祝院北巷39号，邮编100009
电　　话　(010)64027926　电子信箱　yjcbs@ cnmip. com. cn
责任编辑　宋　良　刘　源　美术编辑　王耀忠
责任校对　白　迅　李文彦　责任印制　牛晓波
ISBN 978-7-5024-3551-6
北京兴华印刷厂印刷；冶金工业出版社发行；各地新华书店经销
2005年3月第1版，2011年11月第4次印刷
787mm×1092mm　1/16；11.25 印张；300 千字；162 页
26.00 元

冶金工业出版社投稿电话：(010)64027932　投稿信箱：tougao@cnmip. com. cn
冶金工业出版社发行部　电话：(010)64044283　传真：(010)64027893
冶金书店　地址：北京东四西大街46号(100010)　电话：(010)65289081(兼传真)
（本书如有印装质量问题，本社发行部负责退换）

冶金行业职业教育培训规划教材
编辑委员会

序

吴溪淳

改革开放以来，我国经济和社会发展取得了辉煌成就，冶金工业实现了持续、快速、健康发展，钢产量已连续数年位居世界首位。这其间凝结着冶金行业广大职工的智慧和心血，包含着千千万万产业工人的汗水和辛劳。实践证明，人才是兴国之本、富民之基和发展之源，是科技创新、经济发展和社会进步的探索者、实践者和推动者。冶金行业中的高技能人才是推动技术创新、实现科技成果转化不可缺少的重要力量，其数量能否迅速增长、素质能否不断提高；关系到冶金行业核心竞争力的强弱。同时，冶金行业作为国家基础产业，拥有数百万从业人员，其综合素质关系到我国产业工人队伍整体素质，关系到工人阶级自身先进性在新的历史条件下的巩固和发展，直接关系到我国综合国力能否不断增强。

强化职业技能培训工作，提高企业核心竞争力，是国民经济可持续发展的重要保障，党中央和国务院给予了高度重视，明确提出人才立国的发展战略。结合《职业教育法》的颁布实施，职业教育工作已出现长期稳定发展的新局面。作为行业职业教育的基础，教材建设工作也应认真贯彻落实科学发展观，坚持职业教育面向人人、面向社会的发展方向和以服务为宗旨、以就业为导向的发展方针，适时扩大编者队伍，优化配置教材选题，不断提高编写质量，为冶金行业的现代化建设打下坚实的基础。

为了搞好冶金行业的职业技能培训工作，冶金工业出版社在人力资源和社会保障部职业能力建设司和中国钢铁工业协会组织人事部的指导下，同河北工业职业技术学院、昆明冶金高等专科学校、吉林电子信息职业技术学院、山西工程职业技术学院、山东工业职业学院、济钢集团总公司、中国职工教育和职业培训协会冶金分会、中国钢协职业培训中心等单位密切协作，联合有关冶金企业和职业技术院校，编写了这套冶金行业职业教育培训规划教材，并经人力资源和社会保障部职业培训教材工作委员会组织专家评审通过，由人力资源和社会保障部职业能力建设司给予推荐。有关学校、企业的各级领导和编写人员在时间紧、任务重的情况下，克服困难，辛勤工作，在相关科研院所的工程技术人员的积极参与和大力支持下，出色地完成了前期工作，为冶金行业的职业技能培训工作的顺利进行，打下了坚实的基础。相信这套教材的出版，将为冶金企业生产一线人员理论水平、操作水平和管理水平的进一步提高，企业核心竞争力的不断增强，起到积极的推进作用。

随着近年来冶金行业的高速发展，职业技能培训工作也取得了巨大的成绩，绝大多数企业建立了完善的职工教育培训体系，职工素质不断提高，为我国冶金行业的发展提供了强大的人力资源支持。今后培训工作的重点，应继续注重职业技能培训工作者队伍的建设，丰富教材品种，加强对高技能人才的培养，进一步强化岗前培训，深化企业间、国际间的合作，开辟冶金行业职业培训工作的新局面。

展望未来，任重而道远。希望各冶金企业与相关院校、出版部门进一步开拓思路，加强合作，全面提升从业人员的素质，要在冶金企业的职工队伍中培养一批刻苦学习、岗位成才的带头人，培养一批推动技术创新、实现科技成果转化的带头人，培养一批提高生产效率、提升产品质量的带头人；不断创新，不断发展，力争使我国冶金行业职业技能培训工作跨上一个新台阶，为冶金行业持续、稳定、健康发展，做出新的贡献！

前　言

本书是按照劳动和社会保障部的规划，受中国钢铁工业协会和冶金工业出版社的委托，在编委会的组织安排下，参照冶金行业职业技能标准和职业技能鉴定规范，根据冶金企业的生产实际和岗位群的技能要求编写的。书稿经劳动和社会保障部职业培训教材工作委员会办公室组织专家评审通过，由劳动和社会保障部培训就业司推荐作为冶金行业职业技能培训教材。

书中借鉴和汲取了众多机械制图、公差配合、机械基础、机械维护修理与安装等教材的优点和长处，以精练的语言讲述了机械基础的有关知识，突出了应用性和实用性。全书共分12章，主要包括机械制图基础、机械零件的几何精度、平面连杆机构、凸轮机构、间歇运动机构、带传动、链传动、齿轮传动、蜗杆传动、轴及其联接、轴承、螺纹联接及螺旋传动等基础知识。

作为职工岗位培训教材，本书紧密结合企业现场实际，讲究应用，力求体现以提高岗位技能为目标的职教特点，各章节内容选材均来自工程实际，在叙述和表达方式上努力做到深入浅出、直观易懂、触类旁通。

本书由河北工业职业技术学院马保振、河北师范大学范淑果任主编，河北工业职业技术学院袁建路、张文灼任副主编，郝宏伟任主审；邢台轧辊机械(有限)公司次耀辉，石家庄钢铁公司冷学忠、胡向阳，邯郸钢铁公司范玉新，石家庄职业教育中心韩开升等同志参加了本书的编写工作。

在编写过程中，参考了很多相关的资料和书籍，在此向有关作者表示衷心的感谢。

限于编者的水平和经验，书中欠妥和错误之处，恳请广大读者批评指正。

编　者

目　　录

1　机械制图基础

1.1　制图原理

准确地表达实物形状、尺寸及技术要求的图形,称为图样。图样是用于指导生产和进行技术交流的重要技术文件,是表达和交流技术思想的工具,是工程界共同的技术语言。因此,我国国家技术监督局制订了一系列技术制图和机械制图的中华人民共和国国家标准,简称国标,用 GB(国家强制性标准)或 GB/T(国家推荐性标准)表示,通常统称为制图标准。包括图纸幅面、图框格式、标题栏、图形比例、字体、图线型式、尺寸注法等等标准。绘制工程图中应该遵循这些标准,具体可参阅相关资料。本书只对制图基本原理加以介绍,以掌握阅读工程图的能力。

1.1.1　投影法

投射线通过物体,向选定的面投射,并在该面上得到图形的方法称为投影法。根据投影法所得到的图形称为投影图,简称投影。投影法中,得到投影的面(*P*)称为投影面,如图 1－1。

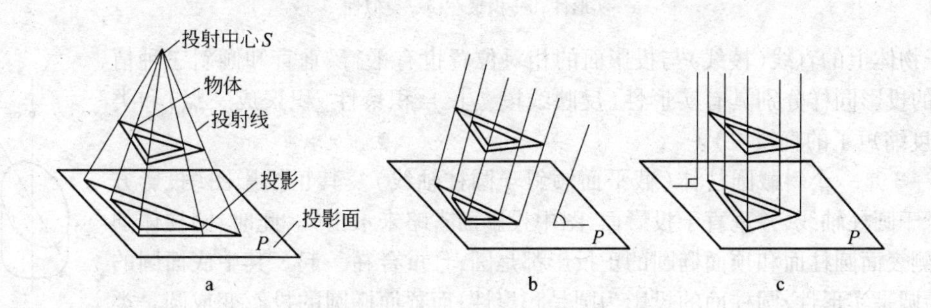

图 1－1　投影法及其分类

a—中心投影法;b—斜投影法;c—正投影法

1.1.2　投影法的分类

根据投射线的汇交或平行,投影法可分为:

(1) 中心投影法。投射线汇交于一点的投影法称为中心投影法,见图 1－1a。投射线的汇交点称为投射中心。

(2) 平行投影法。投射线相互平行的投影法称为平行投影法,见图 1－1b、c。在平行投影法中,根据投射线与投影面的相对位置可分为:

1) 斜投影法。投射线倾斜于投影面的平行投影法,见图 1－1b。

2) 正投影法。投射线垂直于投影面的平行投影法,见图 1－1c。

1.1.3　正投影的基本特性

(1) 实形性。当物体上的平面与投影面平行时,其投影反映平面的实形,这种特性称为实形性。如图1－2a中的平面△*ABC*平行于投影面*P*,则其投影△*abc*反映△*ABC*的实形。

（2）积聚性。当物体上的平面（或柱面）与投影面垂直时,则其投影积聚成一条直线（或曲线）,这种投影特性称为积聚性。如图1－2b中平面△*ABC*垂直于投影面*P*,则其投影△*abc*积聚成一条直线。

（3）类似性。当物体上的平面倾斜于投影面时,其投影的面积变小了,但投影的形状仍与原平面的形状类似,这种投影特性称为类似性。如图1－2c中的平面△*ABC*倾斜于投影面*P*,其投影△*abc*既不反映实形,也不积聚成直线段,而是一个面积缩小而边数不变的类似图形。

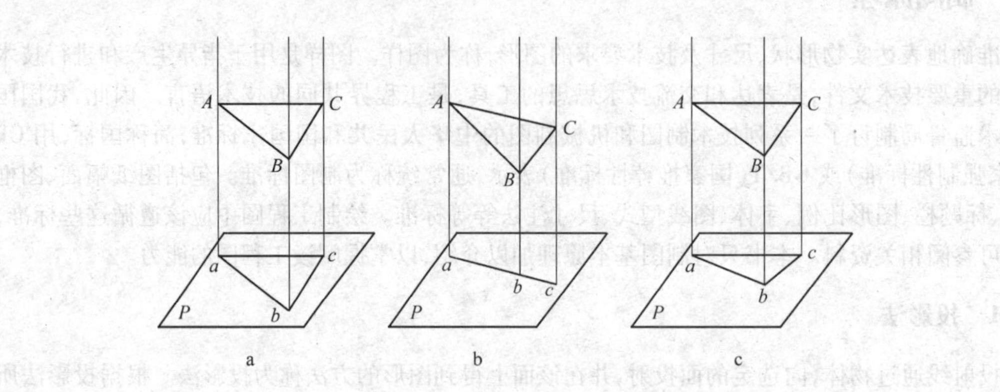

图1－2　正投影的基本特性

a—实形性;b—积聚性;c—类似性

对于物体上的直线（棱线）与投影面的相对位置也有平行、垂直和倾斜三种情况,它们的投影同样分别具有实形性（反映线段实长）、积聚性（积聚成一点）和类似性（长度缩短了的直线段）。

图1－3是一个斜截圆柱体（截平面倾斜于圆柱轴线）及其正投影图（投影方向*S*平行于圆柱轴线,并垂直于投影面,图中投影面省略未示出）。此时,圆柱体的底面圆、侧表面圆柱面和顶面椭圆的正投影都是圆,且重合在一起。其中底面圆的投影仍为圆是实形性;圆柱面的投影为圆是积聚性;而顶面椭圆的投影变成圆是类似性。

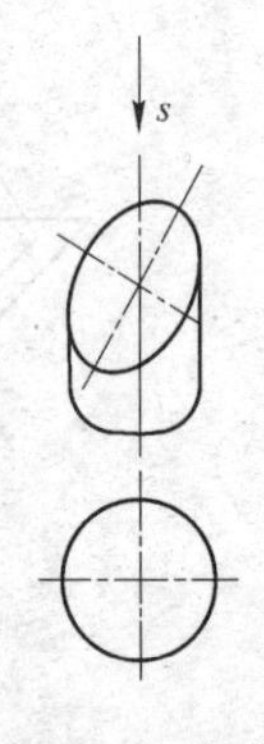

图1－3　斜截圆柱体投影特性分析

在画物体的正投影图时,应该把物体放正,使物体上的主要轮廓表面与投影面保持平行或垂直的位置关系,从而使这些表面的投影具有实形性或积聚性,可以得到比较简单的投影图,便于画图,也便于标注尺寸。

1.2　三视图

1.2.1　视图及三视图

这里讨论物体的正投影图。将物体如图1－4放置,则物体上的*A*、*B*面平行于投影面*V*,其投影*a′*、*b′*,反映*A*、*B*面的实形;而*C*、*D*、*E*、*F*等面均垂直于*V*面,所以它们的投影积聚成*c′*、*d′*、*e′*、*f′*等直线段,这样就得到了物体在*V*面上的正投影图。这种正投影图又称为视图,这是因为假想观察者的视线为正投影时的投射线,并由此观察得到的图形而得名。

上面用正投影法获得了物体的一个视图,见图1－5a。如果把物体上部的竖板向前移动一定距离,见图1－5b;或者把竖板斜切去一部分,见图1－5c。显然,这三个不同的物体得到的是同一个视图,说明一个视图是不能唯一地确定物体的结构形状的。

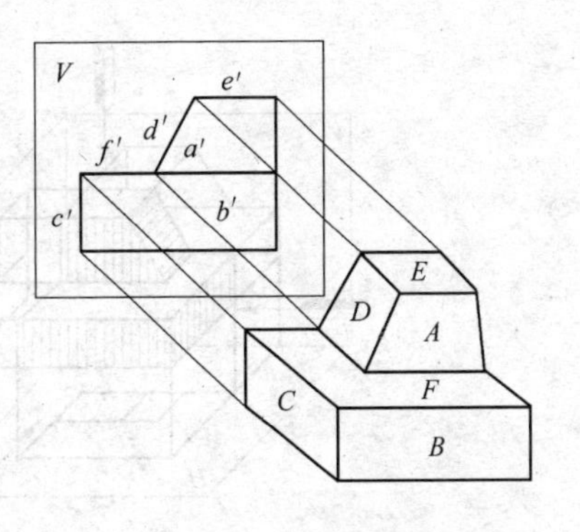

图1-4 正投影视图

为了唯一地确定物体的结构形状,需要采用多面正投影和多个视图。通常选用三个相互垂直相交的投影面,建立一个三投影面体系,见图1-6a。三个投影面分别称为:

(1) 正面投影面,简称正面,以 V 表示;

(2) 水平投影面,简称水平面,以 H 表示;

(3) 侧面投影面,简称侧面,以 W 表示。

三个投影面之间的交线 Ox、Oy,Oz 称为投影轴。三根互相垂直的投影轴的交点 O 称为原点。

见图1-6a,将物体放在三个投影面之间,用正投影法分别向三个投影面投影,就得到了三个视图,称为三面视图,简称三视图。其中由前向后投射所得到的视图称为主视图;由上向下投射所得到的视图称为俯视图;由左向右投射所得到的视图称为左视图。这三个视图就能惟一地确定物体的结构形状。

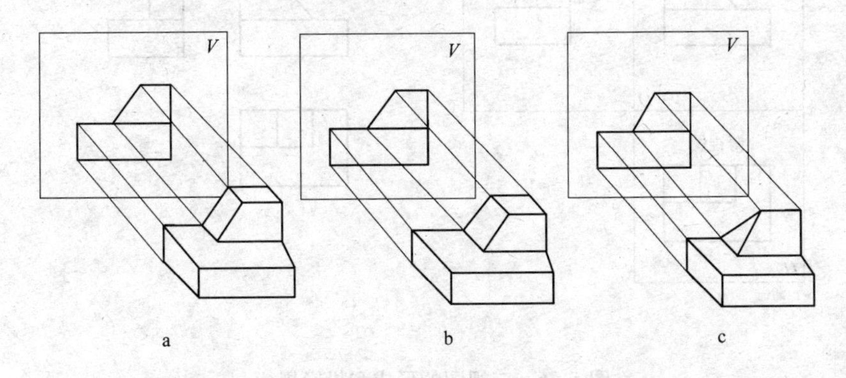

图1-5 一个视图不能唯一确定物体的结构形状

a—竖板和底板后面平齐;b—竖板向前移动一定距离;c—竖板斜切去一部分

为了在同一张图纸上画出三视图,三个投影面必须展开、平摊在一个平面(纸面)上,并规定:

(1) 正面 V 不动;

(2) 水平面 H 绕 Ox 轴向下旋转 90°;

(3) 侧面 W 绕 Oz 轴向右旋转 90°,见图1-6b。

这样,$V-H-W$ 就展开在一个平面上,见图1-6c。在画图时,投影面的边框线和投影轴均不必画出,同时按上述方法展开时,即按投影关系配置视图时,也不需要标出视图的名称,最后得到的三视图见图1-6d。

1.2.2 三视图反映物体的位置关系

物体有上下、左右、前后六个方向的位置,见图1-7a。而每一个视图只能反映四个方向的位置关系,见图1-7b。其中主视图反映物体左右、上下之间的位置关系,即反映了物体的长度和高度;俯视图反映了物体前后、左右之间的位置关系,即反映了物体的宽度和长度;左视图反映了物体前后、上下之间的位置关系,即反映了物体的宽度和高度。

由此可见,必须将三视图中任意两个视图组合起来,才能确定物体各部分之间的相对位置。

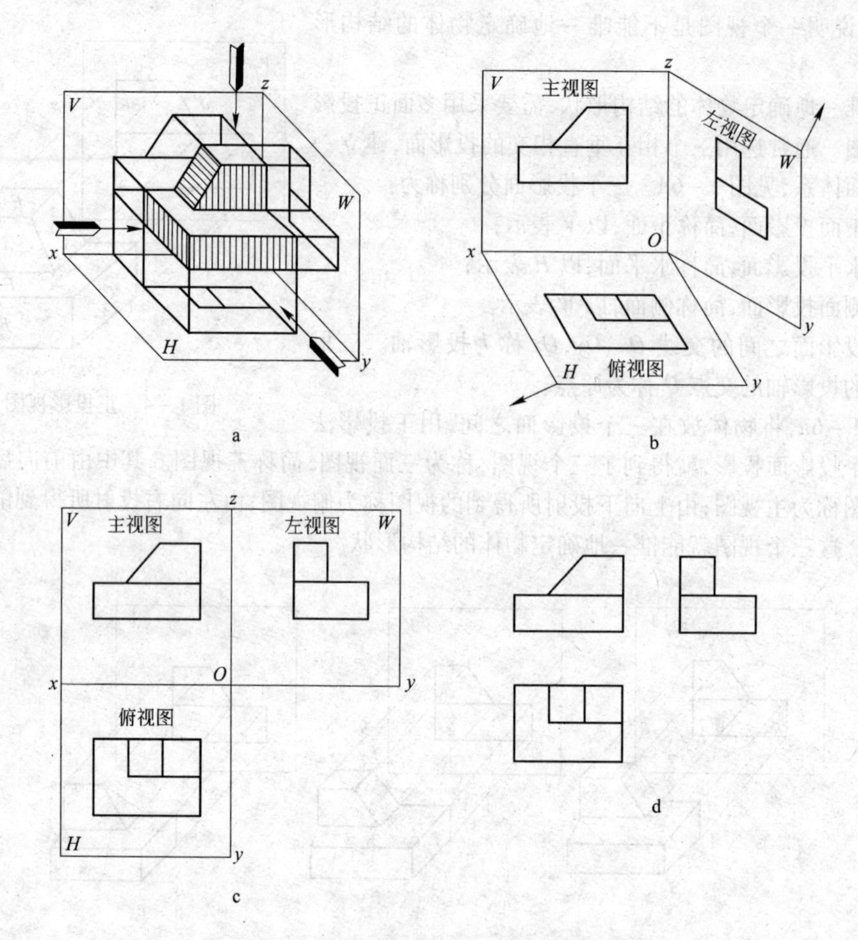

图1-6　三视图的形成和投影规律

a—物体在三投影面体系中的投影；b—投影面的展开；c—展开后的三面视图；d—三视图

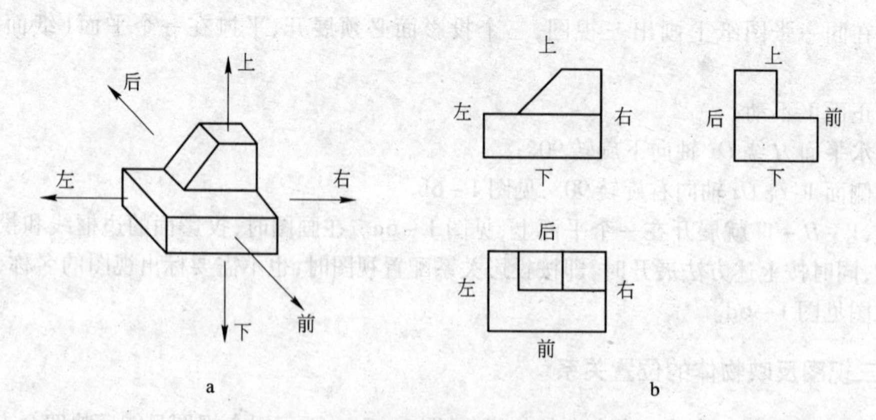

图1-7　三视图反映物体的位置关系

a—物体的六个方面；b—视图反映物体的位置关系

其中，在俯视图和左视图中，投影面 H、W 在展开时各旋转了 90°，所以前后位置容易搞错，需要特别注意。如图1-7b中，俯、左视图在靠近主视图的一侧表示物体的后面，而远离主视图的一侧，表示物体的前面。因此,在俯、左视图上量取宽度时,不但要注意量取的起点,还要注意量取的方向。

根据上述三视图所反映的物体各部分之间的位置关系,由物体的三视图可以判定,其直角梯形竖板位于长方体底板的上方、右方和后方。

1.2.3 三视图的投影规律

由上面的讨论可知,在三视图中,见图1-8,主、俯视图同时反映了物体左右面之间的距离,通常称为长,要求长相等;主、左视图同时反映了物体上下面之间的距离,通常称为高,要求高相等;俯、左视图同时反映了物体前后面之间的距离,通常称为宽,要求宽相等。

同时,三视图之间又是按照上述规定方法展开后得到的,所以三视图之间就一定保持这样的对应关系:主、俯视图长对正;主、左视图高平齐;俯、左视图宽相等(简称“三等规律”)。

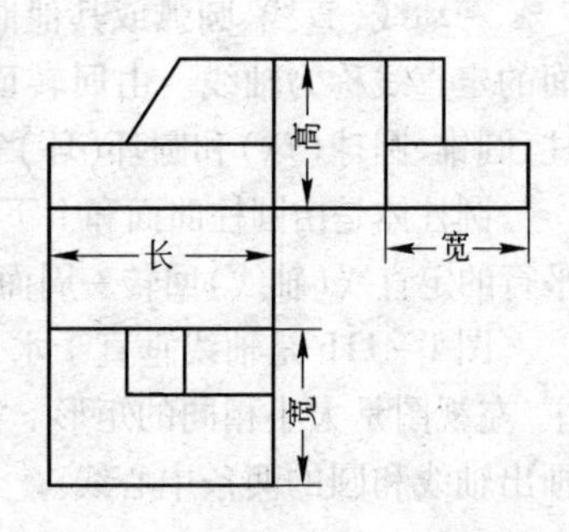

图1-8 物体整体的“长对正、高平齐、宽相等”的投影关系

“三等规律”不但对于物体的整体是如此,见图1-8;同时对于物体的每个部分、甚至物体上的任何一点来说也都是适用的,见图1-9和图1-10(图中A点的正面投影用a'表示,水平投影用a表示,侧面投影用a''表示),它是画图和读图时必须遵循的规律。

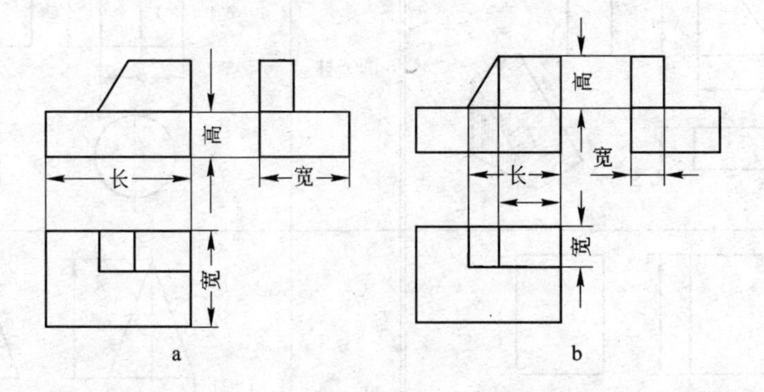

图1-9 物体上各部分“长对正、高平齐、宽相等”的投影关系

a—底板部分;b—竖板部分

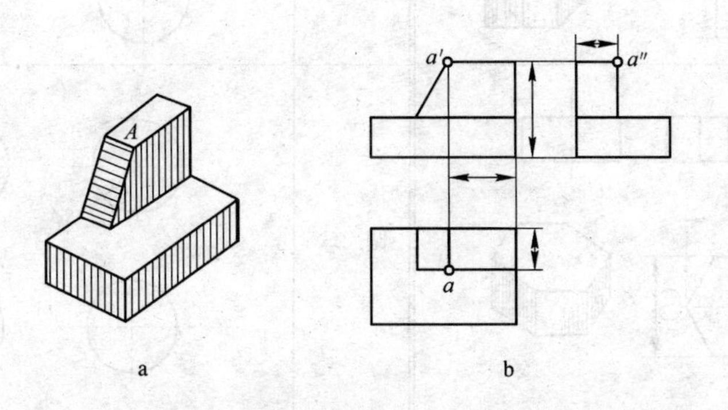

图1-10 物体上每个点的“长对正、高平齐、宽相等”的投影关系

a—物体上的A点;b—A点的投影关系

1.2.4　基本几何形体的三视图

一个基本几何体(平面立体和回转体)通常都有长、宽、高三个方向的尺度。常见的基本几何体的三视图和尺寸见表1-1,这是画组合体三视图和标注组合体尺寸的基础。

首先以圆柱体为例来说明曲面立体(表面既有平面、又有曲面或者全部是曲面的立体)中的回转体三视图的画法。

一动线(直线、圆弧或其他曲线)绕一定直线回转一周后形成的曲面称为回转面,形成回转面的定直线称为轴线。由回转面或回转面与平面围成的立体称为回转体。常见的回转体有圆柱、圆锥、圆球(球)和圆环(环)等。

圆柱体是由圆柱曲面和上下两个圆形平面所围成的。而圆柱曲面可以看成是由一直线绕与它平行的定直线(轴线)回转一周而成,见图1-11a。因此圆柱曲面的素线都是平行于轴线的直线。

图1-11b是轴线垂直于水平面的圆柱体的三视图。它的俯视图是一个圆(作图时先画出),主、左视图是大小相同的矩形。需要特别强调的是,在任何回转体的投影图中,都必须用点画线画出轴线和圆的两条中心线。

表1-1　常见基本几何体的三视图和尺寸

名　称	三视图和尺寸	名　称	三视图和尺寸
三棱柱	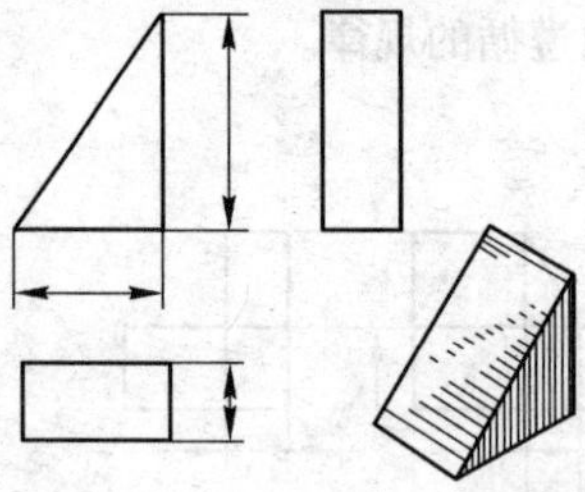	圆　柱	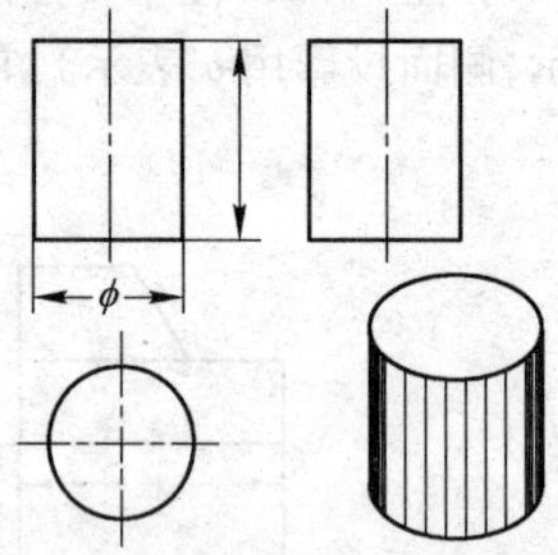 ϕ
四棱柱	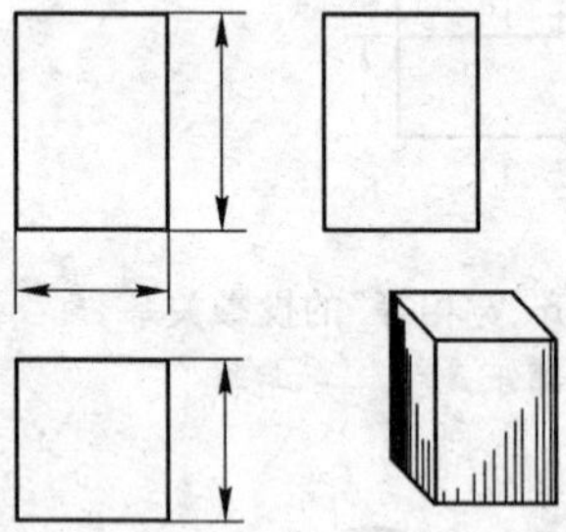	圆　锥	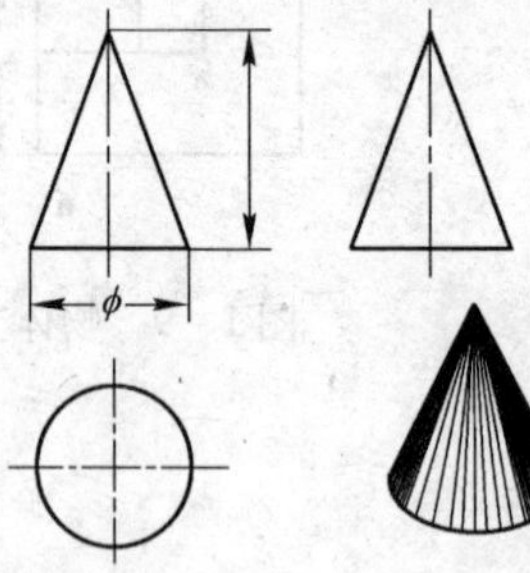 ϕ
六棱柱	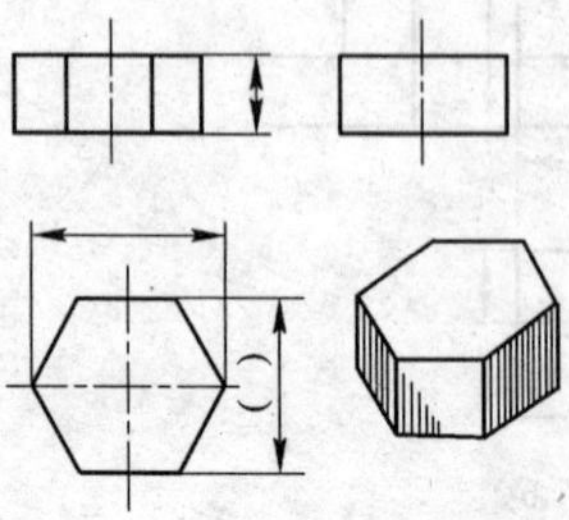	圆　球	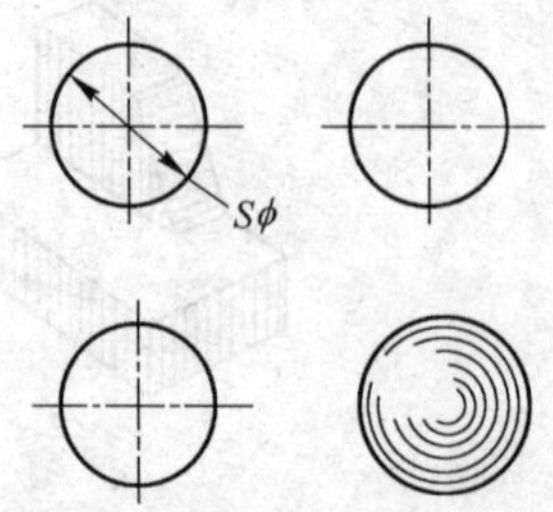 $S\phi$

续表 1-1

名 称	三视图和尺寸	名 称	三视图和尺寸
四棱锥	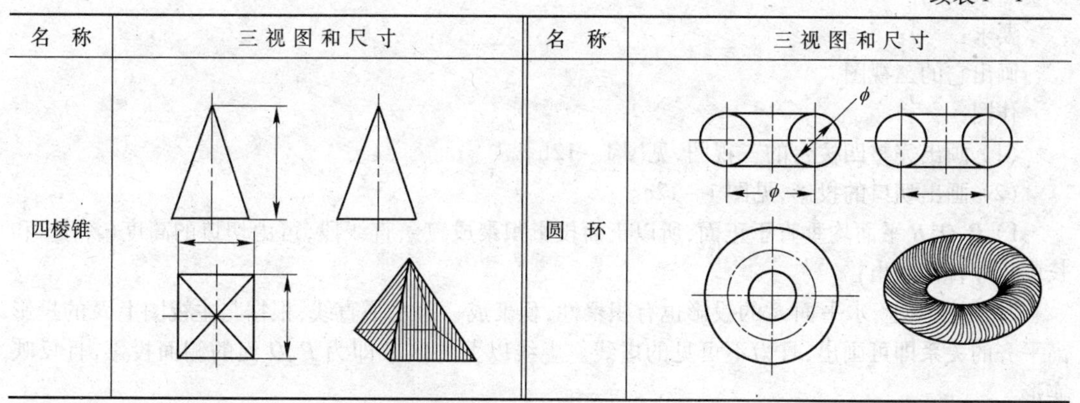	圆 环	

从图 1-11b 中可以看到，水平投影的圆是整个圆柱面的水平投影（具有积聚性），也是上下底面圆的投影（具有实形性）。

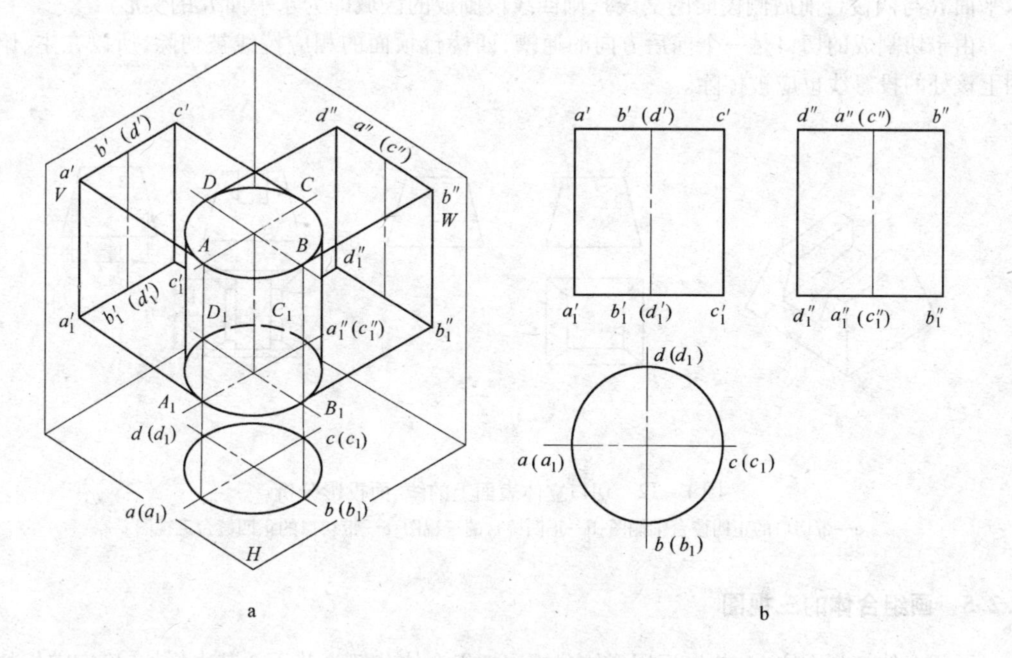

图 1-11 圆柱体的三视图

a—投影示意图；b—三视图

主视图上左、右两条轮廓线 $a'a'_1$、$c'c'_1$，是圆柱体的最左、最右两条素线 AA_1、CC_1 的投影，由此确定了圆柱体正面投影的范围，故称为正面的投影轮廓线。它也是可见的前半个圆柱体和不可见的后半个圆柱体的分界线。在左视图上，AA_1、CC_1 的投影位于轴线处，不应画出，故轴线处仍为点划线。

同理，最前与最后两条素线 BB_1、DD_1 的侧面投影 $b''b''_1$、$d''d''_1$ 为可见的左半个圆柱体与不可见的右半个圆柱体的分界线，即为侧面的投影轮廓线。其主视图上的投影位于轴线处不应画出。而圆柱体的上、下底面（圆）在主、左视图上均积聚成直径长的直线。

下面以工程上常见的带切口立体为例说明简单形体三视图的画法。

图 1-12a 所示为一带切口的正四棱台，其切口（通槽）是由两个侧平面 P、Q 和一个水平面 R

截切后形成的。

要求：

画出它的三视图。

作图：

(1) 画出完整四棱台的三视图，见图 1 - 12b。

(2) 画出切口的投影，见图 1 - 12c。

1) P、Q、R 平面均垂直于正面，所以正面投影积聚成三条直线段，可由切口的高度（深度）和长度尺寸直接画出；

2) 左视图上，水平面 R 的投影也有积聚性，积聚成一条水平直线，根据与主视图上 R 的投影高平齐的关系即可画出，且为不可见的虚线。虚线以上的区域即为 P、Q 面的侧面投影，且反映实形。

3) 侧平面 P、Q 在俯视图上的投影积聚成两条直线，根据与主视图长对正的关系即可画出其位置，直线的宽度与左视图上的虚线相同，可对称量取 y 得到。再把两直线的同侧端点连线（为水平面 R 与四棱台前后侧棱面的交线），则四线段围成的区域即为水平面 R 的实形。

由于切割成的切口是一个前后方向的通槽，四棱台顶面的相应棱线被切除，所以在主、俯视图上该处的投影线也应被擦除。

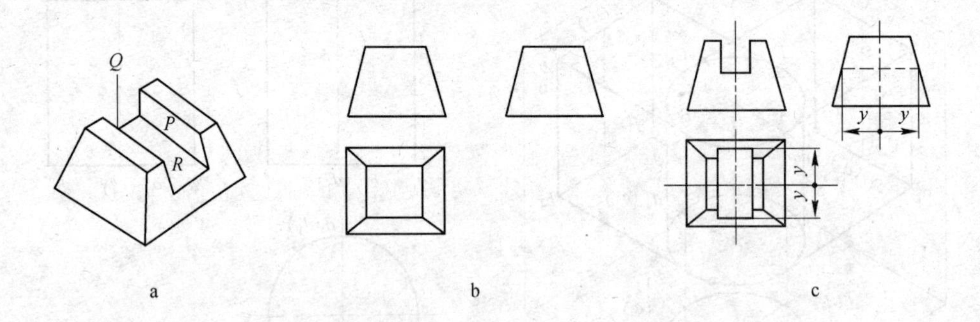

图 1 - 12　切口立体表面上的线、面投影分析

a—带切口的正四棱台轴侧图；b—正四棱台的三视图；c—带切口的正四棱台三视图

1.2.5　画组合体的三视图

画组合体三视图之前，首先运用形体分析法把组合体分解为若干个基本形体，确定它们的组合形式，然后判断形体间邻接表面是否处于共面、一般位置、相交和相切的特殊位置；其次逐个画出形体的三视图；最后对组合体中的垂直面、一般位置、邻接表面处于共面和相交及相切位置的面、线进行面、线的投影分析。

1.2.5.1　组合体的组合形式

组合体是由几个基本的几何体组成的，组合体的组合形式可分为叠加和挖切两种基本方式（见表 1 - 2）以及既有叠加又有挖切的综合方式。

1.2.5.2　各形体邻接表面间的相互位置

形体经叠加、挖切组合后，形体的邻接表面间可能产生共面、相切和相交 3 种特殊位置。

表 1-2 常见形体间的组合形式

基 本 形 体	组 合 形 式	
	叠 加	挖 切
Ⅰ Ⅱ		
Ⅱ Ⅰ		Ⅲ
Ⅰ Ⅲ Ⅱ Ⅳ		Ⅴ

(1) 共面。当两形体邻接表面共面时，在共面处，两形体邻接表面不应有分界线。

(2) 相切。当两形体邻接表面相切时，由于相切是光滑过渡，所以切线的投影在三个视图上均不画出，如图 1-13。

(3) 相交。当两个基本形体的表面相交时的叠加方式称为相交。相交叠加时，应画出交线的投影。如图 1-14a 所示组合体，左下方耳板前后两侧面与圆柱表面相交，其交

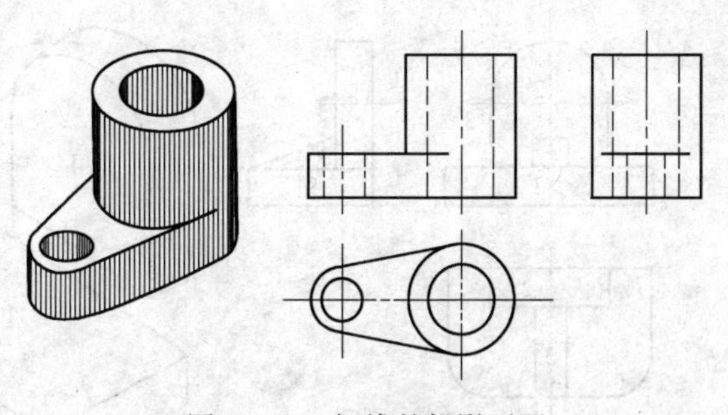

图 1-13 切线的投影不画

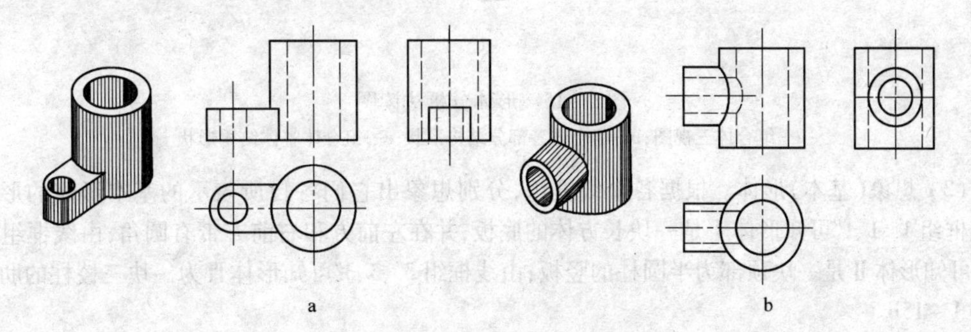

图 1-14 组合体相交形式(画出交线)

a—耳板与圆柱相交；b—圆柱与圆柱相交

线应画出。图1－14b中，小圆柱与大圆柱相交，其相贯线也应画出。

1.2.6　读组合体的视图

读图是画图的逆过程，是根据一组平面图形（视图）想象出空间物体的结构形状，是由图想物体的过程。读组合体的视图简称读图，又称看图、识图等。

读图时，要以表达组合体形状特征较多的主视图为中心，把几个视图联系起来读，这是读图时必须遵循的基本准则。读图的基本方法是形体分析法和线面分析法。

1.2.6.1　形体分析法

把组合体视为由若干基本形体所组成，即首先把主视图分解为若干封闭线框（若干组成部分），再根据投影关系，找到其他视图上的相应投影线框，得到若干线框组；然后读懂每个线框组所表示的形体的形状；最后再根据投影关系，分析出各组成形体间的相对位置关系，综合想象出整个组合体的结构形状。对于由叠加方式形成的组合体，或既有叠加又有挖切，但被挖切的形体特征比较清晰时，均适合用形体分析法读图。

例1－1　试根据图1－15a所示的组合体的三视图，读懂它的结构形状。

（1）分析。从已知的三视图可以初步看出，这是一个左右对称，且以叠加方式形成的组合体，所以适用形体分析法读图。

（2）分线框、对投影。一般从主视图着手，先将主视图分成1′、2′和3′三个封闭线框；可以认为组合体有Ⅰ、Ⅱ、Ⅲ三个基本形体组成。再利用三角板、分规等工具，根据三视图之间的投影关系，找出1′、2′和3′三个线框所对应的水平投影1、2、3和侧面投影1″、2″、3″，从而得到三个线框组1′、1、1″，2′、2、2″和3′、3、3″，见图1－15a。

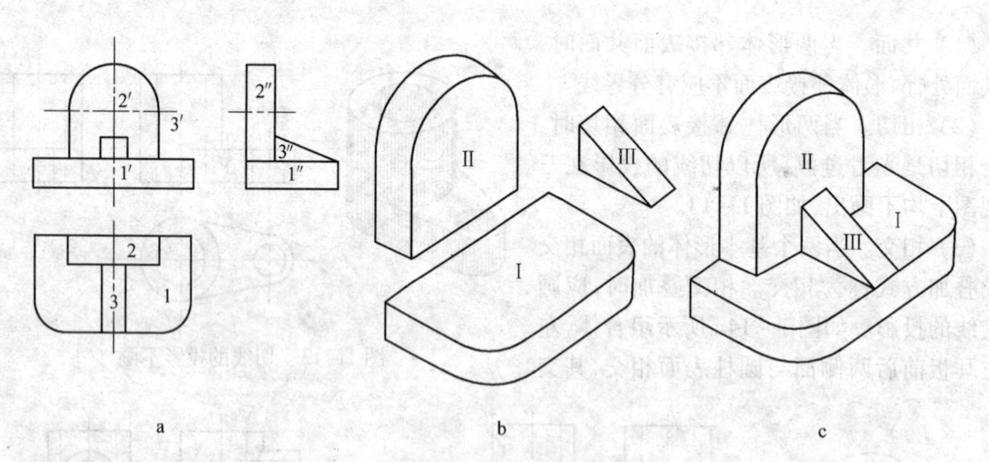

图1－15　形体分析法读图

a—组合体三视图；b—组合体各部分结构形状；c—组合体整体结构形状

（3）想象（基本）形体。根据各个线框组，分别想象出它们各自所表示的基本形体的形状。由线框组1′、1、1″可知形体Ⅰ是一块长方体的底板，并在左前方和右前方带有圆角；由线框组2′、2、2″可知形体Ⅱ是一块顶部为半圆柱的竖板；由线框组3′、3、3″可知形体Ⅲ为一块三棱柱的肋板，见图1－15b。

（4）定整体。根据三视图所反映的各基本形体之间的位置关系，想象出组合体的整体结构形状。从主视图看，竖板和肋板均叠加于底板的上方，并且位于左右方向的正中间，即左右对称；

结合俯、左视图可知，竖板位于底板的后面，且两者后表面平齐，肋板则同时叠加于竖板的前方，且其倾斜面一直斜到底板前表面的上方。由以上分析和阅读，综合起来可想象出组合体的结构形状见图 1－15c。

对于多数较为复杂的组合体，由于两形体表面平齐叠合，两形体的分界线消失；由于两形体相切不画切线的投影，形体的投影构不成封闭线框；由于两形体相交（截交或相贯），某些投影轮廓线消失，并形成新的交线（截交线或相贯线）。从而给线框的划分和寻找线框之间的对应关系带来困难，此时就需要假想地添加上这些相应的线条之后再分析。

1.2.6.2 线面分析法

形体分析法是从“体”的角度出发，将组合体分析为由若干基本形体所组成（将三视图分解为若干封闭线框组），以此为出发点进行读图。立体都是由面围成，而面又是由线段所围成，因此还可以从“面和线”的角度将组合体分析为由面和线组成，将三视图分解为若干线框组、线框与线段组或线段组，为方便起见，下面仍统称为线框组。并由此想象出组合体表面的面、线的形状和相对位置，进而确定组合体的整体结构形状，这种读图方法称为线面分析法。下面举例说明用线面分析法读图的具体方法和步骤。

例 1－2 试根据图 1－16a 所示的组合体的三视图，确定该组合体的结构形状。

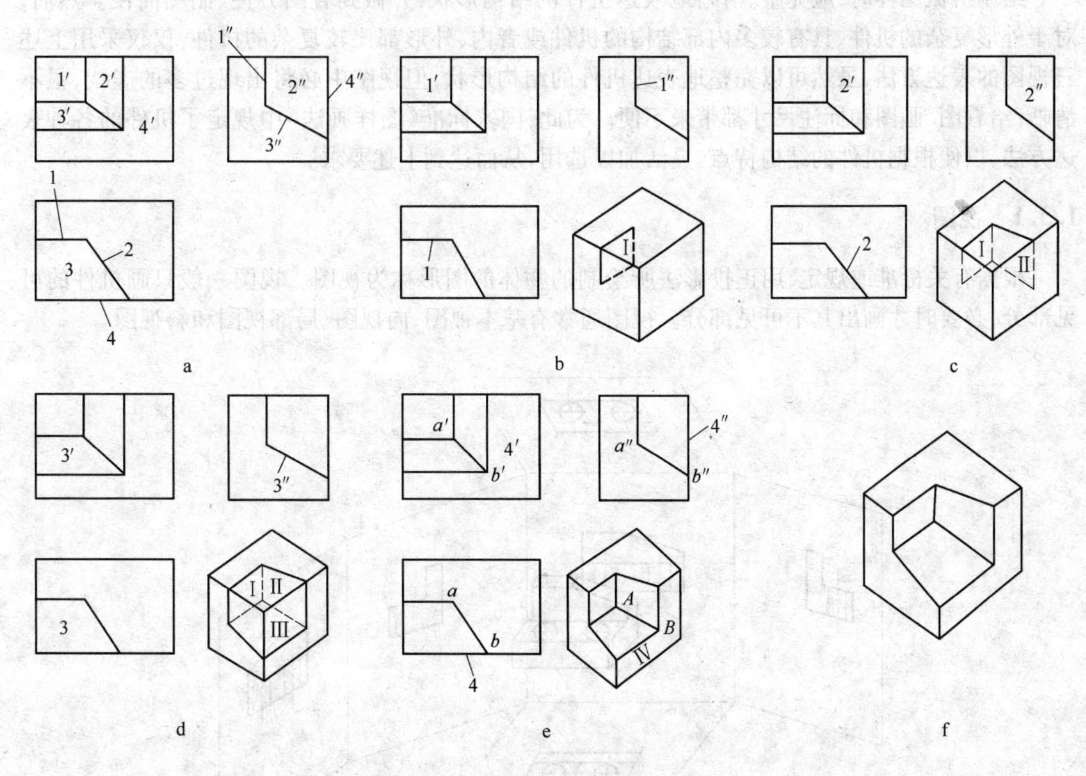

图 1－16 线面分析法读图

a—组合体三视图；b—分析线框 1；c—分析线框 2；d—分析线框 3；e—分析线框 4；f—组合体整体结构形状

（1）分析。由于三视图中所有图线均为直线，所以该组合体是一个平面立体；又由于三个视图的外框均为矩形，可知该组合体是由一个长方体经过切割而成。

（2）分线框、对投影。先将主视图分成 1′、2′、3′、4′四个线框：可得相应的水平投影 1、2、3、4

和侧面投影 1″、2″、3″、4″，见图 1－16a。其水平投影和侧面投影与线框 1、2、3、4 必是类似形或必有积聚性。

（3）按投影想象面（线）形。由线框组 1′、1、1″可知平面Ⅰ为正平面，它的正面投影反映实形，见图 1－16b。由线框组 2′、2、2″可知平面Ⅱ是一个铅垂面，并与平面Ⅰ相交，见图 1－16c。由线框组 3′、3、3″可知平面Ⅲ是一个侧垂面，并与平面Ⅰ、Ⅱ都相交，见图 1－16d。由线框组 4′、4、4″可知平面Ⅳ是一个正平面，它的正面投影反映实形，它是长方体的前表面经切割后留下的表面，见图 1－16e。

该图形如图 1－6f 所示。

（4）综合起来想象整体。由平面Ⅰ、Ⅱ、Ⅲ的空间位置可知它们彼此两两相交，从而在长方体的左前上方切去一角，其中铅垂面Ⅱ和侧垂面Ⅲ的交线 *AB* 为一般位置直线。它的三面投影均为倾斜于投影轴的直线，见图 1－16e；综上可想象出组合体的整体结构形状见图 1－16f。

本例中主视图上线框的划分以及在俯、左视图上对应的投影关系都很清楚，很容易得到线框组。而在多数情况下主视图上除需要分析线框外，还需分析其中的线段。并且对应的投影关系也难以看出，必须经过正确的分析判断最终确定。

1.3　机件常用表达方法

绘制机械图样时，应完整、清晰地表达机件的结构形状，并做到看图方便、制图简便。然而，对于外形复杂的机件、具有较多内部结构的机件或者内、外形都比较复杂的机件，仅仅采用上述三视图的表达方法，虽然可以完整地表达机件的结构形状，但视图中必将出现过多的虚线，很不清晰，给看图、画图和标注尺寸都带来不便。为此，国家标准《图样画法》中规定了机件的各种表达方法，以便根据机件的结构特点，灵活加以选用，从而达到上述要求。

1.3.1　视图

根据有关标准或规定，用正投影法所绘制的物体的图形称为视图。视图一般只画机件的可见部分，必要时才画出其不可见部分。视图通常有基本视图、向视图、局部视图和斜视图。

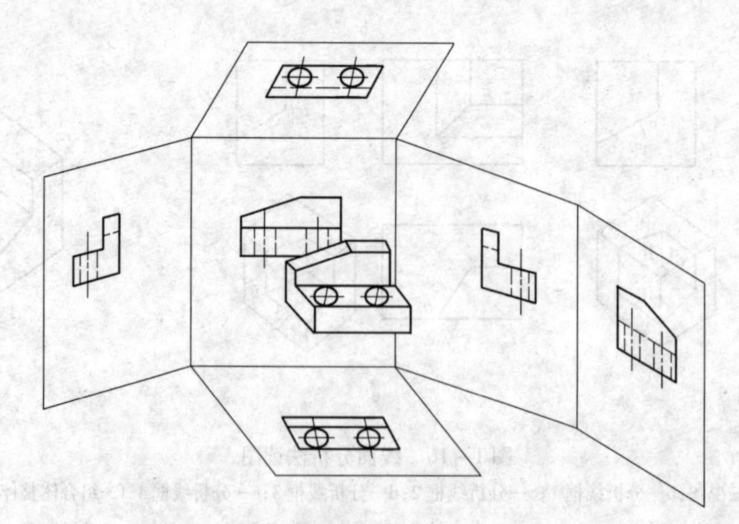

图 1－17　机件向六个基本投影面投射及其展开方法

1.3.1.1 基本视图

机件向基本投影面投影所得的视图称为基本视图。基本投影面规定为正六面体的六个面，机件位于正六面体内，将机件向六个投影面投射，并按图 1－17 所示的方法展开就得到了六个基本视图。其中主视图、俯视图和左视图就是第 2 小节中介绍的三视图，另外三个视图的名称及其投射方向规定如下：

右视图——由右向左投射所得的视图；

仰视图——由下向上投射所得的视图；

后视图——由后向前投射所得的视图。

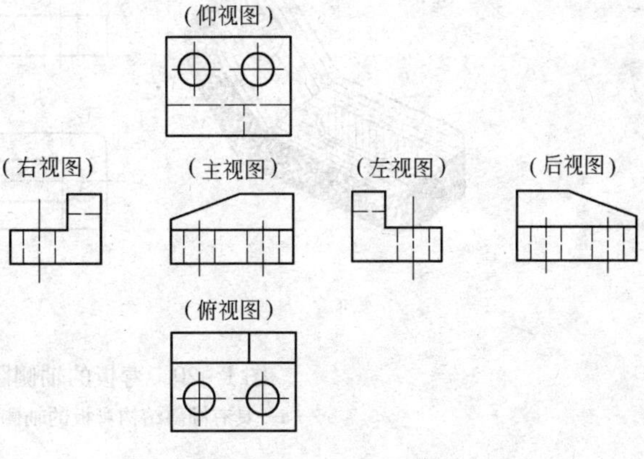

图 1－18 六个基本视图的配置关系

在同一张图纸内，按图 1－18 配置视图时，一律不标注视图的名称。

需要注意：

(1) 六个基本视图是三视图的补充和完善，各视图之间仍符合“长对正、高平齐、宽相等”的投影关系。

(2) 主视图应尽量反映机件的主要特征，并根据实际情况，灵活选用其他基本视图，以完整、清晰、简练地表达机件的结构形状。

1.3.1.2 向视图

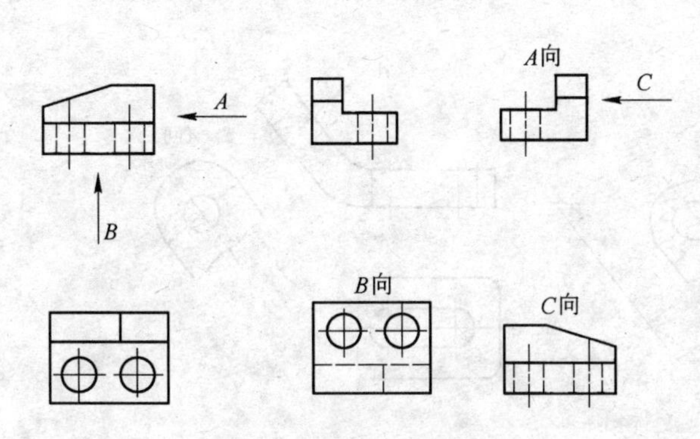

图 1－19 向视图及其标注

向视图是可自由配置的视图。这种自由配置的方法相应称为向视配置法。这样做有利于合理利用图幅，但为了便于读图，向视图必须标注。通常在向视图的上方标出“×向”（“×”为大写拉丁字母），在相应视图附近用箭头指明投射方向，并注上同样的字母，见图 1－19。

1.3.1.3 斜视图

图 1－20a 所示为具有倾斜结构的弯板的轴侧图；图 1－20b 是它的三视图。

由于弯板的倾斜表面是正垂面，它的俯、左视图均不反映实形，如圆和圆弧的投影变成了椭圆和椭圆弧，从而给画图、看图和标注尺寸都带来不便。为了能清晰地反映弯板倾斜部分的结构形状，可以设置一个平行于该倾斜表面的正垂面 P 作为新的投影面，见图 1－21a，并从 A 方向（垂直于 P）向 P 面投射，这样就可以得到一个反映弯板倾斜表面实形的图形；再将 P 面向正面投影面 V 展开（绕 O_1x_1 轴旋转、摊平），就得到了图 1－21b 所示的 A 向视图。这种将机件的某一部分向不平行于任何基本投影面的平面投射所得的视图称为斜视图。

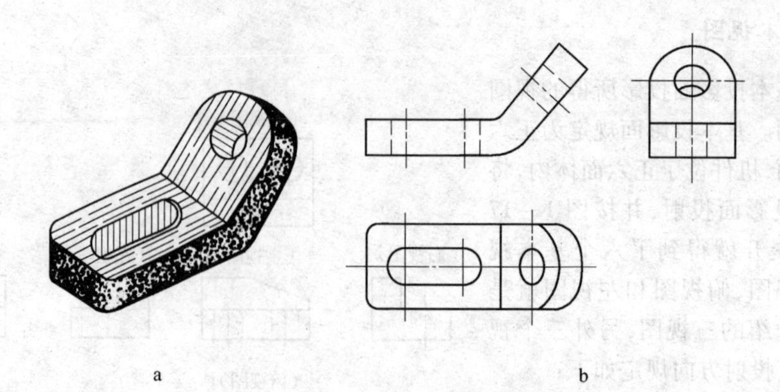

图1-20　弯板的轴侧图和三视图
a—具有倾斜结构弯板的轴侧图；b—三视图

斜视图通常按向视图的形式配置并标注，见图1-21b，必要时，允许将斜视图旋转配置，此时表示该视图名称的字母应靠近旋转符号的箭头端，也允许将旋转角度注写在字母后。

1.3.1.4　局部视图

弯板的倾斜结构部分用主视图和 *A* 向斜视图已经表达清楚，因此弯板的俯视图可假想将该部分折断舍去后再画出，这样就得到了图1-21b中的俯视图。这种将物体的某一部分向基本投影面投射所得的视图称为局部视图。

局部视图可按基本视图的形式配置，见图1-21b；也可按向视图的形式配置并标注。

斜视图和局部视图的断裂边界应以波浪线表示，并应画在断裂处的实体部分，见图1-21b。当所表示的局部结构是完整的，且外形轮廓又呈封闭时，波浪线可以省略不画。

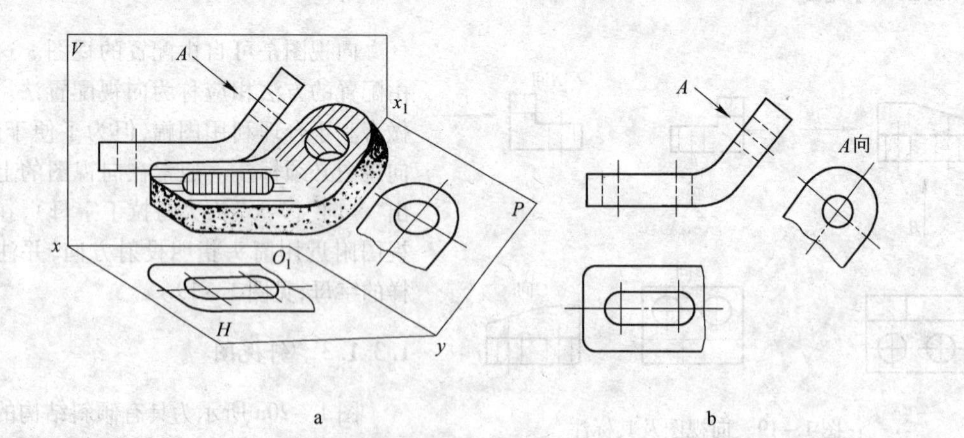

图1-21　弯板的斜视图和局部视图
a—斜视图和局部视图的形成；b—斜视图的局部视图的表达方法

1.3.2　剖视图

用上节介绍的各种视图可以清晰地表达出机件的外部结构形状（外形），所以统称为外形视图。然而，对于机件的内部结构形状（内形），在外形视图中多为不可见，需要用虚线来表示。如

图1－22a所示为一箱形机件，该机件是一个中空无顶的箱子，其底板中间有两个圆形凸台及通孔，它的主视图除了周边轮廓线是粗实线外，其余全是虚线。对于这类具有孔、槽等内部结构的机件，其内部结构越复杂，虚线就越多，视图就越不清晰。为解决这个矛盾，可以采用剖视图——假想用剖切面（平面或曲面）剖开机件，将处在观察者和剖切面之间的部分移去，而将其余部分向投影面投射所得的图形（见图1－22b）即为剖视图，简称剖视。

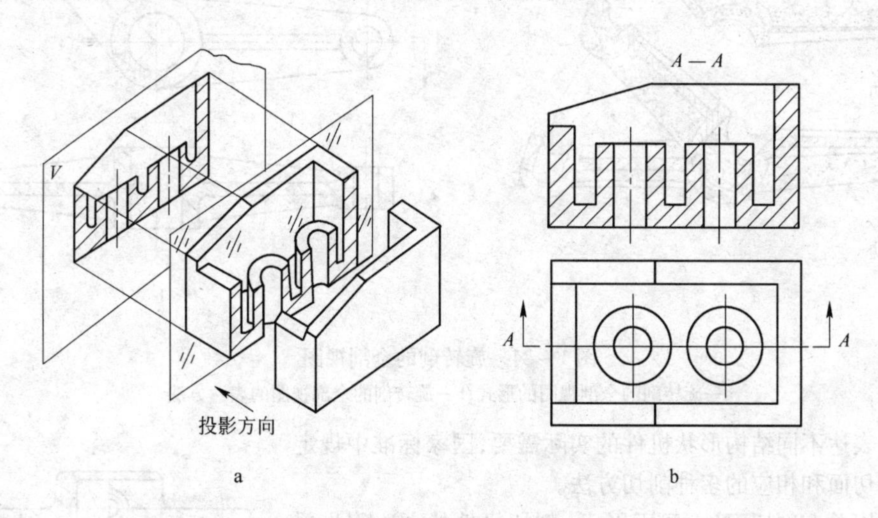

图1－22 箱形机件剖视图

a—剖视图的形成；b—剖视图

综上所述，视图主要用来表达机件的外部结构形状（外形），而剖视图则主要用来表达机件的内部结构形状（内形）。

根据机件被剖切范围的大小，剖视图可以分为半剖视图（见图1－23）、全剖视图（见图1－24）和局部剖视图（见图1－25）3种。

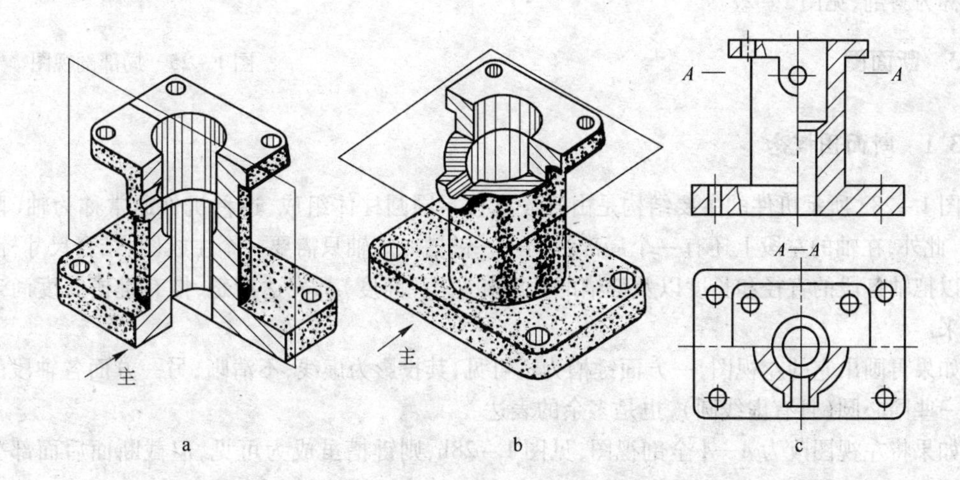

图1－23 半剖视图

a、b—半剖视图的形成；c—半剖视图的表达方法

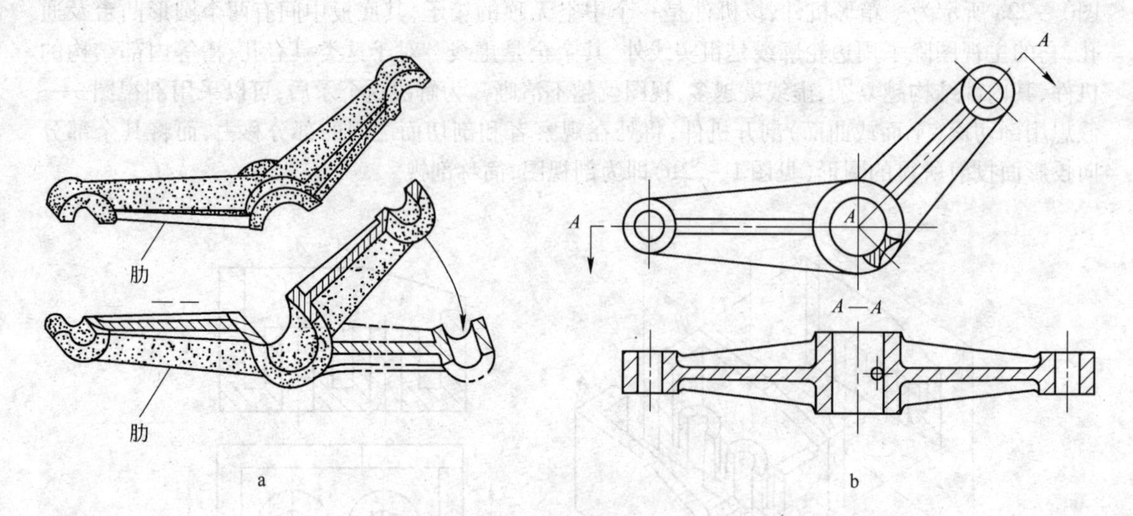

图 1 - 24　旋转剖的全剖视图

a—旋转剖的全剖视图的形式；b—旋转剖的全剖视图的表达方法

根据表达不同结构形状机件的实际需要，国家标准中规定了多种剖切面和相应的多种削切方法。

（1）用单一剖切面（一般用平面）剖切机件的方法称为单一剖，见图 1 - 23。

（2）用两相交的剖切平面（交线垂直于某一基本投影面）剖切机件的方法称为旋转剖，见图 1 - 24。

（3）用几个平行的剖切平面剖切机件的方法称为阶梯剖，见图 1 - 26。

（4）用不平行于任何基本投影面的剖切平面剖开机件的方法称为斜剖，见图 1 - 27。

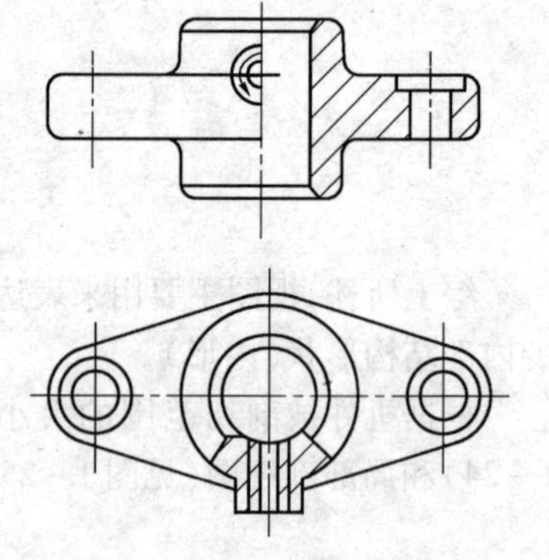

图 1 - 25　局部剖视图

1.3.3　断面图

1.3.3.1　断面图概念

图 1 - 28a 所示机件的主要结构是由各段直径不同圆柱体组成，这种机件通常称为轴（阶梯轴）。此外，在轴的左段上还有一个局部结构——键槽。该轴只需要一个主视图，结合尺寸标注，就可以把轴各段的直径和长度以及键槽的长度和宽度（高度）都表达清楚，惟有键槽深度尚未表达出来。

如果再画出它的左视图，一方面键槽为不可见，其投影为虚线，不清晰；另一方面各轴段的投影为一些同心圆（且有虚线圆），也是多余的表达。

如果将左视图改为 *A*—*A* 全剖视图，见图 1 - 28b，则键槽虽成为可见，但截断面后面部分的投影圆仍为不必要的表达，使图形复杂化，也不便于标注键槽的深度尺寸。

为此可设想只画出需要表达的截断面形状，见图 1 - 28c。这样既可以清晰地表达出键槽的深度，又省去了截断面后面不必要的投影，使表达简洁、清晰，便于画图、读图和标注尺寸。这种假想用削切平面将机件的某处切断，仅画出断面的图形，称为断面图，也称削面。

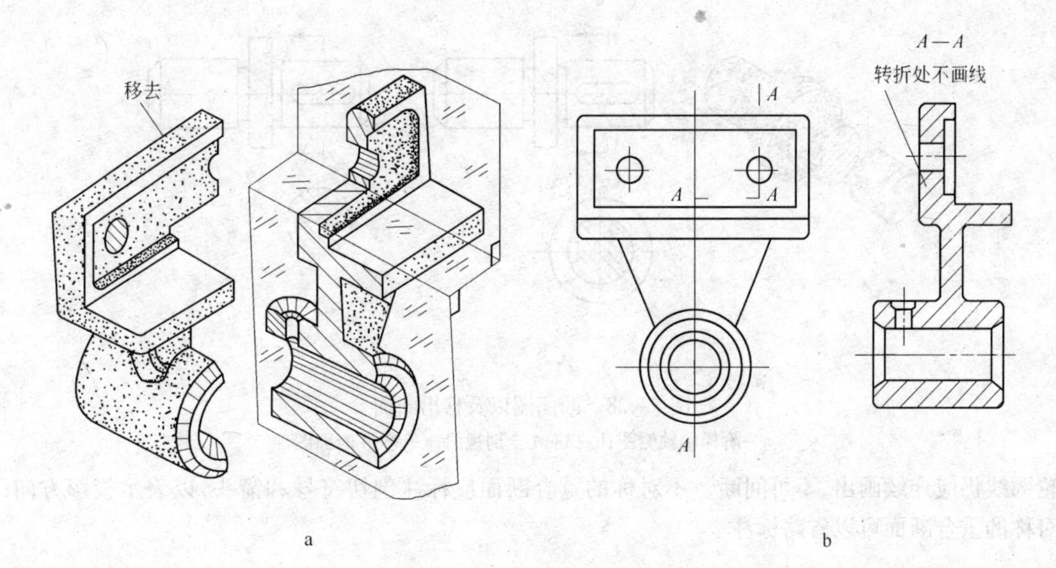

图 1-26 阶梯剖全剖视图

a—阶梯剖全剖视图的形成；b—阶梯剖全剖视图的表达方法

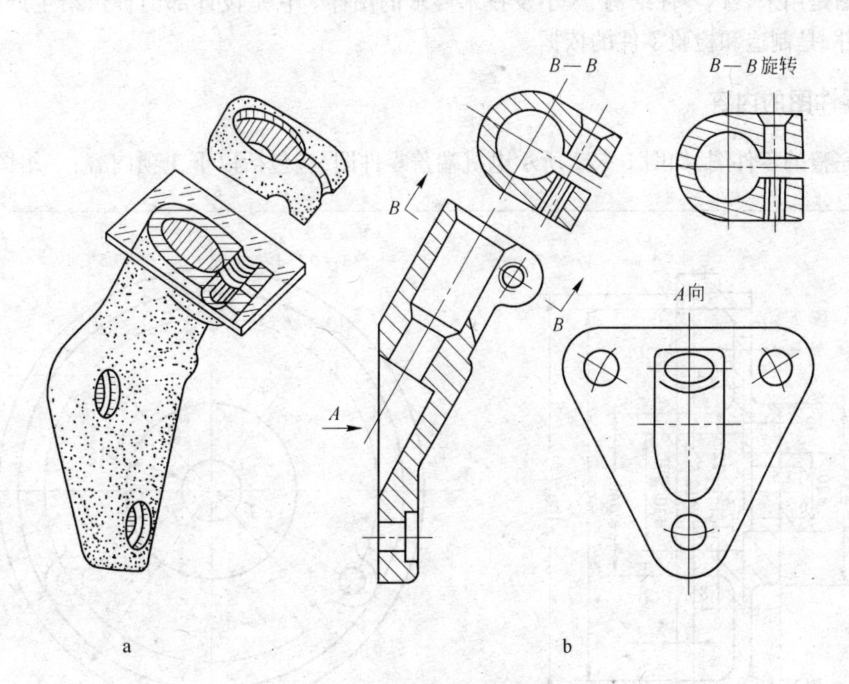

图 1-27 斜剖全剖视图

a—斜剖全剖视图的形成；b—斜剖全剖视图的表达方法

1.3.3.2 断面的种类

（1）移出断面。在视图外单独画出的断面称为移出断面，见图 1-28c。

（2）重合断面。画在视图轮廓线之内的断面称为重合断面。

重合断面的轮廓线用细实线绘制。当视图中的轮廓线与重合断面的图形重合时，视图中的

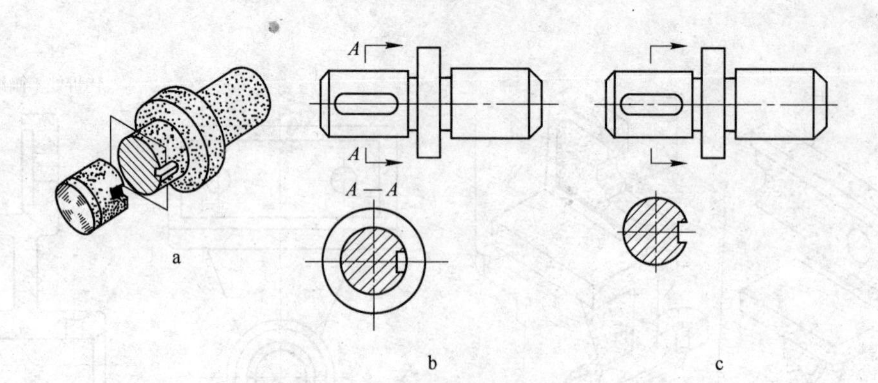

图 1－28　断面图以及移出断面

a—阶梯轴轴侧图；b—A—A 全剖视图；c—A—A 断面图

轮廓线仍应连续画出，不可间断。不对称的重合断面应标注剖切符号和箭头，以表示投影方向；对称的重合断面可以省略标注。

1.4　零件图

零件图是用来表达零件结构、大小及技术要求的图样。它是设计部门提供给生产部门的重要技术文件，是制造和检验零件的依据。

1.4.1　零件图的内容

一张完整的零件图，如图 1－29 所示电机端盖零件图，应包括以下 4 项内容：一组图形、完整

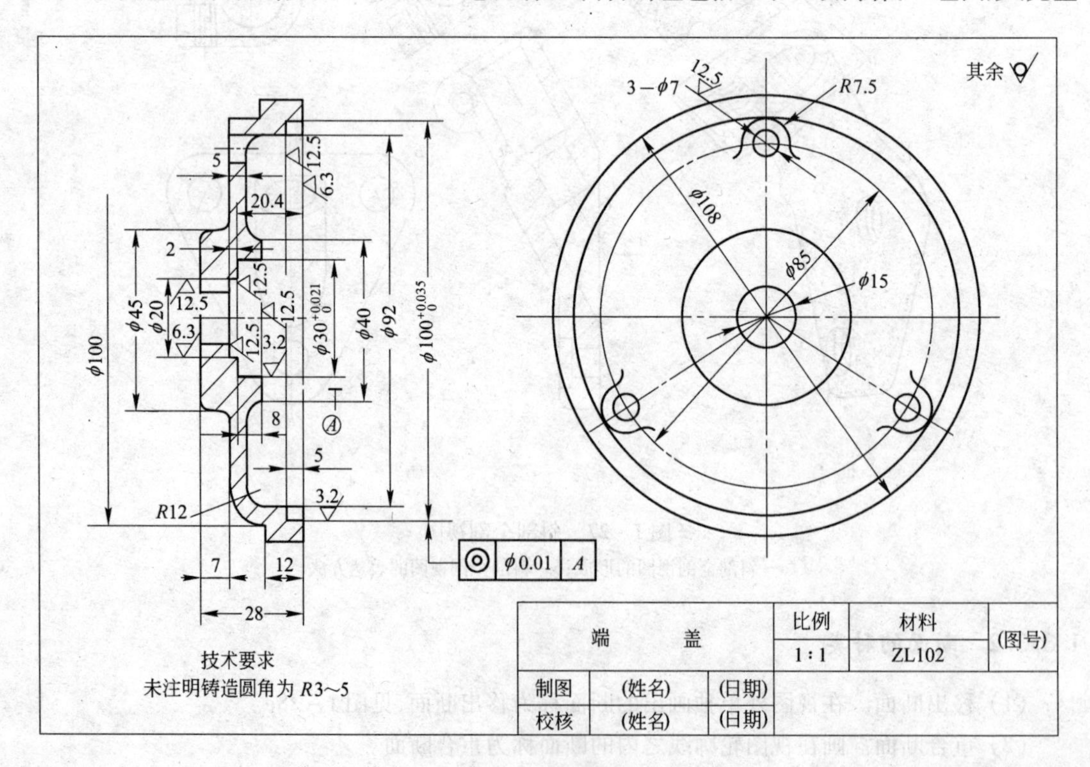

图 1－29　电机端盖零件图

的尺寸、技术要求和标题栏。

(1) 一组视图。用必要的视图、剖视、断面和其他规定画法,完整、清晰、简明地表达零件的结构形状。

(2) 尺寸。正确、完整、清晰、合理地标注出制造和检验零件所需的全部尺寸——零件各组成部分的形状尺寸和相互位置关系尺寸。

(3) 技术要求。用一些规定的代(符)号、数字、字母和文字注解说明零件制造和检验时在技术指标上应达到的要求,如尺寸公差、形状和位置公差、表面粗糙度、材料和热处理、加工方法和检验方法以及其他特殊要求等。

(4) 标题栏。用来表明零件的名称、数量、材料、图样代号、绘图比例以及责任记载等内容。

1.4.2 零件图的尺寸标注

零件的尺寸是加工、检验和维修零件的重要依据。因此,零件图上的尺寸标注应正确、完整、清晰、合理。

所谓合理,是指标注的尺寸必须同时满足设计要求和工艺要求,以便于加工、测量和保证产品性能。零件图上合理地标注尺寸的要点是:选择好尺寸基准,掌握好零件图中标注尺寸的注意事项。

1.4.2.1 尺寸基准

尺寸基准是指图样中标注尺寸的起点。每个零件都有长、宽、高三个方向,每个方向至少应有一个基准。

尺寸基准按其来源、重要性和几何形式,可分为以下几类:

(1) 设计基准和工艺基准。设计基准指在设计过程中,根据零件在机器中的位置、作用,为保证其使用性能而确定的基准。

工艺基准指根据零件的加工工艺过程,为方便装卡定位和测量而确定的基准。

(2) 主要基准和辅助基准。主要基准指决定零件主要尺寸的基准。辅助基准指为便于加工和测量而附加的基准。

图1-30所示的轴承座,它的长、宽、高三个方向的尺寸基准,应当这样考虑:高度方向,因为一根轴通常用两个轴承座支撑,两者的轴孔应保持同一轴线,而且轴承座是以其底面为安装基准平面的,轴线应平行于这一基准平面。因此,应选择底面 B 作基准;长度方向,因为轴承座的形体设计是对称的,要求以通过轴孔轴线的侧平面为基准,对称地布置其他结构,因此,应选择对称面 C(即侧平面)作基准;宽度方向,选择端面 D 作基准。因为装配轴时,这一端面是轴向的定位面。根据以上分析可知,底面 B、对称面 C 和端面 D 即为设计基准。

图1-30中的底面 B,是加工轴孔时装在机床工作台面上的定位面,又是调整刀具高度的定位面。因此,它是确定轴孔中心高的工艺基准。又如轴承座上部的凸台 E,是加工螺孔时确定钻头起始位置的基准,又是测量其深度的基准,因而它是确定螺孔深度的工艺基准。

每一方向的尺寸基准可以有多个,根据主次分为主要基准和辅助基准。每一方向的主要基准只能有一个,其他都是辅助基准,通常以设计基准作为主要基准。如图1-30中,高度方向上以底面 B 为主要基准,凸台 E 为辅助基准。主要基准与辅助基准之间必须有尺寸联系。

(3) 面基准、线基准和点基准。由于各种零件的结构形状不同,尺寸的起点不同,尺寸基准有时是零件上的某个平面(如底面、端面、对称平面等);有时是零件上的一条线,如回转轴线、刻线等;有时是一个点,如凸轮、顶点等。

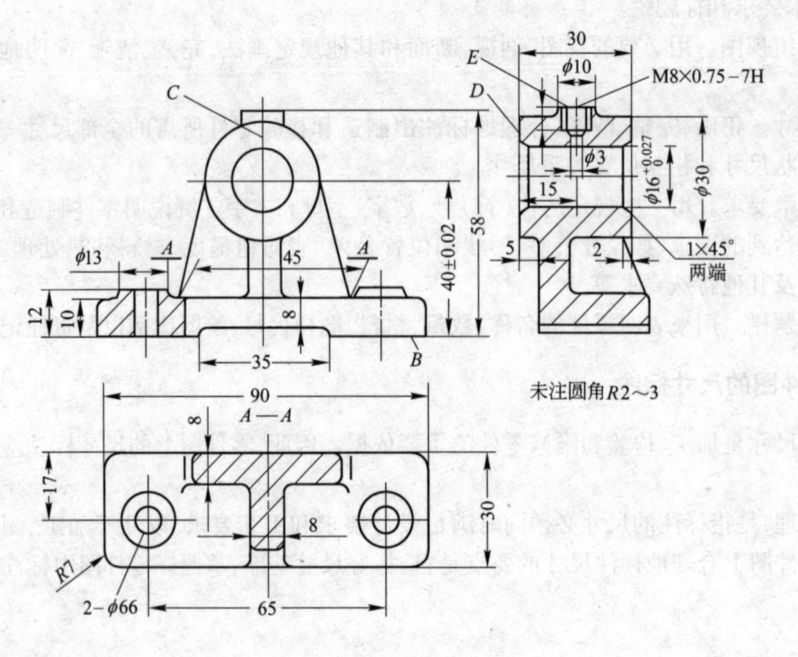

图 1－30　轴承座的尺寸基准

1.4.2.2　零件图中标注尺寸注意事项

（1）设计中的重要尺寸要从基准中直接标出。如图 1－31a 中尺寸 B 是装配尺寸，尺寸 A 是定位尺寸，它们的精度将直接影响零件的使用性能，因此必须直接标出。图 1－31b 所示的注法是错误的。

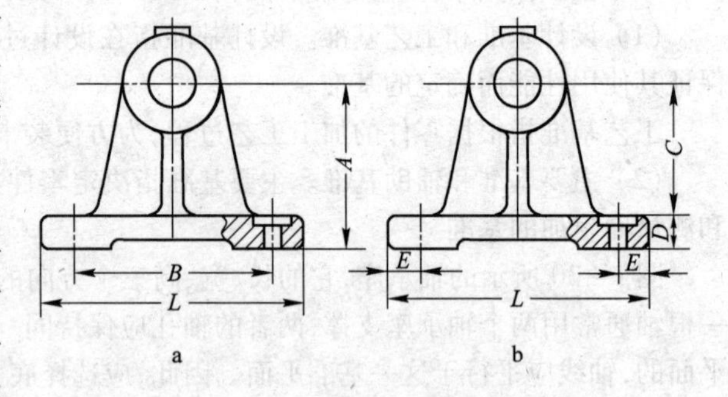

图 1－31　重要尺寸要直接标出

a—正确；b—错误

（2）不要注成封闭的尺寸链。在同一方向上，把零件各段尺寸连起来，就构成首尾相接的链环，称为尺寸链，加上总体尺寸就形成封闭的环链，称为封闭尺寸链，如图 1－32a 所示。

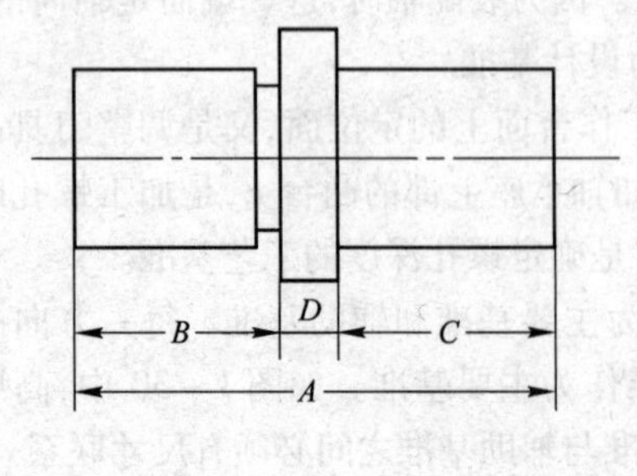

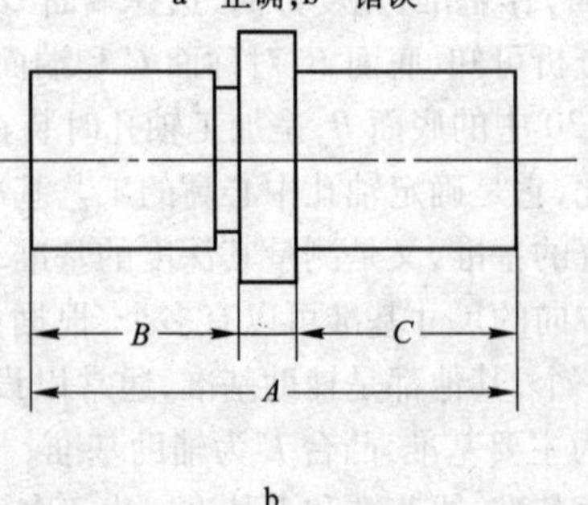

图 1－32　不能出现封闭尺寸链

a—错误；b—正确

从加工角度考虑,出现封闭尺寸链,无形中提高了加工要求,使成本增加。例如,尺寸 A 的精确度为 ±0.02。为了满足这一要求;在加工 B、C、D 这三段时,就要严格控制它们的尺寸误差,才能保证积累误差不超过0.02。实际上,零件各表面的作用不同,其尺寸要求也不应相同。在同一方向上,一般需标注零件的总体尺寸,因此在各分段中应确定一个最次要的尺寸去掉不注,如去掉尺寸 D,见图 1-32b,这样标注就正确了。

(3) 标注的尺寸要便于测量。

(4) 标注尺寸要便于加工。有些零件的加工部位是由指定的刀具加工的,如图1-33所示的零件的圆弧键槽是用圆盘铣刀加工的,所以应标注圆盘铣刀直径尺寸 $\phi 50$,以便于工人选用。

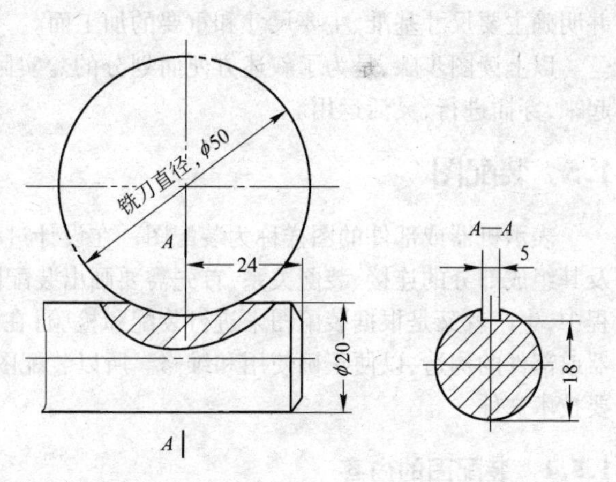

图 1-33 标注尺寸要便于加工

1.4.3 零件图的绘制与阅读

1.4.3.1 零件图的绘制

(1) 分析零件。

(2) 确定视图表达方案和表达方法。

(3) 根据视图表达方案和零件的大小、复杂程度,确定画图比例和图纸幅面,并画出图框和标题栏。

(4) 合理布置视图,画出各视图的基准线、对称线、中心线和轴线等。并注意视图之间应留有足够的空隙,以便标注尺寸,图面上还应留有填写技术要求等内容的位置。

(5) 画视图底稿,先画主体轮廓,后画局部和细小结构;并以主视图为主,兼顾其他视图,注意保持各视图之间的投影关系。

(6) 选择尺寸基准,标注尺寸及其公差;标注表面粗糙度;标注形位公差。

(7) 全面检查、修改,确认正确无误后,加深图线、画断面线、填写其他技术要求和标题栏,即完成零件图。

1.4.3.2 零件图的阅读

(1) 看标题栏。了解零件的名称、材料、比例等内容。由名称可推测该零件的用途和大体的结构特点。另外根据比例,对照图形,即可获得对实际零件的大小概念。

(2) 分析表达方法。先找出主视图,弄清各视图的名称和投影关系。要明确每一种表达方法的特点,如剖视图,一定要找到剖切位置;若有半剖视图,一定要注意对称的方向;如有斜剖视图,一定要注意歪斜结构的特点;如有简化画法,一定要明确它所表示的形状等等。

(3) 分析结构特点。看懂零件的结构形状,是读零件图的首要目的,要紧密结合零件的作用,弄清各部分形体的投影特点和视图的表达特点,认真进行形体分析和线面分析,这是读图的关键所在。

(4) 分析尺寸和技术要求。根据所标注的尺寸偏差、表面粗糙度和其他技术要求,注意分析并明确主要尺寸基准、主要尺寸和重要的加工面。

以上读图步骤，是为了叙述方便而划分的。实际读图时，不可能这样截然分开，往往需结合起来，穿插进行，灵活运用。

1.5　装配图

表示机器或部件的图样称为装配图。在设计过程中，设计者为了表达产品的性能、工作原理及其组成部分的连接、装配关系，首先需要画出装配图，然后再根据装配图画出零件图；在生产过程中，生产者又是根据装配图来进行装配和检验；在使用过程中，使用者又是通过装配图了解机器或部件的构造，以便正确使用和维修。所以装配图是设计、制造、使用、维修以及技术交流的重要技术文件。

1.5.1　装配图的内容

图 1 - 34 是蝴蝶阀装配图，从图中可以看出，一张完整的装配图应包含以下的内容：

(1) 一组视图。选用一组恰当的视图表达机器或部件的工作原理，各零件间的装配、连接关系以及零件的主要结构形状等。

(2) 尺寸。装配图中应标注出机器或部件的规格尺寸、外形尺寸、装配尺寸、安装尺寸以及其他重要尺寸。

(3) 技术要求。用规定的代(符)号、数字、字母和文字来说明机器或部件的性能、装配、检测、调试和使用等方面的要求。

(4) 标题栏、零件序号和明细栏。主要填写机器或部件的名称、代号、绘图比例和责任记载、日期等(材料栏空的不填)。此外，装配图中还应对各组成零件按一定格式进行编号(称为零件序号)，并填写相应的(零件)明细栏。

1.5.2　阅读装配图

看懂装配图是十分重要和有意义的。只有看懂了装配图才能正确地进行工作。

1.5.2.1　阅读装配图的基本要求

阅读装配图时除了运用前面章节所述的投影规律进行形体分析和结构分析之外，还应注意装配图中的特殊表达方法、规定画法和简化画法。阅读装配图应达到的基本要求有如下3条：

(1) 了解其用途、结构和工作原理。

(2) 搞清楚各零件间的装配、连接关系、拆装的顺序及方法。

(3) 分清各零件的名称、序号、数量、材料。主要零件的轮廓形状、内部结构以及标准件的情况。

1.5.2.2　阅读装配图的方法步骤

阅读装配图一般可按以下方法步骤进行(以图 1 - 34 蝴蝶阀为例分析)：

(1) 概括了解装配体的作用及组成的各零件之序号、名称、数量和图中的位置。这些内容可从标题栏和明细栏中很容易了解到。根据序号在装配图中找出相应零件的所在位置，这需要几个视图联系起来看，并根据断面线的方向和疏密不同加以分析。然后再看图上的尺寸和技术要求。

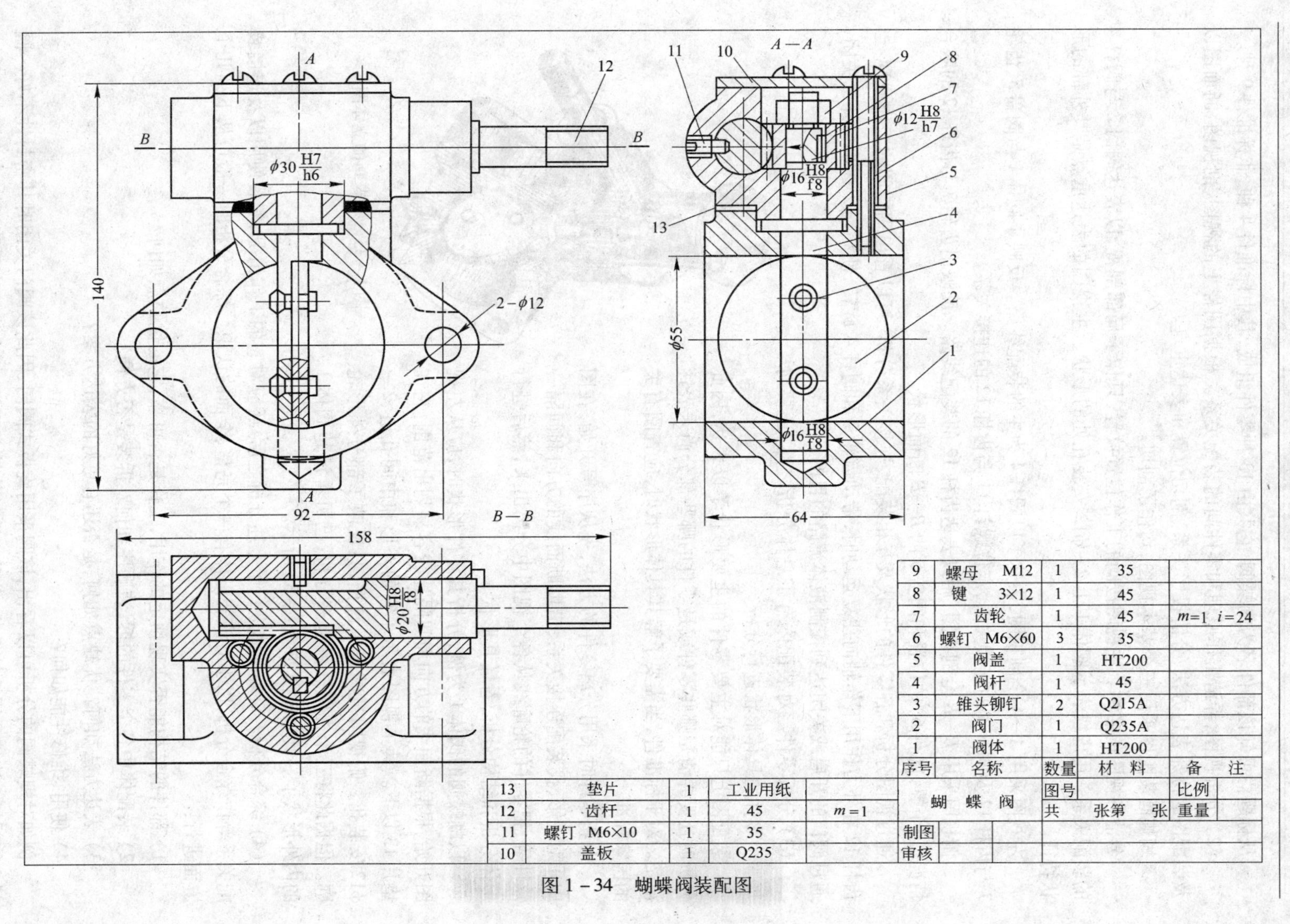

9	螺母 M12	1	35	
8	键 3×12	1	45	
7	齿轮	1	45	$m=1$ $i=24$
6	螺钉 M6×60	3	35	
5	阀盖	1	HT200	
4	阀杆	1	45	
3	锥头铆钉	2	Q215A	
2	阀门	1	Q235A	
1	阀体	1	HT200	
序号	名称	数量	材 料	备 注

13	垫片	1	工业用纸		蝴 蝶 阀	图号		比例	
12	齿杆	1	45	$m=1$		共 张第 张		重量	
11	螺钉 M6×10	1	35		制图				
10	盖板	1	Q235		审核				

图 1-34 蝴蝶阀装配图

从标题栏可知该部件名为蝴蝶阀，它共由 13 种零件组成，其中标准件 4 种、非标准件 9 种。

（2）分析视图，弄清工作原理和零件间的装配关系。根据图样上的视图、剖视图、断面图以及装配图的特殊表达方法，分清投影关系、剖切位置和表达重点。

蝴蝶阀装配图采用三个基本视图，均作了剖切。

分清各视图的名称。主视图按阀的工作位置放置，只作了局部剖视，以表达阀门 2 与阀杆 4 的装配关系。用虚线表示阀体 1 上 2 – ϕ12 安装孔处的形状。主视图的表达重点是其外部的形状特征。

左视图采用 *A—A* 全剖视图，表达了以阀杆 4 为主的装配线路。反映了阀体 1 与阀盖 5、齿轮 7 与齿杆 12 及阀杆 4 的连接关系，定位螺钉 11 与齿杆 12 的连接关系。

俯视图采用 *B—B* 全剖视图，用以表达齿杆 12 的装配线路。反映出齿轮 7 与齿杆 12 的啮合情况、三个螺钉（件 6）的位置和阀盖 5 的 *B—B* 断面形状。

通过视图分析和各零件的形状及互相装配、连接关系分析，可以看出蝴蝶阀的工作原理：当齿杆 12 在外力作用下作轴向往复运动时，带动齿轮 7 和阀杆 4 旋转，使阀门 2 逐步打开或关闭，通过阀门的开启或关闭达到控制液体流路的目的。

（3）分析零件。对装配体有了总体分析之后，还要对每一个零件的具体形状进行分析。

装配图上只能对主要零件的主要形状予以表达，因此分析时还要弄清楚哪些零件或是零件的哪些部分尚未表达清楚。对于标准件，当需要了解其具体形状时，应查阅有关的国家标准。

分析零件时采用分离零件的方法，先从序号开始，在图中用对投影、找装配连接关系、借助断面线的方向和间隔一致性等，把零件的轮廓线从各个视图中分离出来，然后进行形体分析和结构分析，看懂其形状。

以蝴蝶阀的阀体 1 为例，分析其零件形状时，应从左视图开始，根据断面线的方向和间隔比较容易划出范围：它在垫片 13 以下。其主视图表示了它的外形和中间孔道、2 – ϕ12 安装孔。俯视图被阀盖 5 遮挡，只反映了部分外形轮廓。但据此将三个视图联系起来分析，已可看清楚阀体 1 的内外形状了。其立体图如图 1 – 35 所示。

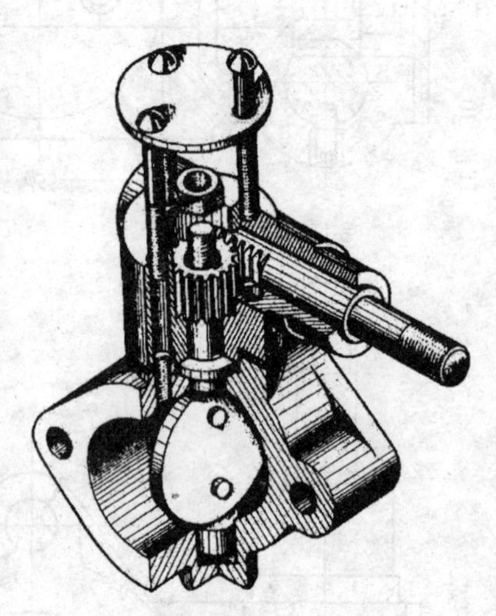

图 1 – 35　蝴蝶阀的立体图

（4）综合分析。对装配体进行了上述分析之后，还应对它的工作情况、安装使用以及连接装配关系等作综合分析，以求对该装配体有一个完整、全面的认识。综合分析时一般可从下列几个方面进行：

1）部件的结构能否实现预定的作用，工作是否可靠，它的优缺点如何？

2）装配体中各个零件的拆、装顺序如何？拆装是否方便？

3）表达方法如何？优缺点如何，是否还有更好的表达方案？

4）使用、维修性能如何？

例如对蝴蝶阀的分析可以看出，该阀采用旋板式阀门，因此该阀门关闭时其密封性不好。阀门 2 与阀杆 4 连接采用铆接方法，这种方法结构简单可靠，但在维修中需要拆卸时，则不方便。

总之，通过阅读装配图，综合分析后，头脑中对该装配体应能形成清晰的直观形象。

思考题

1-1 投影法分为哪几类？它们有何区别？

1-2 试述正投影的基本特性。

1-3 三视图是怎样形成的？三视图的投影规律如何？

1-4 组合体表面的连接方式有哪些，它们在图线的画法上有何不同？

1-5 如何看组合体视图？

1-6 如何绘制、标注局部视图、斜视图？

1-7 什么是剖视图？画剖视图应注意哪些问题？

1-8 如何绘制、标注移出断面图和重合断面图？

1-9 零件图有哪些内容，各有哪些作用？

1-10 在零件图上标注尺寸有什么要求？

1-11 简述装配图的作用和内容。

1-12 简述阅读装配图的要求和步骤。

2 机械零件的几何精度

机械零件的几何精度包括尺寸精度、配合精度、表面精度、传动精度等内容，本章主要介绍机械零件的几何精度的基础知识，具体零件的配合精度和传动精度结合相应章节介绍。

2.1 互换性与标准化

2.1.1 互换性

互换性是指机械产品在装配时，同一规格的零件或部件可以相互替换的性能。机械产品实现了互换性，如果有的零件坏了，可以以新换旧，方便维修，延长机器的使用寿命；从制造来看，互换性可以使企业提高生产率、保证产品的质量和降低制造成本；从设计来看，可以缩短新产品的设计周期，及时满足市场用户的需要。

根据零部件互换程度的不同，可将互换性分为完全互换和不完全互换。

当零件或部件在装配和更换时，事前不经过挑选，装配时也不需进行附加修配就能装配在机器上，并能满足预定的使用要求。这样的零部件属于完全互换。如螺纹联接件、滚动轴承等。

当零件或部件精度高时，为了便于制造，常把零件的公差适当放大，而在装配前根据实际尺寸进行分组，或在装配时根据实际情况对调整用的零件进行选择，装配后能满足预定的使用要求。这样的零部件属于不完全互换或称有限互换。不完全互换可以用分组装配法、调整法等工艺措施来实现。

分组装配法，是将相配合零件的尺寸公差适当放大到方便加工的程度，完工后进行测量，将零件按实际尺寸的大小分组，装配时按相应组进行，使大孔与大轴相配，小孔与小轴相配，以满足使用要求。

调整法，是某一特定零件按所需尺寸进行调整，以达到较高的装配精度。

一般来说，在装配时，需进行选择或调整的，属于不完全互换；需要附加修配的，则该零件不具有互换性。不完全互换往往只限于厂内的零部件的装配；对于厂际协作则应采用完全互换。

2.1.2 标准化

从互换性的定义可以看出，具有互换性的零部件必须按一定的规格和公差要求来制造，这样，就必然要求对数值系列、公差等规定统一的标准，当零部件制造以后，还需要按一定的标准进行检验。用标准把技术统一起来，才可以协调一致、相互协作，有节奏地组织生产。

标准化是指以制定标准和贯彻标准为主要内容的全部活动过程。这一活动过程，主要是制订、贯彻标准，根据客观情况的变化，进而修订标准的过程。

在我国根据标准适应领域和有效范围，把标准分为国家标准、行业标准、地方标准和企业标准。

标准按照对象的特征分为基础标准、产品标准、方法标准、安全和环境保护标准。基础标准是指在生产技术活动中最基本的具有广泛指导意义的标准，如公差与配合标准、形位公差标准、表面粗糙度等标准。

2.2 尺寸精度

机械零件的大小和形状主要取决于几何尺寸。经过机械加工,机械零件的实际尺寸与理想尺寸总会存在一定的差异,为了满足互换性的要求,必须对尺寸规定精度要求。

2.2.1 尺寸

尺寸是指用特定单位表示长度值的数字。

长度值包括直径、半径、宽度、深度、高度和中心距等。

2.2.1.1 基本尺寸

设计给定的尺寸称为基本尺寸(孔——D、轴——d)。

设计时,根据使用要求,一般通过强度和刚度计算或由机械结构等方面的考虑来给定尺寸。基本尺寸一般应按照标准尺寸系列选取。

2.2.1.2 实际尺寸

通过测量所得的尺寸。由于测量过程中,不可避免地存在测量误差,同一零件的相同部位用同一量具重复测量多次,其测量的实际尺寸也不完全相同。因此实际尺寸并非尺寸的真值。另外,由于零件形状误差的影响,同一轴截面内,不同部位的实际尺寸也不一定相等,在同一横截面内,不同方向上的实际尺寸也可能不相等。

2.2.1.3 极限尺寸

极限尺寸是根据设计要求而确定的,其目的是为了限制加工零件的尺寸变动范围。若完工零件任一位置的实际尺寸都在此范围内,即实际尺寸小于或等于最大极限尺寸,大于或等于最小极限尺寸的零件为合格零件。否则,为不合格零件。

2.2.2 尺寸偏差、公差和公差带

2.2.2.1 尺寸偏差

某一尺寸减其基本尺寸所得的代数差称为尺寸偏差(简称偏差)。偏差可能为正或负,亦可为零。

2.2.2.2 实际偏差

实际尺寸减其基本尺寸所得的代数差称为实际偏差。

由于实际尺寸可能大于、小于或等于基本尺寸,因此实际偏差可能为正、负或零值,书写或计算时必须带上正或负号。

2.2.2.3 极限偏差

极限尺寸减其基本尺寸所得的代数差称为极限偏差。

上偏差:最大极限尺寸减其基本尺寸所得的代数差称为上偏差。孔用 ES 表示,轴用 es 表示

$$ES = D_{max} - D, es = d_{max} - d \quad (2-1)$$

式中 D_{max}、D——孔的最大极限尺寸和基本尺寸;

d_{max}、d——轴的最大极限尺寸和基本尺寸。

下偏差:最小极限尺寸减其基本尺寸所得的代数差称为下偏差。孔用 EI 表示,轴用 ei 表示:

$$EI = D_{min} - D, ei = d_{min} - d \quad (2-2)$$

式中　D_{min}——孔的最小极限尺寸;

d_{min}——轴的最小极限尺寸。

上、下偏差皆可能为正、负或零。因为最大极限尺寸总是大于最小极限尺寸,所以,上偏差总是大于下偏差。尺寸的实际偏差必须介于上偏差与下偏差之间,尺寸才算合格。

2.2.2.4　尺寸公差

允许的尺寸变动量,简称公差。公差等于最大极限尺寸与最小极限尺寸之代数差的绝对值,也等于上偏差与下偏差之代数差的绝对值。若孔的公差用 T_D 表示,轴的公差用 T_d 表示,其关系为:

$$T_D = |D_{max} - D_{min}| = |ES - EI| \quad (2-3)$$

$$T_d = |d_{max} - d_{min}| = |es - ei| \quad (2-4)$$

必须指出:公差和极限偏差是两种不同的概念。公差大小决定了允许尺寸变动范围的大小,若公差值大,则允许尺寸变动范围大,因而要求加工精度低;相反,若公差值小,则允许尺寸变动范围小,因而要求加工精度高。仅用公差不能判断尺寸是否合格,而极限偏差是判断孔和轴尺寸合格与否的依据。

2.2.2.5　公差带及公差带图

基本尺寸、极限偏差和公差三者之间的关系,可用公差带图来表示,如图 2-1 所示。公差带图中,零线是表示基本尺寸的一条直线,即零偏差线。通常,零线画成水平位置的线段,正偏差位于其上,负偏差位于其下,零偏差重合于零线。

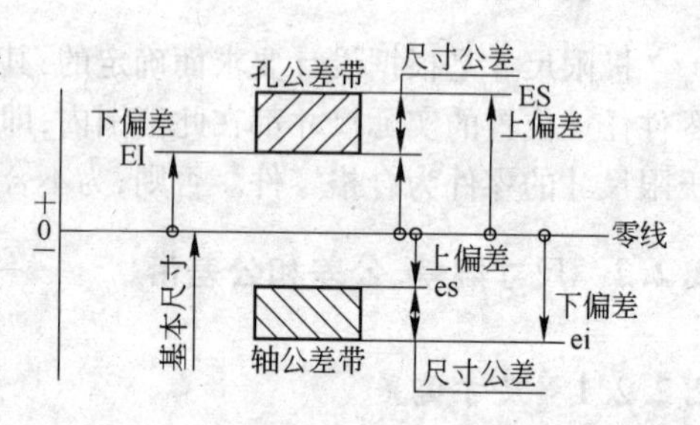

图 2-1　公差带图

公差带是有代表上偏差和下偏差的两条直线所限定的一个区域,公差带是由两个要素构成:一个是公差带的大小,即公差带在零线垂直方向的宽度;另一个是公差带的位置,即公差带相对于零线的坐标位置。

公差带的大小有标准公差确定,公差带的位置由基本偏差确定。国家标准对标准公差和基本偏差分别进行了标准化。两者结合可构成不同的孔、轴公差带。

2.2.3　标准公差系列和基本偏差系列

2.2.3.1　标准公差系列

标准公差是国家标准规定的公差值,用以确定公差带的大小。标准公差系列由不同的标准公差等级和不同基本尺寸的标准公差构成的。

公差等级是指确定尺寸精确程度的等级。由于不同零件和零件上不同部位的尺寸对精确程度的要求往往不相同,为了满足生产的需要,国家标准设置了 20 个公差等级。各级标准公差的代号为 IT01、IT0、IT1 至 IT18,其中 IT01 精度最高,其余依次降低,IT18 精度最低。其相应的标准公差在基本尺寸相同的条件下，随公差等级的降低而依次增大，见表2-1。在生产实践中，规定零件的尺寸公差时，应尽量按表2-1选用标准公差。

表2-1 标准公差数值

基本尺寸		公差等级																			
		IT01	IT0	IT1	IT2	IT3	IT4	IT5	IT6	IT7	IT8	IT9	IT10	IT11	IT12	IT13	IT14	IT15	IT16	IT17	IT18
大于	至	μm													mm						
	3	0.3	0.5	0.8	1.2	2	3	4	6	10	14	25	40	60	0.10	0.14	0.25	0.40	0.60	1.0	1.4
3	6	0.4	0.6	1	1.5	2.5	4	5	8	12	18	30	48	75	0.12	0.18	0.30	0.48	0.75	1.2	1.8
6	10	0.4	0.6	1	1.5	2.5	4	6	9	15	22	36	58	90	0.15	0.22	0.36	0.58	0.90	1.5	2.2
10	18	0.5	0.8	1.2	2	3	5	8	11	18	27	43	70	110	0.18	0.27	0.43	0.70	1.10	1.8	2.7
18	30	0.6	1	1.5	2.5	4	6	9	13	21	33	52	84	130	0.21	0.33	0.52	0.84	1.30	2.1	3.3
30	50	0.6	1	1.5	2.5	4	7	11	16	25	39	62	100	160	0.25	0.39	0.62	1.00	1.60	2.5	3.9
50	80	0.8	1.2	2	3	5	8	13	19	30	46	4	120	190	0.30	0.46	0.74	1.20	1.90	3.0	4.6
80	120	1	1.5	2.5	4	6	10	15	22	35	54	87	140	220	0.35	0.54	0.87	1.40	2.20	3.5	5.4
120	180	1.2	2	3.5	5	8	12	18	25	40	63	100	160	250	0.40	0.63	1.00	1.60	2.50	4.0	6.3
180	250	2	3	4.5	7	10	14	20	29	46	72	115	185	290	0.46	0.72	1.15	1.85	2.90	4.6	7.2
250	315	2.5	4	6	8	12	16	23	32	52	81	130	210	320	0.52	0.81	1.30	2.10	3.20	5.2	8.1
315	400	3	5	7	9	13	18	25	36	57	89	140	230	360	0.57	0.89	1.40	2.30	3.60	5.7	8.9
400	500	4	6	8	10	15	20	27	40	63	97	155	250	400	0.63	0.97	1.55	2.50	4.00	6.3	9.7

2.2.3.2 基本偏差系列

基本偏差是确定公差带位置的参数，原则上与公差等级无关。为了满足各种不同配合的需要，必须将孔和轴的公差带位置标准化，为此，对应不同的基本尺寸，标准对孔和轴各规定了28个公差带位置，分别由28个基本偏差来确定。

基本偏差代号用拉丁字母表示。小写代表轴，大写代表孔。以轴为例，它们的排列顺序基本上从a依次到z，拉丁字母中，除去与其他代号易混淆的5个字母i、l、o、q、w，增加了7个双字母代号cd、ef、fe、js、za、zb、zc共28个。其排列顺序如图2-2所示。孔的28个基本偏差代号，除大写外，其余与轴完全相同。

图2-2是基本偏差系列图，它表示基本尺寸相同的28种轴、孔基本偏差相对零线的位置。图中画的基本偏差是"开口"公差带，这是因为基本偏差只表示公差带的位置，而不表示公差带的大小。图中只画出公差带基本偏差的一端，另一端开口则表示将由公差等级来决定。

轴的基本偏差数值列于表2-2，孔的基本偏差数值列于表2-3，使用时可直接查表。

一个公差带，由基本偏差代号确定其中一个极限偏差后，另一个极限偏差可由基本偏差和标准公差计算确定。

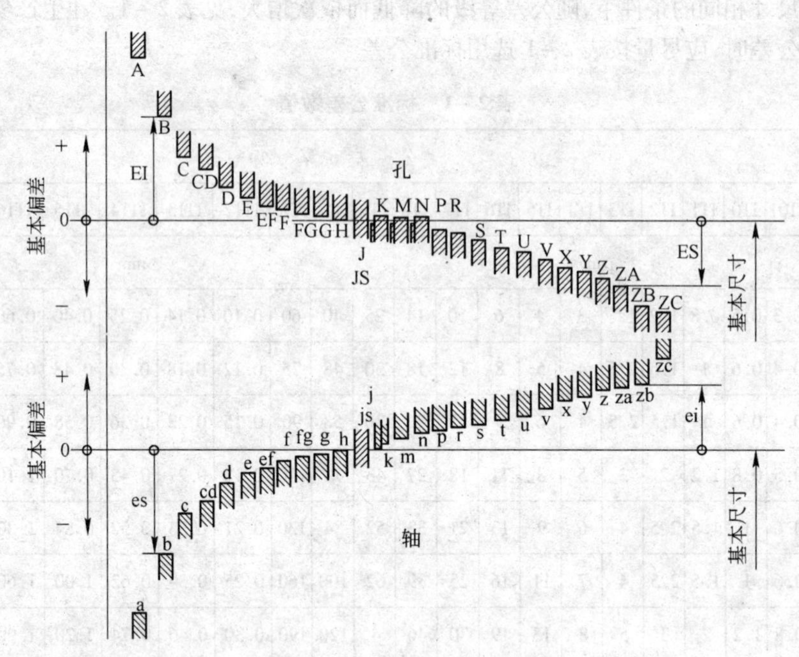

图2－2　基本偏差系列图

表2－2　轴的基本偏差数值

基本尺寸/mm		基本偏差数值												
		上偏差 es								js	下偏差 ei			
		a	b	c	d	e	f	g	h		j		k	
大于	至	所有等级									5、6	7	4～7	≤3 >7
6	10	－280	－150	－80	－40	－25	－13	－5	0	偏差＝±IT/2	－2	－5	＋1	0
10	18	－290	－150	－95	－50	－32	－16	－6	0		－3	－6	＋1	0
18	30	－300	－160	－110	－65	－40	－20	－7	0		－4	－8	＋2	0
30	40	－310	－170	－120	－80	－50	－25	－9	0		－5	－10	＋2	0
40	50	－320	－180	－130										
50	65	－340	－190	－140	－100	－60	－30	－10	0		－7	12	＋2	0
65	80	－360	－200	－150										
80	100	－380	－220	－170	－120	－72	－36	－12	0		－9	－15	＋3	0
100	120	－410	－240	－180										
120	140	－460	－260	－200	－145	－85	－43	－14	0		－11	－18	＋3	0
140	160	－520	－280	－210										
160	180	－580	－310	－230										
180	200	－660	－340	－240	－170	－100	－50	－15	0		－13	－21	＋4	0
200	225	－740	－380	－260										
225	250	－820	－420	－280										

续表 2-2

基本尺寸/mm		基本偏差数值													
		下偏差 ei													
		m	n	p	r	s	t	u	v	x	y	z	za	zb	zc
大于	至	所有等级													
6	10	+6	+10	+15	+19	+23		+28		+34		+42	+52	+67	+97
10	14	+7	+12	+18	+23	+28		+33		+40		+50	+64	+90	+130
14	18								+39	+45		+60	+77	+108	+150
18	24	+8	+15	+22	+28	+35		+41	+47	+54	+63	+73	+98	+136	+188
24	30						+41	+48	+55	+64	+75	+88	+118	+160	+218
30	40	+9	+17	+26	+34	+43	+48	+60	+68	+80	+94	+112	+148	+200	+274
40	50						+54	+70	+81	+97	+114	+136	+180	+242	+325
50	65	+11	+20	+32	+41	+53	+66	+87	+102	+122	+144	+172	+226	+300	+405
65	80				+43	+59	+75	+102	+120	+146	+174	+210	+274	+360	+480
80	100	+13	+23	+37	+51	+71	+91	+124	+146	+178	+214	+258	+335	+445	+585
100	120				+54	+79	+104	+144	+172	+210	+254	+310	+400	+525	+690
120	140				+63	+92	+122	+170	+202	+248	+300	+365	+470	+620	+800
140	160	+15	+27	+43	+65	+100	+134	+190	+228	+280	+340	+415	+535	+700	+900
160	180				+68	+108	+146	+210	+252	+310	+380	+465	+600	+780	+1000
180	200				+77	+122	+166	+236	+284	+350	+425	+520	+670	+880	+1150
200	225	+17	+31	+50	+80	+130	+180	+258	+310	+385	+470	+580	+740	+960	+1250
225	250				+84	+140	+196	+284	+340	+425	+520	+650	+820	+1050	+1350

注：js 的数值：对 IT7 ~ IT11，若 IT 的数值（μm）为奇数，则取 $js = \pm\frac{IT-1}{2}$。

例 2-1 查表确定 ϕ35j6、ϕ90R7 的基本偏差与另一极限偏差

解：

ϕ35j6：查表 2-1 ϕ35j6 的公差值 IT6 = 16μm

查表 2-2 ϕ35j6 的基本偏差 ei = -5μm

则另一极限偏差 es = ei + IT6 = 11μm

ϕ90R7：查表 2-1 ϕ90R7 的公差值 IT7 = 35μm

查表 2-3 ϕ90R7 的基本偏差 $ES = -51 + \Delta = (-51 + 13)\mu m = -38\mu m$

则另一极限偏差 $EI = ES - IT7 = (-38 - 35)\mu m = -73\mu m$

2.2.4 一般公差 线形尺寸的未注公差

对机器零件上各要素提出的尺寸、形状或各要素间的位置等要求，取决于它们的功能。无功能要求的要素是不存在的。因此，零件在图样上表达的所有要素都有一定的公差要求。但是，当对某些在功能上无特殊要求的要素，则可给出一般公差。线性尺寸的一般公差是在车间普通工艺条件下，机床设备一般加工能力可保证的公差。

表 2-3　孔的基本偏差数值

基本尺寸/mm		基本偏差数值																	
		下偏差 EI								JS	上偏差 ES								
		A	B	C	D	E	F	G	H		J			K		M		N	
大于	至	所有标准公差等级									6	7	8	≤8	>8	≤8	>8	≤8	>8
6	10	+280	+150	+80	+40	+25	+13	+5	0	偏差 = ±IT/2	+5	+8	+12	-1 +Δ		-6 +Δ	-6	-10 +Δ	0
10	14	+290	+150	+95	+50	+32	+16	+6	0		+6	+10	+15	-1 +Δ		-7 +Δ	-7	-12 +Δ	0
14	18																		
18	24	+300	+160	+110	+65	+40	+20	+7	0		+8	+12	+20	-2 +Δ		-8 +Δ	-8	-15 +Δ	0
24	30																		
30	40	+310	+170	+120	+80	+50	+25	+9	0		+10	+14	+24	-2 +Δ		-9 +Δ	-9	-17 +Δ	0
40	50	+320	+180	+130															
50	65	+340	+190	+140	+100	+60	+30	+10	0		+13	+18	+28	-2 +Δ		-11 +Δ	-11	-20 +Δ	0
65	80	+360	+200	+150															
80	100	+380	+220	+170	+120	+72	+36	+12	0		+16	+22	+24	-3 +Δ		-13 +Δ	-13	-23 +Δ	0
100	120	+410	+240	+180															
120	140	+460	+260	+200	+145	+85	+43	+14	0		+18	+26	+41	-3 +Δ		-15 +Δ	-15	-27 +Δ	0
140	160	+520	+280	+210															
160	180	+580	+310	+230															
180	200	+660	+340	+240	+170	+100	+50	+15	0		+22	+30	+41	-4 +Δ		-17 +Δ	-17	-31 +Δ	0
200	225	+740	+380	+260															
225	250	+820	+420	+280															

基本尺寸/mm		基本偏差数值													Δ			
		上偏差 ES																
		P~ZC	P	R	S	T	U	V	X	Y	Z	ZA	ZB	ZC				
大于	至	≤7	标准公差等级 >7												5	6	7	8
6	10	在>7级的相应数值上增加一个Δ值	-15	-19	-23	—	-28	—	-34	—	-42	-52	-67	-97	2	3	6	7
10	14		-18	-23	-28	—	-33	—	-40	—	-50	-64	-90	-130	3	3	7	9
14	18							-39	-45	—	-60	-77	-108	-150				
18	24		-22	-28	-35	—	-41	-47	-54	-63	-73	-98	-136	-188	3	4	8	12
24	30					-41	-48	-55	-64	-75	-88	-118	-160	-218				
30	40		-26	-34	-43	-48	-60	-68	-80	-94	-112	-148	-200	-274	4	5	9	14
40	50					-54	-70	-81	-97	-114	-136	-180	-242	-325				
50	65		-32	-41	-53	-66	-87	-102	-122	-144	-172	-226	-300	-405	5	6	11	16
65	80			-43	-59	-75	-102	-120	-146	-174	-210	-274	-360	-480				
80	100		-37	-51	-71	-91	-124	-146	-178	-214	-258	-335	-445	-585	5	7	13	9
100	120			-54	-79	-104	-144	-172	-210	-254	-310	-400	-525	-690				
120	140		-43	-63	-92	-122	-170	-202	-248	-300	-365	-470	-620	-800	6	7	15	23
140	160			-65	-100	-134	-190	-228	-280	-340	-415	-535	-700	-900				
160	180			-68	-108	-146	-210	-252	-310	-380	-465	-600	-780	-100				
180	200		-50	-77	-122	-166	-236	-284	-350	-425	-520	-670	-880	-115	6	9	17	26
200	225			-80	-134	-180	-258	-310	-385	-470	-575	-740	-960	-125				
225	250			-84	-140	-196	-284	-340	-425	-520	-640	-820	-1050	-135				

注：JS 的数值：对 IT7 ~ IT11，若 IT 的数值（μm）为奇数，则取 $JS = \pm\frac{IT-1}{2}$。

线性尺寸的一般公差主要用于较低精度的非配合尺寸。当功能上允许的公差等于或大于一般公差时,均应采用一般公差。

GB/T 1804—92 规定的极限偏差适用于非配合尺寸。线性尺寸的一般公差,规定了四个等级,即 f(精密级)、m(中等级)、c(粗糙级)和,v(最粗级)。其中 f 级最高,逐渐降低,v 级最低。线性尺寸的极限偏差数值见表 2-4。

表 2-4 线性尺寸的极限偏差数值

公差等级	尺寸分段							
	0.5~3	>3~6	>6~30	>30~120	>120~400	>400~1000	>1000~2000	>2000~4000
f(精密级)	±0.05	±0.05	±0.1	±0.15	±0.2	±0.3	±0.5	—
m(中等级)	±0.1	±0.1	±0.2	±0.3	±0.5	±0.8	±1.2	±2
c(粗糙级)	±0.2	±0.3	±0.5	±0.8	±1.2	±2	±3	±4
v(最粗级)	—	±0.5	±1	±1.5	±2.5	±4	±6	±8

当零件上的要素采用一般公差时,在图样上不单独注出公差,而是在图样上、技术文件或标准中做出总的说明。例如,当一般公差选用中等级时,可在零件图样上(标题栏上方)标明:未注公差尺寸按 GB/T 1804—92—m。

2.3 配合精度

机械零件应具有一定的尺寸精度,对相互配合的机械零件还应具有一定的配合精度。

配合是指基本尺寸相同的、相互结合的孔和轴公差带之间的关系。孔的尺寸减去相配合的轴尺寸所得的代数差,此差值为正值时称为间隙,用 X 表示;为负值时称为过盈,用 Y 表示。当孔与轴的公差带相对位置不同时,有三种不同的配合。

2.3.1 配合分类

配合按其出现间隙或过盈的不同分为间隙配合、过盈配合、过渡配合 3 大类。

2.3.1.1 间隙配合

具有间隙(包括最小间隙为零)的配合,称为间隙配合。此时,孔的公差带位于轴的公差带之上,图 2-3 所示。

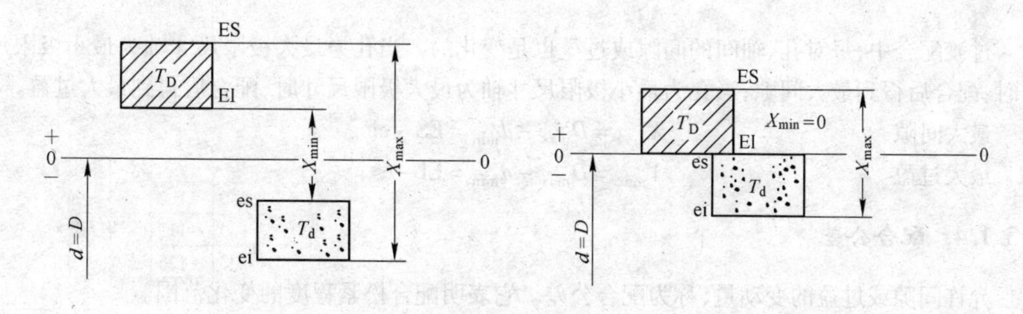

图 2-3 间隙配合

最大间隙 $$X_{max} = D_{max} - d_{min} = ES - ei$$

最小间隙　　$X_{min} = D_{min} - d_{max} = EI - es$

2.3.1.2　过盈配合

具有过盈(包括最小过盈等于零)的配合,称为过盈配合。此时孔的公差带在轴的公差带之下,如图 2-4 所示。

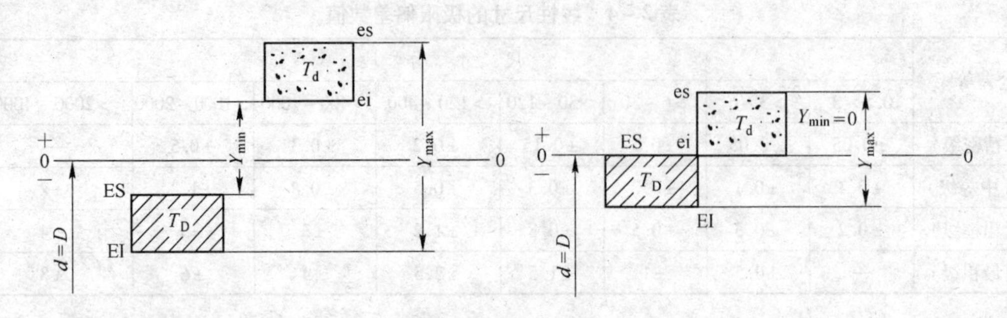

图 2-4　过盈配合

最小过盈　　$Y_{min} = D_{max} - d_{min} = ES - ei$

最大过盈　　$Y_{max} = D_{max} - d_{min} = EI - es$

2.3.1.3　过渡配合

可能具有间隙或过盈的配合,称为过渡配合。此时,孔的公差带与轴的公差带相互交叠,如图 2-5 所示。

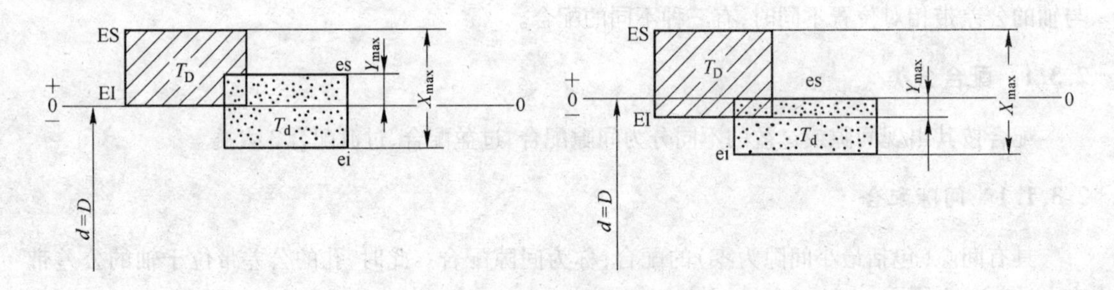

图 2-5　过渡配合

过渡配合中,每对孔、轴间的间隙或过盈也是变化的。当孔为最大极限尺寸轴为最小极限尺寸时,配合后得到最大间隙;当孔为最小极限尺寸轴为最大极限尺寸时,配合后得到最大过盈。

最大间隙　　$X_{max} = D_{max} - d_{min} = ES - ei$

最大过盈　　$Y_{max} = D_{max} - d_{min} = EI - es$

2.3.1.4　配合公差

允许间隙或过盈的变动量,称为配合公差。它表明配合松紧程度的变化范围。

间隙配合　　$T_f = |X_{max} - X_{min}|$

过盈配合　　$T_f = |Y_{min} - Y_{max}|$

过渡配合　　$T_f = |X_{max} - Y_{max}|$

三类配合的配合公差亦为孔公差与轴公差之和,即:

$$T_{\mathrm{f}} = T_{\mathrm{D}} + T_{\mathrm{d}} \tag{2-5}$$

结论说明:配合件的装配精度与零件的加工精度有关。若要提高装配精度,使配合后间隙或过盈的变化范围减小,则应减小零件的公差,即需要提高零件的加工精度,但增加了制造困难。

2.3.2 基准制

改变孔、轴公差带的相对位置,可以组成不同性质、不同松紧的配合。但为简化起见,无需将孔、轴公差带同时变动,只要固定一个,变更另一个,便可满足不同使用性能要求的配合。因此,公差与配合标准对孔与轴公差带之间的相互位置关系,规定了两种基准制,即基孔制与基轴制。

基孔制是指基本偏差为一定的孔的公差带,与不同基本偏差的轴的公差带所形成的各种配合的一种制度。

基孔制中的孔称为基准孔,用 H 表示,基准孔以下偏差为基本偏差,且数值为零。其公差带偏置在零线上侧。

基孔制配合中的轴为非基准轴,由于有不同的基本偏差,使它们的公差带和基准孔公差带形成不同的相对位置。根据不同的相对位置可以判断其配合类别,如图 2-6a 所示。

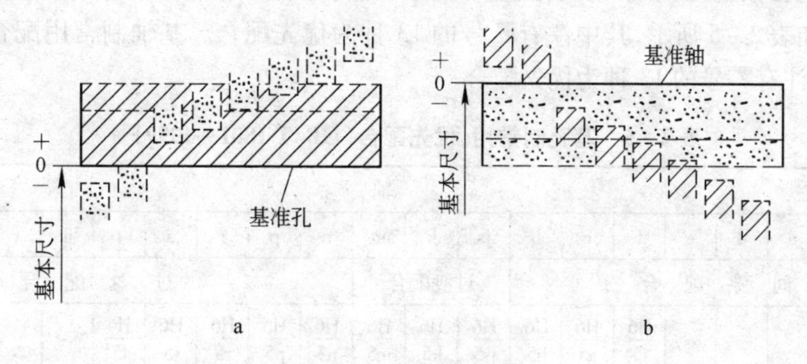

图 2-6 基准制配合

a—基孔制; b—基轴制

基轴制是指基本偏差为一定的轴的公差带,与不同基本偏差的孔的公差带形成各种配合的一种制度。基轴制中的轴称为基准轴,用 h 表示,基准轴的上偏差为基本偏差且等于零。公差带偏置在零线的下侧。孔为非基准件,不同基本偏差的孔和基准轴可以形成不同类别的配合,如图 2-6b 所示。

2.3.3 公差带代号与配合代号

一个确定的公差带应由基本偏差和公差等级组合而成。孔、轴的公差带代号由基本偏差代号和公差等级数字组成。例如 H8、F7、K7、P7 等为孔的公差带代号;h7、f6、r6、p6 等为轴的公差带代号。

配合代号用孔、轴公差带的组合表示,写成分数形式,分子为孔的公差带代号,分母为轴的公差带代号,如 $\frac{\mathrm{H7}}{\mathrm{f6}}$ 或 H7/f6。如指某基本尺寸的配合,则基本尺寸标在配合代号之前,如 $\phi 25\ \frac{\mathrm{H7}}{\mathrm{f6}}$ 或 ϕ25H7/f6。

2.3.4 常用和优先的公差带与配合

2.3.4.1 优先、常用和一般公差带

GB/T 180.4—1999 规定了 20 个公差等级和 28 种基本偏差,其中基本偏差 j 仅保留 j5 至 j8,J 仅保留 J6 至 J8,即 j 限于 4 个公差等级,J 限于 3 个公差等级。由此可以得到轴公差带(28 - 1)×20 + 4 = 544 种,孔公差带(28 - 1)×20 + 3 = 543 种。这么多公差带如都应用,显然是不经济的。因此,GB/T 1801—1999 对孔、轴规定了一般、常用和优先公差带。

标准规定了孔的一般公差带 105 种,其中常用公差带 44 种,优先公差带 13 种。

标准规定了轴的一般公差带 119 种,其中常用公差带 59 种,优先公差带 13 种。

选用公差带时,应按优先、常用、一般公差带顺序选取。若一般公差带中也无满足要求的公差带,则按 GB/T 1800.3—1998 中规定的标准公差和基本偏差组成的公差带来选取。

2.3.4.2 优先和常用配合

标准在规定孔轴优先、常用、一般公差带的基础上,还规定了孔轴公差带的组合。基孔制常用配合 59 种,如表 2 - 5 所示,其中注有◤号的 13 种为优先配合。基轴制常用配合 47 种,如表 2 - 6所示,其中注有◤号的 13 种为优先配合。

表 2 - 5　基孔制常用、优先配合(GB/T 1801—1999)

基准孔	轴																				
	a	b	c	d	e	f	g	h	js	k	m	n	p	r	s	t	u	v	x	y	z
	间隙配合								过渡配合			过盈配合									
H6						H6/f5	H6/g5	H6/h5	H6/js5	H6/k5	H6/m5	H6/n5	H6/p5	H6/r5	H6/s5	H6/t5					
H7						H7/f6	◤H7/g6	◤H7/h6	H7/js6	◤H7/k6	H7/m6	◤H7/n6	◤H7/p6	H7/r6	◤H7/s6	H7/t6	◤H7/u6	H7/v6	H7/x6	H7/y6	H7/z6
H8					H8/e7	◤H8/f7	H8/g7	◤H8/h7	H8/js7	H8/k7	H8/m7	H8/n7	H8/p7	H8/r7	H8/s7	H8/t7	H8/u7				
				H8/d8	H8/e8	H8/f8		H8/h8													
H9			H9/c9	◤H9/d9	H9/e9	H9/f9		◤H9/h9													
H10			H10/c10	H10/d10				H10/h10													
H11	H11/a11	H11/b11	◤H11/c11	H11/d11				◤H11/h11													
H12		H12/b12						H12/h12													

注:1. $\frac{H6}{n5}$、$\frac{H7}{p6}$在基本尺寸小于或等于 3mm 和$\frac{H8}{r7}$在基本尺寸小于或等于 100mm 时,为过渡配合。

2. 带◤的配合为优先配合

表2-6 基轴制常用、优先配合(GB/T 1801—1999)

基准轴	孔																				
	A	B	C	D	E	F	G	H	JS	K	M	N	P	R	S	T	U	V	X	Y	Z
	间隙配合								过渡配合			过盈配合									
h5						F6/h5	G6/h5	H6/h5	JS6/h5	K6/h5	M6/h5	N6/h5	P6/h5	R6/h5	S6/h5	T6/h5					
h6						F7/h6	◤G7/h6	◤H7/h6	JS7/h6	◤K7/h6	M7/h6	◤N7/h6	◤P7/h6	R7/h6	◤S7/h6	T7/h6	◤U7/h6				
h7					E8/h7	◤F8/h7		◤H8/h7	JS8/h7	K8/h7	M8/h7	N8/h7									
h8				D8/h8	E8/h8	F8/h8		H8/h8													
h9				◤D9/h9	E9/h9	F9/h9		◤H9/h9													
h10				D10/h10				H10/h10													
h11	A11/h11	B11/h11	◤C11/h11	D11/h11				◤H11/h11													
h12		B12/h12						H12/h12													

注:带◤的配合为优先配合。

2.3.5 公差与配合选择

设计时,在确定了孔、轴的基本尺寸后,还需进行尺寸精度设计。尺寸精度设计包括下列内容:选择基准制、公差等级和配合种类。

2.3.5.1 基准制的选择

优先选用基孔制,采用基孔制可以减少定值刀、量具的规格数目,有利于刀、量具的标准化、系列化,因而经济合理,使用方便。

在下列情况下应采用基轴制:

(1) 用冷拉钢材做轴时,由于本身的精度(可达 IT8)已能满足设计要求,故不再加工。

(2) 在同一基本尺寸的轴上需要装配几个具有不同配合的零件时可选用基轴制。否则,将会造成轴加工困难,甚至无法加工。

(3) 当设计的零件与标准件相配时,基准制的选择应依标准件而定。例如与滚动轴承内圈相配的轴应选用基孔制,而与滚动轴承外圈配合的孔应选用基轴制。

2.3.5.2 公差等级的选择

合理地选择公差等级,就是为了更好地解决机械零部件使用要求与制造工艺及成本之间的矛盾。因此选择公差等级的基本原则是,在满足使用要求的前提下,尽量选取低的公差等级。

公差等级可用类比法选择，也就是参考从生产实践中总结出来的经验资料，进行比较选择。

用类比法选择公差等级时，应掌握各个公差等级的应用范围和各种加工方法所能达到的公差等级，以便有所依据。表2－7为各公差等级的具体应用。

表2－7　各公差等级的具体应用

公差等级	主　要　应　用　范　围
IT01、IT0、IT1	一般用于精密标准量块。IT1也用于检验IT6、IT7级轴用量规的校对量规
IT2～IT7	用于检验工件IT5～IT16的量规的尺寸公差
IT3、IT5（孔的IT6）	用于精度要求很高的重要配合，例如机床主轴与精密滚动轴承的配合，发动机活塞与连杆孔和活塞孔的配合，配合公差很小，对加工要求很高，应用较少
IT6（孔的IT7）	用于机床、发动机和仪表中的重要配合。例如机床传动机构中的齿轮与轴的配合；轴与轴承的配合；发动机中活塞与气缸、曲轴与轴承、气门杆与导套等的配合 配合公差较小，一般精密加工能够实现，在精密机械中广泛应用
IT7、IT8	用于机床和发动机中的次要配合上，也用于重型机械、农业机械、纺织机械、机车车辆等的重要配合上。如机床上操纵杆的支承配合；发动机中活塞环与活塞环槽的配合；农业机械中齿轮与轴的配合等 配合公差中等，加工易于实现，在一般机械中广泛应用
IT9、IT10	用于一般要求，或长度精度要求较高的配合。某些非配合尺寸的特殊要求，例如飞机机身的外壳尺寸，由于重量限制，要求达到IT9或IT10
IT11、IT12	用于不重要的配合处，多用于各种没有严格要求，只要求便于连接的配合。例如螺栓和螺孔、铆钉和孔等的配合
IT12～IT18	用于未注公差的尺寸和粗加工的工序尺寸上，例如手柄的直径、壳体的外形、壁厚尺寸、端面之间的距离等

用类比法选择公差等级时，除参考以上各表外，还应考虑以下问题：

（1）联系孔和轴的工艺等价性　孔和轴的工艺等价性是指孔和轴加工难易程度应相同。

在公差等级不大于8级时，中小尺寸的孔加工，比相同尺寸相同等级的轴加工要困难，加工成本也要高些，其工艺是不等价的。为了使组成配合的孔、轴工艺等价，其公差等级应按优先常用配合孔、轴相差一级选用，这样就可保证孔轴工艺等价。

（2）联系相关件和相配件的精度。例如，齿轮孔与轴的配合，它们的公差等级决定于相关件齿轮的精度等级。与滚动轴承相配合的外壳孔和轴颈的公差等级决定于相配件滚动轴承的公差等级。

2.3.5.3　配合的选择

基准制和公差等级的选择，确定了基准孔或基准轴的公差带，以及相应的非基准轴或非基准孔公差带的大小，因此选择配合种类实质上就是确定非基准轴或非基准孔公差带的位置，也就是选择非基准轴或非基准孔的基本偏差代号。因此各种代号的非基准轴或孔的基本偏差，在一定条件下代表了各种不同的配合，故选择配合，就是如何选择基本偏差的问题。

设计时，通常多采用类比法选择配合种类。为此首先必须掌握各种基本偏差的特点，并了解它们的应用实例（可参看表2－8）。然后，再根据具体要求情况加以选择。

表2-8 各种基本偏差的应用

配合	基本偏差	特点及应用实例
间隙配合	a(A)b(B)	可得到特别大的间隙,应用很少。主要用于工作时温度高、热变形大的零件的配合,如发动机中活塞与缸套的配合为 H9/a9
	c(C)	可得到很大的间隙。一般用于工作条件较差(如农业机械)、工作时受力变形大及装配工艺性不好的零件的配合,也适用于高温工作的间隙配合,如内燃机排气阀杆与导管的配合为 H8/c7
	d(D)	与 IT7~IT11 对应,适用于较松的间隙配合(如滑轮、空转的带轮与轴的配合),以及大尺寸滑动轴承与轴颈的配合(如涡轮机、球磨机等的滑动轴承)。活塞环与活塞槽的配合可用 H9/d9
	e(E)	与 IT6~IT9 对应,具有明显的间隙,用于大跨距及多支点的转轴与轴承的配合,以及高速、重载的大尺寸轴与轴承的配合,如大型电机、内燃机的主要轴承处的配合 H8/e7
	f(F)	多与 IT6~IT8 对应,用于一般转动的配合,受温度影响不大、采用普通润滑油的轴与滑动轴承的配合,如齿轮箱、小电动机、泵等的转轴与滑动轴承的配合为 H7/f6
	g(G)	多与 IT5、IT6、IT7 对应,形成配合的间隙较小,用于轻载精密装置中的转动配合,用于插销的定位配合,滑阀、连杆销等处的配合,钻套孔多用 G
	h(H)	多与 IT4~IT11 对应,广泛用于无相对转动的配合、一般的定位配合。若没有温度、变形的影响,也可用于精密滑动轴承,如车床尾座孔与滑动套筒的配合为 H6/h5
过渡配合	js(JS)	多用于 IT4~IT7 具有平均间隙的过渡配合,用于略有过盈的定位配合,如联轴节,齿圈与轮毂的配合,滚动轴承外圈与外壳 L 的配合多用 JS7。一般用手或木槌装配
	k(K)	多用于 IT4~IT7 平均间隙接近零的配合,用于定位配合,如滚动轴承的内、外圈分别与轴颈、外壳孔的配合。用木槌装配
	m(M)	多用于 IT4~IT7 平均过盈较小的配合,用于精密定位的配合,如蜗轮的青铜轮缘与轮毂的配合为 H7/m6
	n(N)	多用于 IT4~IT7 平均过盈较大的配合,很少形成间隙。用于加键传递较大扭矩的配合,如冲床上齿轮与轴的配合。用槌子或压力机装配
过盈配合	p(P)	用于小过盈配合。与 H6 或 H7 的孔形成过盈配合,而与 H8 的孔形成过渡配合。碳钢和铸铁制件形成的配合为标准压入配合,如绞车的绳轮与齿圈的配合为 H7/p6。合金钢制零件的配合需要小过盈时可用 p(或 P)
	r(R)	用于传递大扭矩或受冲击负荷而需要加键的配合,如蜗轮与轴的配合为 H7/r6。H8/r8 配合在基本尺寸 100mm 时,为过渡配合
	s(S)	用于钢和铸铁零件的永久性和半永久性结合,可产生相当大的结合力,如套环压在轴、阀座上用 H7/s6 配合
	t(T)	用于钢和铸铁制零件的永久性结合,不用键可传递扭矩,需用热套法或冷轴法装配,如联轴节与轴的配合为 H7/t6
	u(U)	用于大过盈配合,最大过盈需验算。用热套法进行装配。如火车轮毂和轴的配合 H6/u5
	v(V) x(X) y(Y) z(Z)	用于特大过盈配合,目前使用的经验和资料很少,须经试验后才能应用。一般不推荐

2.4　形状和位置精度

零件在加工过程中，由于工艺系统各种因素的影响，零件上各几何要素（点、线、面）的实际几何形状和它们之间的相对位置不可能做得完全理想，即不可避免地存在一定的形状误差和位置误差（简称形位误差）。形位误差对产品的使用性能和寿命有很大影响，如果形位误差过大会使产品无法装配或达不到所要求的性能。为此，应对零件几何要素的形状和位置规定合理的精度要求，以确保零件的功能要求和实现互换性。

2.4.1　形位公差的项目与符号

为限制机械零件几何参数的形状和位置误差，提高机器设备的精度、增加寿命、保证互换性生产，我国已制定一套《形状和位置公差》国家标准。标准中，规定了14个形状和位置的公差项目，各项目的名称、符号分别列于表2-9中。

表2-9　形位公差项目的名称和符号

公差	项目	符号	公差		项目	符号
形状公差	直线度	—	位置公差	定向	平行度	//
	平面度	▱			垂直度	⊥
	圆度	○			倾斜度	∠
	圆柱度	⌭		定位	同轴度	◎
	线轮廓度	⌒			对称度	⌯
	面轮廓度	⌓			位置度	⌖
				跳动	圆跳动	↗
					全跳动	⌰

2.4.2　形位公差的标注

在技术图样中，规定形位公差一般应采用代号标注。当无法采用代号标注时，允许在技术要求中用文字说明。代号标注清楚醒目，如图2-7所示。形位公差代号用框格表示，并用带箭头的指引线指向被测要素。箭头应指向公差带的直径或宽度方向，公差框格分成两格或多格，形状公差只需两格，位置公差用两格或两格以上。从左到右（竖直排列时从下到上），第一格填写形位公差符号；第二格填写形位公差数值及有关符号；第三格以后填写基准字母及其他符号，并表示基准的先后次序。同时应在基准要素的轮廓线或其引出线旁画出加粗的短线，并引出写有同样字母的基准代号、字母外加圆圈（可参看图2-8标注表示）。基准代号的字母，用大写的拉丁字母表示（不用E、I、J、M、O、P、L、R、F）。数字和字母的高度应与图样中尺寸数字的字体高度相同。公差值的计量单位为mm。公差框格中所给定的公差值为公差带的宽度或直径。当给定的公差带为圆或圆柱时，应在公差数值前加注符号“ϕ”，当给定的公差带为球时，应在公差数值前加注“球 ϕ”或“Sϕ”。

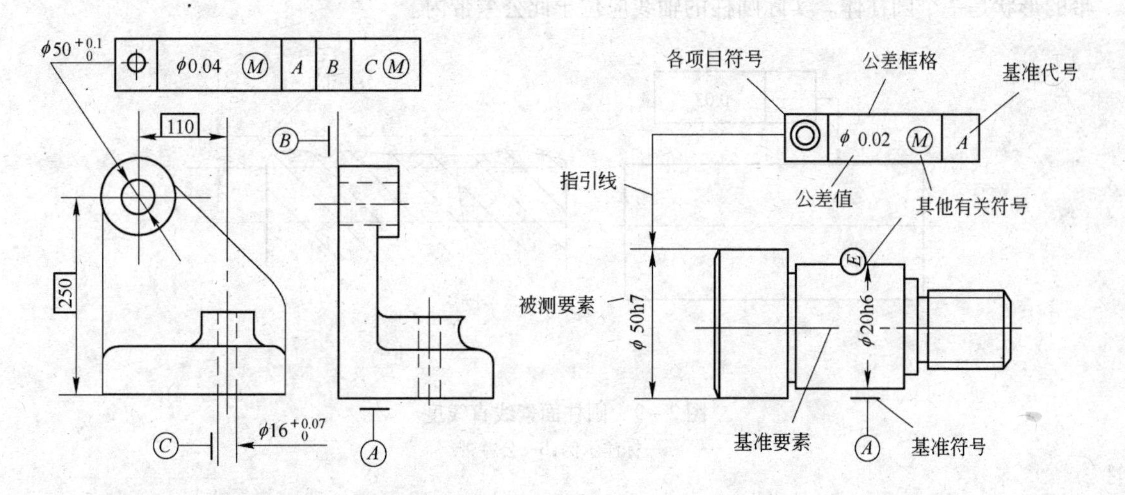

图 2-7 形位公差代号的标注示例　　图 2-8 形位公差标注

由公差框格和基准圆圈引向要素的箭头和粗短线，当要素是轮廓要素时，应指在要素的轮廓线或其引出线上，并与尺寸线错开；当要素是中心要素时，应与该要素的尺寸线对齐。

2.4.3 形状公差带及其特点

形状公差是限制一条线或一个面上发生的误差。国家标准对平面、回转面和曲面制订了直线度、平面度、圆度、圆柱度、线轮廓度和面轮廓度六项指标。

对平面，有平面度和给定平面内的直线度。

对圆柱面，有圆柱度和横截面上的圆度及轴截面上的素线直线度（或轴线直线度）。

对圆锥面，有横截面上的圆度和轴截面上的素线直线度。

对球面，有圆度。

对平面曲线或空间曲面，有线轮廓度和面轮廓度。

2.4.3.1 直线度

直线度是限制实际直线对理想直线变动量的一项指标。它是针对直线发生不直而提出的要求。

根据被测直线的空间特性和零件的使用要求，直线度公差带有给定平面内的、给定方向上和任意方向上的。

(1) 在给定平面内的公差带，是距离为公差值 t 的两平行直线之间区域。如图 2-9 所示，圆柱面的素线有直线度要求，公差值为 0.02mm。公差带的形状是在圆柱的轴向平面内的两平行直线，实际圆柱面上任一素线都应位于此公差带内。

(2) 在给定方向上的公差带，被测表面的给定方向是三个坐标的任一方向，公差值是在此方向上给出的，因此其公差带是垂直于此方向的距离为公差值 t 的两平面之间的区域。如图 2-10 所示，两平面相交的棱线只要求在一个方向（箭头所指的方向）上的直线度，公差值是 0.02mm。公差带形状是两平行平面，实际棱线应位于此公差带内。

(3) 在任意方向上的公差带，是直径为公差值 t 的圆柱面内的区域。如图 2-11 所示，ϕd 圆柱面要求轴线直线度,公差值是0.04mm,前面加“ϕ”,表示公差值是圆柱形公差带的直径。公差带的形状是一个圆柱体。实际圆柱的轴线应位于此公差带内。

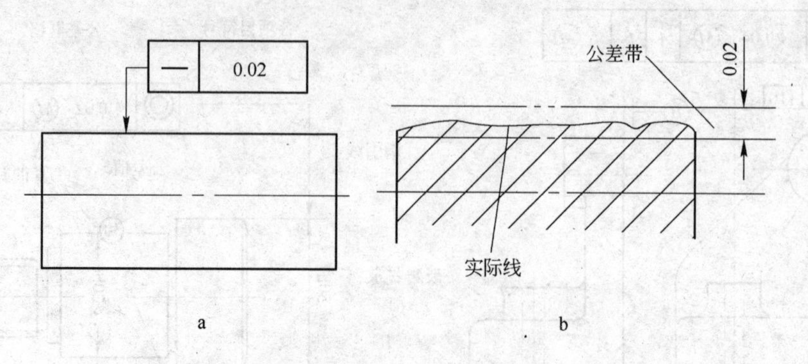

图2-9　圆柱面素线直线度

a—标注示例;b—公差带

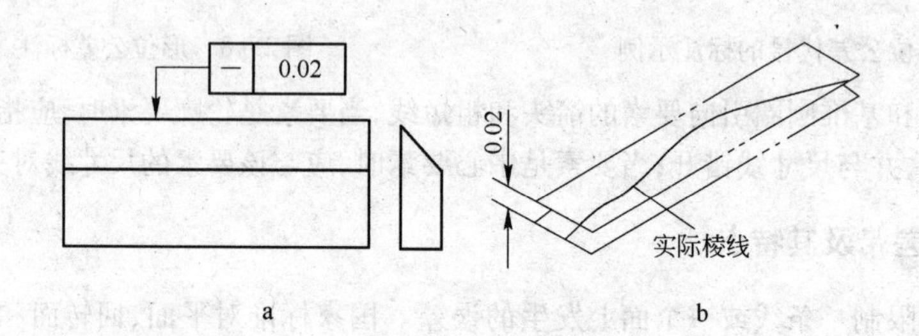

图2-10　棱线直线度

a—标注示例;b—公差带

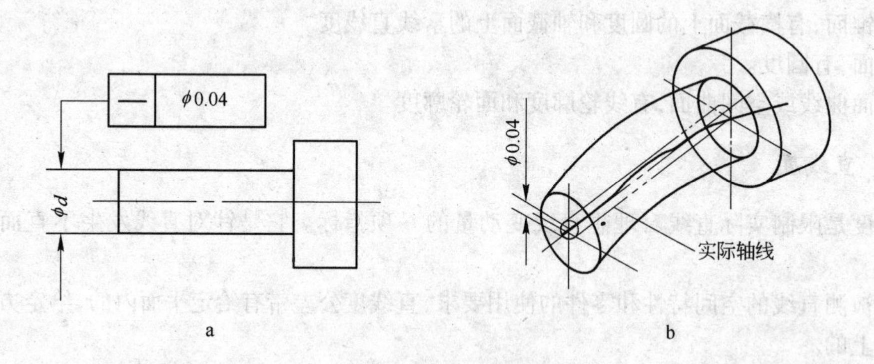

图2-11　圆柱轴线直线度

a—标注示例;b—公差带

2.4.3.2　平面度

平面度是限制实际平面对其理想平面变动量的一项指标。平面度公差带是距离为公差值 t 的两平行平面之间的区域。如图2-12所示,上表面有平面度要求,公差值0.1mm。公差带的形状是两平行平面。实际面全部要在公差带内,只允许中部向下凹。

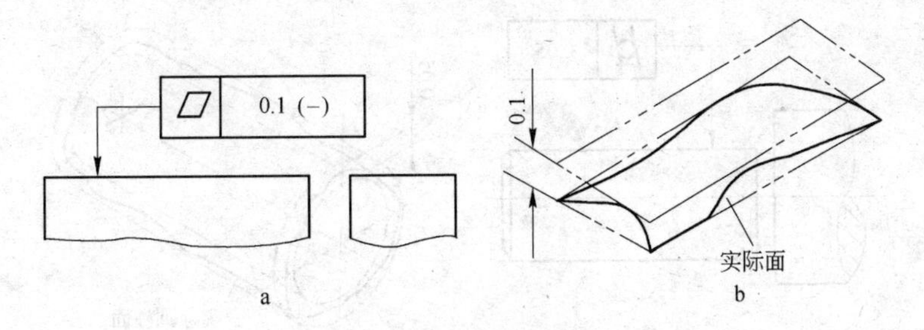

图2－12 平面度

a—标注示例；b—公差带

2.4.3.3 圆度

圆度是限制实际圆对理想圆变动量的一项指标。是对具有圆柱面(包括圆锥面、球面)的零件在一正截面内的圆形轮廓要求。

圆度公差带是在同一正截面内半径差为公差值的两同心圆之间的区域。如图2－13所示，圆锥面有圆度要求，公差带是半径差为0.02mm的两同心圆，实际圆上各点应位于公差带内(其圆心位置和半径大小均可浮动)。

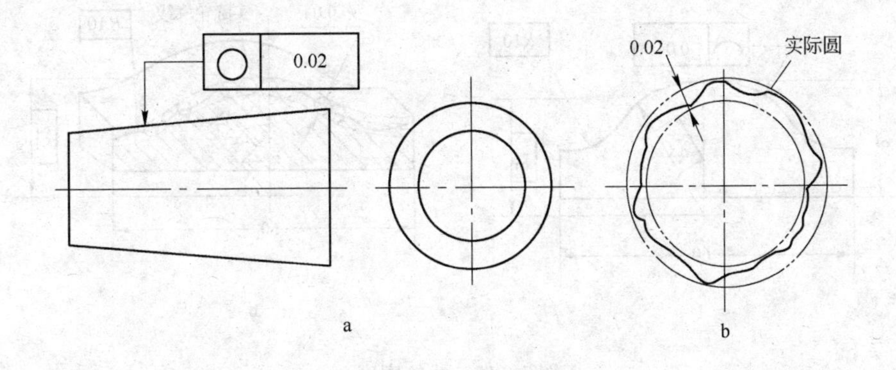

图2－13 圆度

a—标注示例；b—公差带

2.4.3.4 圆柱度

圆柱度是限制实际圆柱面对理想圆柱面变动量的一项指标。它控制了圆柱体横截面和轴截面内的各项形状误差，如圆度、素线直线度、轴线直线度等。圆柱度是圆柱体各项形状误差的综合指标。

圆柱度公差带是半径差为公差值 t 的两同轴圆柱面之间的区域。如图2－14所示，箭头所指的圆柱面要求圆柱度公差值是0.05mm。公差带形状是两同轴圆柱面，它形成环形空间。实际圆柱面上各点只要位于公差带内，可以是任何形态。

2.4.3.5 线轮廓度和面轮廓度

线轮廓度是限制实际曲线对理想曲线变动量的一项指标，它是对非圆曲线的形状精度要求；而面轮廓度则是限制实际曲面对理想曲面变动量的一项指标，它是对曲面的形状精度要求。

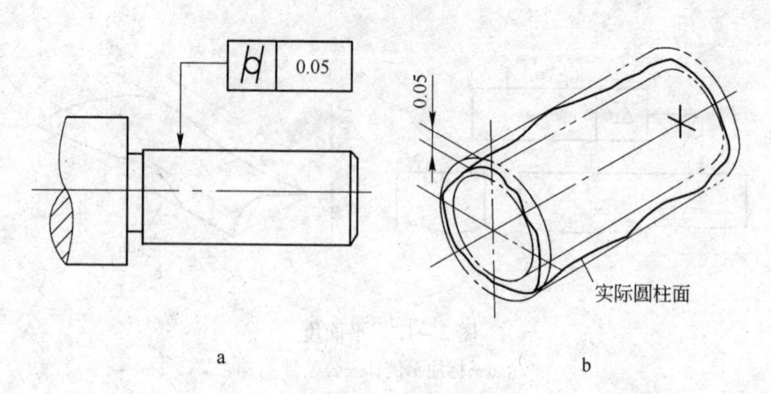

图 2 – 14　圆柱度

a—标注示例；b—公差带

线轮廓度公差带是包络一系列直径为公差值的圆的两包络线之间的区域，而各圆的圆心位于理想轮廓上。在图样上，理想轮廓线、面必须用带口框的理论正确尺寸表示出来。如图 2 – 15 所示，曲线要求线轮廓度公差为 0.04mm。公差带的形状是理想轮廓线等距的两条曲线。在平行于正投影面的任一截面内，实际轮廓线上各点应位于公差带内。

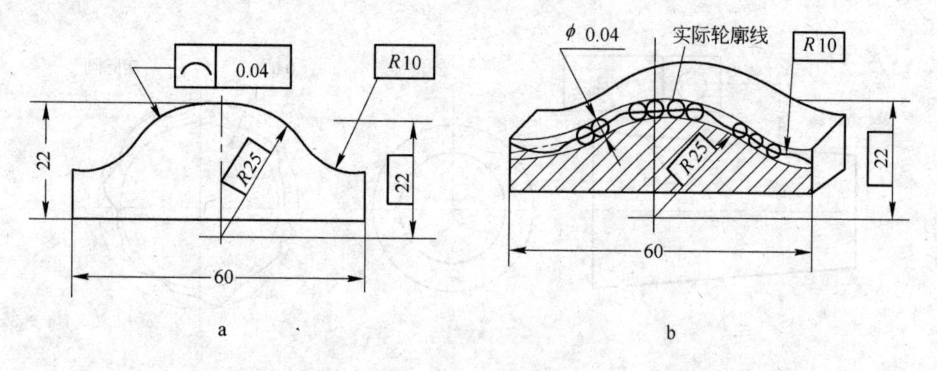

图 2 – 15　线轮廓度

a—标注示例；b—公差带

面轮廓度公差带是包络一系列直径为公差值的球的两包络面之间的区域，各球的球心应位于理想轮廓面上。如图 2 – 16 所示，曲面要求面轮廓度公差为 0.02mm。公差带的形状是与理想曲面等距的两曲面，实际面上各点应在公差带内。

2.4.4　位置公差带及其特点

位置公差是限制两个或两个以上要素在方向和位置关系上的误差，按照要求的几何关系分为定向、定位和跳动三类公差。定向公差控制方向误差，定位公差控制位置误差，跳动公差是以检测方式定出的项目，具有一定的综合控制形位误差的作用。

2.4.4.1　定向公差

（1）平行度。平行度公差的特点是公差带与基准平行。有面（被测）对面（基准）、面对线、线对面和线对线四种情况。如图 2 – 17 所示，要求上平面对孔的轴线平行。公差带是距离为公差值0.05mm且平行于基准孔轴线的两平行平面之间的区域,不受平面与轴线的距离约束。实际面上的各点应位于此公差带内。

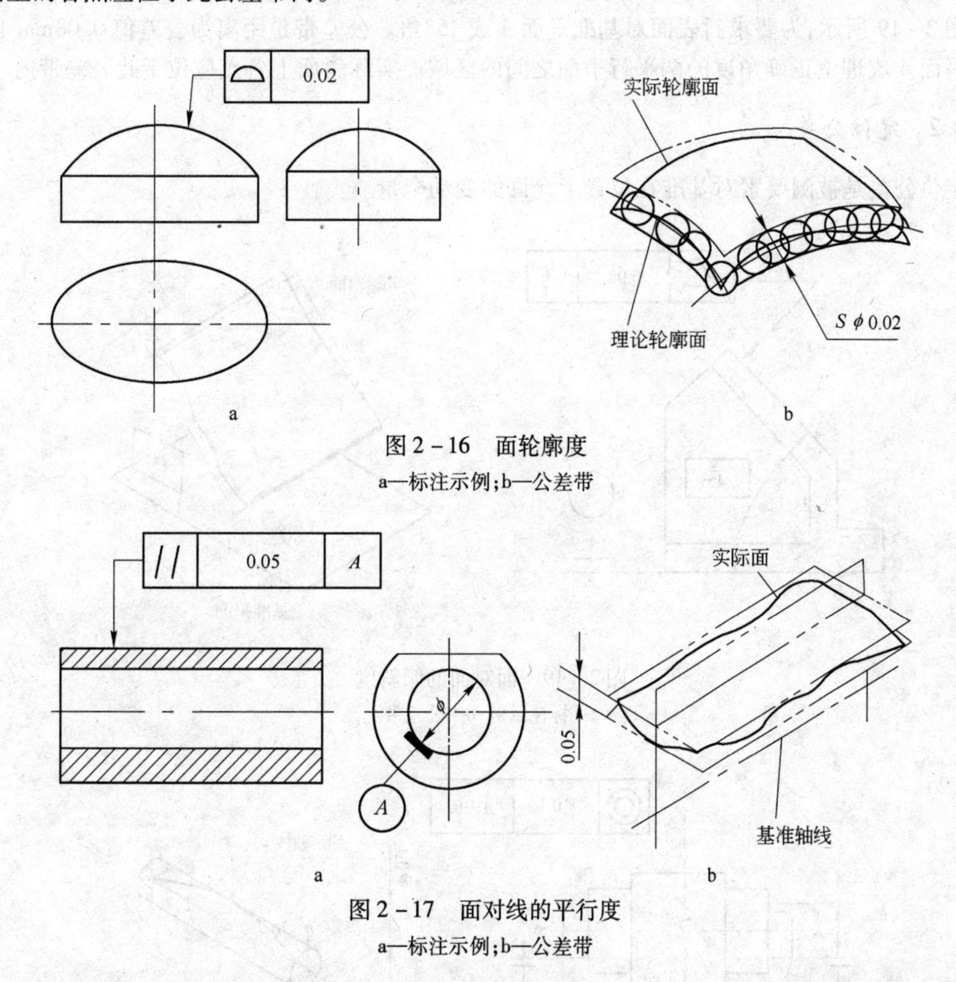

图2-16　面轮廓度

a—标注示例;b—公差带

图2-17　面对线的平行度

a—标注示例;b—公差带

(2) 垂直度。垂直度公差的特点是公差带与基准垂直。也有面对面、面对线、线对面和线对线四种情况。

图2-18所示,为要求ϕd的轴线对底平面垂直,这里只给定一个方向。公差带是距离为公

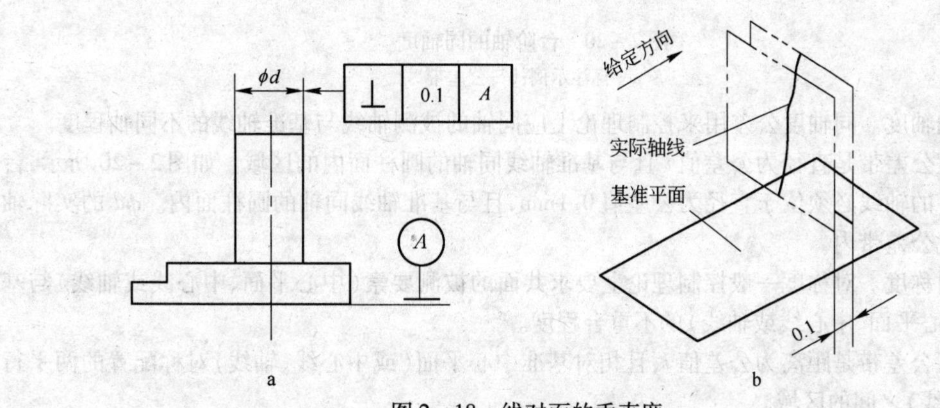

图2-18　线对面的垂直度

a—标注示例;b—公差带

差值0.1mm且垂直于基准平面的两平行平面之间的区域。实际轴线应位于此公差带内。

(3) 倾斜度。倾斜度公差的特点是公差带与基准成一定理论正确角度。

图2－19所示,为要求斜表面对基准平面A成45°角。公差带是距离为公差值0.08mm且与基准平面A成理论正确角度的两平行平面之间的区域。实际斜面上各点应位于此公差带内。

2.4.4.2　定位公差

定位公差是被测要素对基准在位置上允许的变动全量。

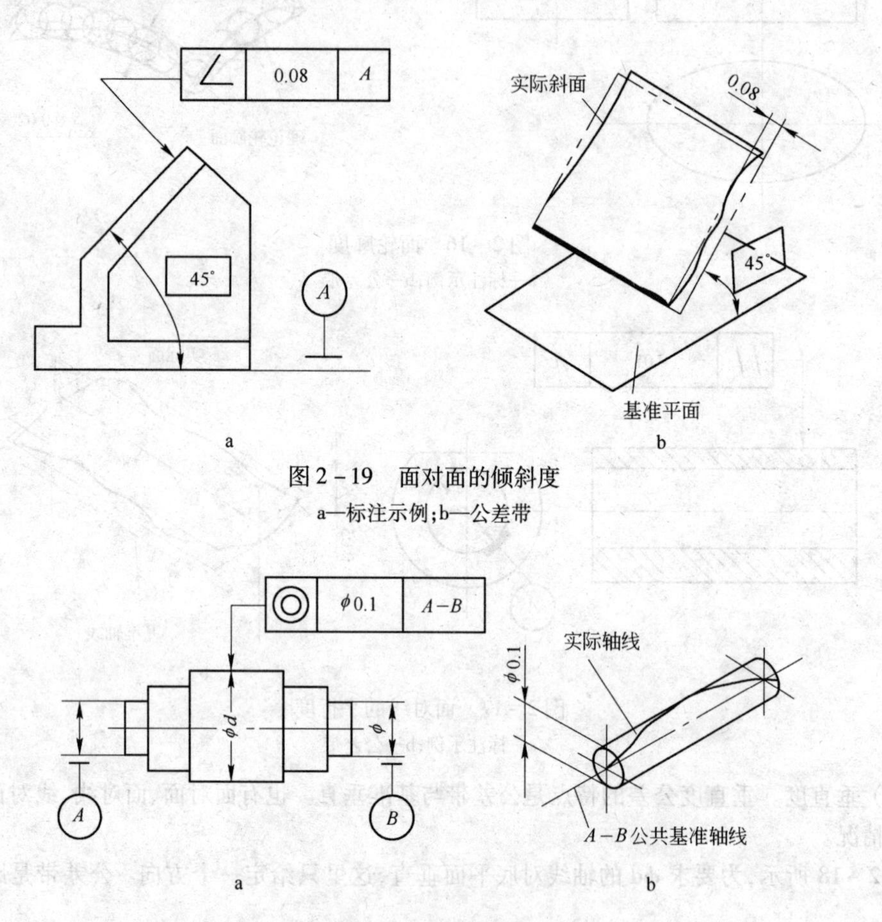

图2－19　面对面的倾斜度

a—标注示例;b—公差带

图2－20　台阶轴的同轴度

a—标注示例;b—公差带

(1) 同轴度。同轴度公差用来控制理论上应同轴的被测轴线与基准轴线的不同轴程度。

同轴度公差带是直径为公差值t且与基准轴线同轴的圆柱面内的区域。如图2－20所示,台阶轴要求d的轴线必须位于直径为公差值0.1mm,且与基准轴线同轴的圆柱面内。ϕd的实际轴线应位于此公差带内。

(2) 对称度。对称度一般控制理论上要求共面的被测要素(中心平面、中心线或轴线)与基准要素(中心平面、中心线或轴线)的不重合程度。

对称度公差带是距离为公差值t,且相对基准中心平面(或中心线、轴线)对称配置的两平行平面(或直线)之间的区域。

如图2－21所示,滑块要求槽的中心面必须位于距离为公差值0.1mm,且相对基准中心平面对称配置的两平行平面之间。槽的实际中心面应位于此公差带内。

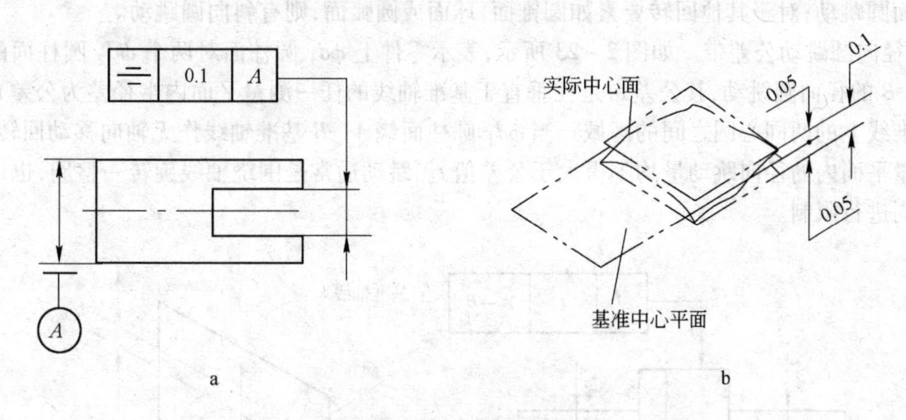

图 2-21 面对面的对称度

a—标注示例；b—公差带

（3）位置度。位置度公差用来控制被测实际要素相对于其理想位置的变动量，其理想位置是由基准和理论正确尺寸确定。

位置度公差带可分为点、线、面的位置度。

点的位置度用于控制球心或圆心的位置误差。如图 2-22 所示，球 ϕD 的球心必须位于直径为公差值 0.08mm，并以相对基准 A、B 所确定的理想位置为球心的球内。

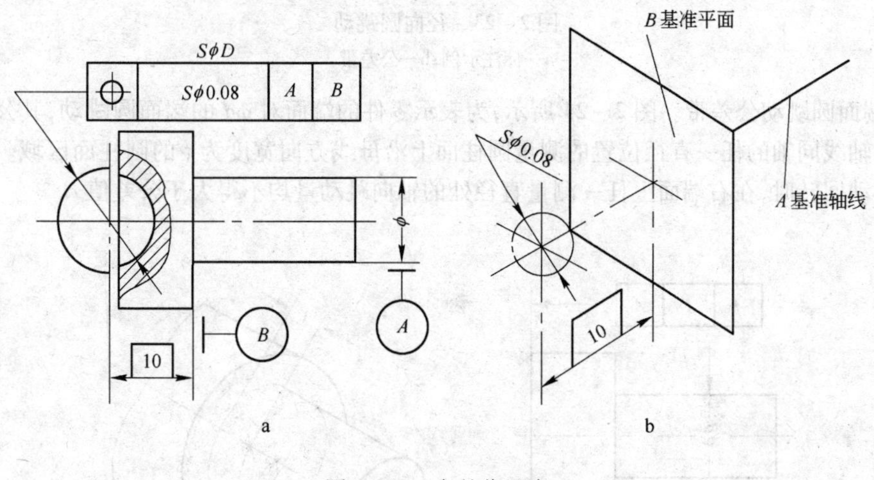

图 2-22 点的位置度

a—标注示例；b—公差带

2.4.4.3 跳动公差

跳动公差是被测实际要素绕基准轴线回转一周或连续回转时所允许的最大跳动量。跳动是按测量方式定出的公差项目。跳动误差测量方法简便，但仅限于应用在回转表面。

（1）圆跳动。圆跳动是被测实际要素某一固定参考点围绕基准轴线作无轴向移动、回转一周中，由位置固定的指示器在给定方向上测得的最大与最小读数之差。它是形状和位置误差的综合（圆度、同轴度等），所以圆跳动是一项综合性的公差。

圆跳动有 3 个项目:径向圆跳动、端面圆跳动和斜向圆跳动。对于圆柱形零件,有径向圆跳动和端面圆跳动;对于其他回转要素如圆锥面、球面或圆弧面,则有斜向圆跳动。

1) 径向圆跳动公差带。如图 2-23 所示,表示零件上 ϕd_1 圆柱面对两个 ϕd_2 圆柱面的公共轴线 A—B 的径向圆跳动,其公差带是在垂直于基准轴线的任一测量平面内半径差为公差 t,且圆心在基准线上的两同心圆之间的区域。当 ϕd_1 圆柱面绕 A—B 基准轴线作无轴向移动回转时,在任一测量平面内的径向跳动量均不得大于公差值 t。跳动通常是围绕轴线旋转一整周,也可以对部分圆周进行限制。

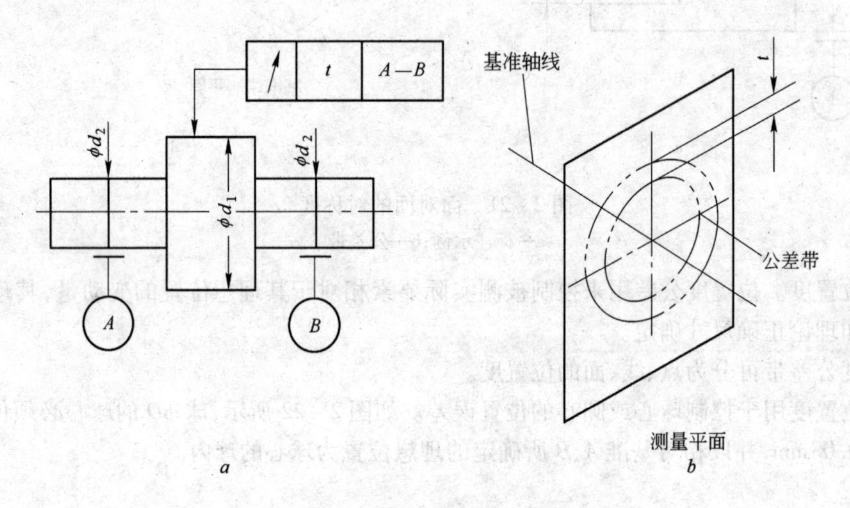

图 2-23　径向圆跳动

a—标注示例;b—公差带

2) 端面圆跳动公差带。图 2-24 所示,为表示零件的端面对 ϕd 的端面圆跳动,其公差带是在与基准轴线同轴的任一直径位置的测量圆柱面上沿母线方向宽度为 t 的圆柱面区域。轴线作无轴向移动回转时,在右端面上任一测量直径处的轴向跳动量均不得大于公差值 t。

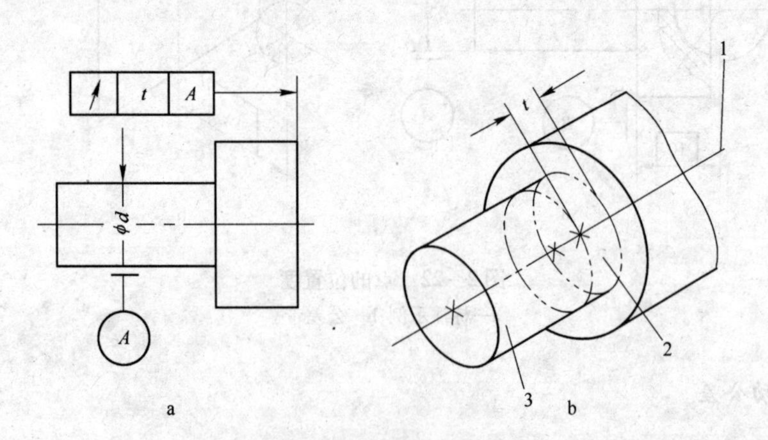

图 2-24　端面圆跳动

a—标注示例;b—公差带

3) 斜向圆跳动公差带。如图 2-25 所示,为表示被测圆锥面相对于基准轴线 A,在斜向(除特殊规定外,一般为被测面的法线方向)的跳动量不得大于公差值 t。若圆锥面绕基准轴线作无轴向移动的回转时，在各个测量圆锥面上的跳动量的最大值，作为被测回转表面的斜向圆跳动误差。

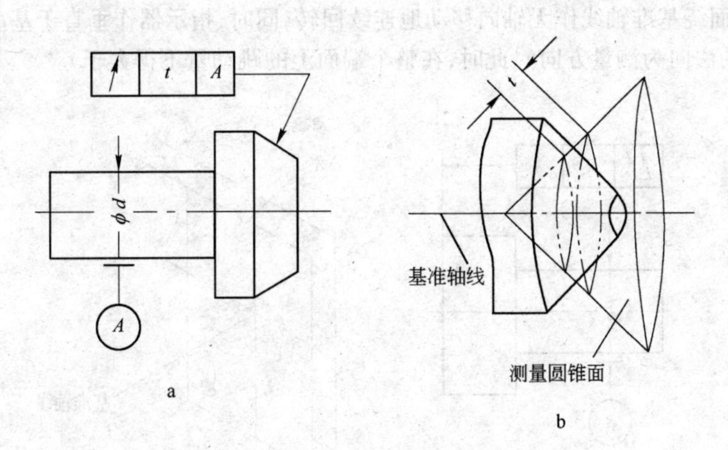

图 2-25 斜向圆跳动
a—标注示例；b—公差带

所以，斜向圆跳动公差带是在与基准轴线同轴的任一测量圆锥面上，沿母线方向宽度为 t 的圆锥面区域。

(2) 全跳动。圆跳动仅能反映单个测量平面内被测要素轮廓形状的误差情况，不能反映出整个被测面上的误差。全跳动则是对整个表面的形位误差综合控制，是被测实际要素绕基准轴线作无轴向移动的连续回转，同时指示器沿理想素线连续移动（或被测实际要素每回转一周，指示器沿理想素线作间断移动），由指示器在给定方向上测得的最大与最小读数之差。

全跳动有两个项目：径向全跳动和端面全跳动。

1) 径向全跳动公差带。如图 2-26 所示，表示 ϕd_1 圆柱面对两个 ϕd_2 圆柱面的公共轴线 A—B的径向全跳动，不得大于公差值 t。公差带是半径差为公差值 t，且与基准轴线同轴的两圆柱面之间的区域。ϕd_1 表面绕 A—B 作无轴向移动地连续回转，同时，指示器作平行于基准轴线的直线移动，在 ϕd_1 整个表面上的跳动量不得大于公差值 t。

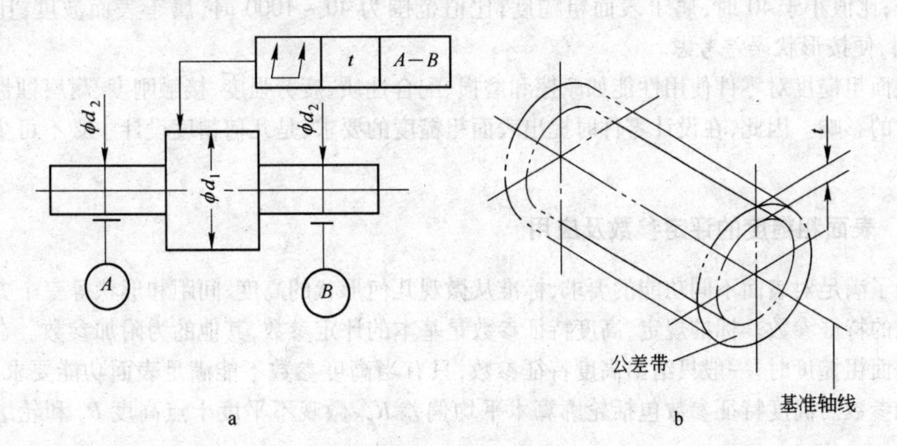

图 2-26 径向全跳动
a—标注示例；b—公差带

2）端面全跳动公差带。如图 2-27 所示，表示零件的右端面对 ϕd 圆柱面轴线 A 的端面全跳动量，不得大于公差值 t。其公差带是距离为公差值 t，且与基准轴线垂直的两平行平面之间的区域。被测端面绕基准轴线作无轴向移动地连续回转，同时，指示器作垂直于基准轴线的直线移动（被测端面的法向为测量方向），此时，在整个端面上的跳动量不得大于 t。

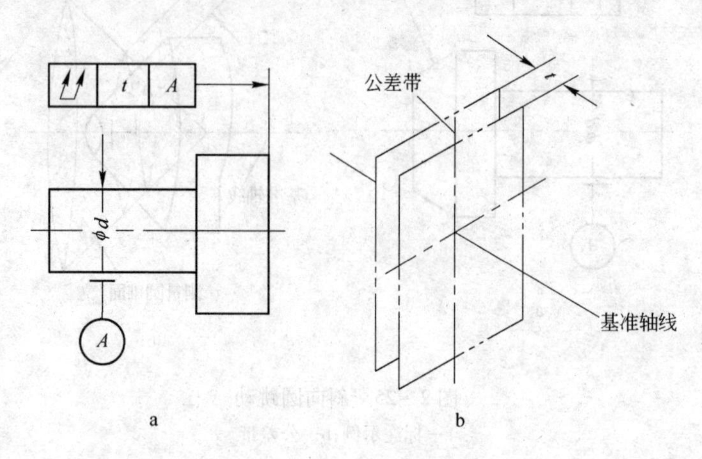

图 2-27　端面全跳动
a—标注示例；b—公差带

2.5　表面粗糙度

表面粗糙度反映的是零件被加工表面上的微观几何形状误差。它主要由加工过程中刀具和零件表面间的摩擦、切屑分离时表面金属层的塑性变形以及工艺系统的高频振动等原因形成的。表面粗糙度不同于主要由机床几何精度方面的误差引起的表面宏观几何形状误差；也不同于在加工过程中主要由机床—刀具—工件系统的振动、发热、回转体不平衡等因素引起的介于宏观和微观几何形状误差之间的表面波度，而是指加工表面上具有的较小间距和峰谷所组成的微观几何形状特性。

目前还没有划分这三种误差严格的统一的标准。通常可按波形起伏间距 λ 和幅度 h 的比值来划分；比值小于 40 时，属于表面粗糙度；比值范围为 40 ~ 1000 时，属于表面波度；比值大于 1000 时，便按形状误差考虑。

表面粗糙度对零件使用性能如摩擦和磨损、配合性质、疲劳强度、接触刚度、耐腐蚀性能等都有很大的影响。因此，在设计零件时提出表面粗糙度的要求，是几何精度设计中必不可少的一个方面。

2.5.1　表面粗糙度的评定参数及应用

为了满足对表面不同功能的要求，标准从微观几何形状的高度、间距和形状等三个方面规定了相应的特征参数。标准规定，高度特征参数是基本的评定参数，其他的为附加参数。在图样上标注表面粗糙度时，一般只给出高度特征参数，只有当高度参数不能满足表面功能要求时，才选择附加参数。高度特征参数包括轮廓算术平均偏差 R_a、微观不平度十点高度 R_z 和轮廓最大高度 R_y。

2.5.1.1　轮廓算术平均偏差 R_a

在取样长度内,被测实际轮廓上各点至基准线距离 y_i 的绝对值的算术平均值(图 2-28)。用下式表示

$$R_a = \frac{1}{l}\int_0^l |y(x)| \, dx \tag{2-6}$$

或近似为

$$R_a = \frac{1}{n}\sum_{i=1}^{n} |y_i|$$

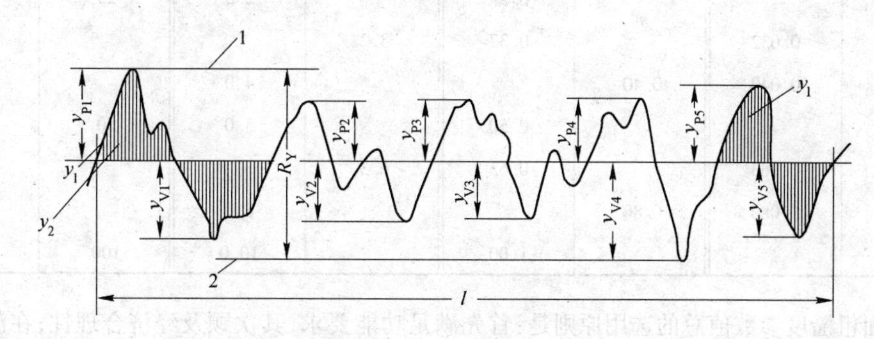

图 2-28　高度特征参数

1—轮廓峰顶线;2—轮廓谷底线

2.5.1.2　微观不平度十点高度 R_z

在取样长度内,被测实际轮廓上 5 个最大轮廓峰高的平均值与 5 个最大轮廓谷深的平均值之和(图 2-28)。用下式表示

$$R_z = \frac{1}{5}\left(\sum_{i=1}^{5} y_{Pi} + \sum_{i=1}^{5} y_{Vi}\right) \tag{2-7}$$

式中　y_{Pi}——第 i 个最大轮廓峰高;

　　　y_{Vi}——第 i 个最大轮廓谷深。

2.5.1.3　轮廓最大高度 R_y

在取样长度内,轮廓峰顶线与轮廓谷底线之间的距离(图 2-28)。

轮廓峰顶线和轮廓谷底线是指在取样长度内,平行于基准线并通过轮廓最高点和最低点的线(图 2-28)。

零件表面粗糙度对其使用性能的影响是多方面的。因此,在选择表面粗糙度评定参数时,应能充分合理地反映表面微观几何形状的真实情况。对大多数表面来说,一般只给出高度特征评定参数即可反映被测表面粗糙的特征。故 GB 1031—1995 规定,表面粗糙度参数应从高度特征参数 R_a、R_z 和 R_y 中选取。附加评定参数只有在高度特征参数不能满足表面功能要求时才附加选用。

表面粗糙度的评定参数值已经标准化,设计时应按国家标准 GB 1031—1995 规定的参数值系列选取(见表 2-10)。高度特征参数值分为第一系列和第二系列,选用时应优先采用第一系列的参数值。

表2-10　轮廓算术平均偏差(R_a)的数值(摘自GB 1031—1995)　　μm

第1系列	第2系列	第1系列	第2系列	第1系列	第2系列	第1系列	第2系列
	0.008						
	0.010						
0.012			0.125		1.25	12.5	
	0.016		0.160	1.6			16
	0.020	0.20			2.0		20
0.025			0.25		2.5	25	
	0.032		0.32	3.2			32
	0.040	0.40			4.0		40
0.050			0.50		5.0	50	
	0.063		0.63	6.3			63
	0.080	0.80			8.0		80
0.100			1.00		10.0	100	

表面粗糙度参数值总的选用原则是:首先满足功能要求,其次顾及经济合理性;在满足功能要求的前提下,参数的允许值应尽可能大。

在实际工作中,由于粗糙度和零件的功能关系十分复杂,很难全面而精细地按零件表面功能要求来准确地确定粗糙度的参数值,因此具体选用时多用类比法来确定粗糙度的参数值。

按类比法选择表面粗糙度参数值时,可先根据经验统计资料初步选定表面粗糙度参数值,然后再对比工作条件作适当调整。调整时应考虑如下几点:

(1) 同一零件上,工作表面的粗糙度值应比非工作表面小。

(2) 摩擦表面的粗糙度值应比非摩擦表面小,滚动摩擦表面的粗糙度值应比滑动摩擦表面小。

(3) 运动速度高、单位面积压力大的表面以及受交变应力作用的重要零件圆角、沟槽的表面粗糙度值都应要小。

(4) 配合性质要求越稳定,其配合表面的粗糙度值应越小。配合性质相同时,小尺寸结合面的粗糙度值应比大尺寸结合面小;同一公差等级时,轴的粗糙度值应比孔的小。

(5) 表面粗糙度参数值应与尺寸公差及形位公差协调。一般来说,尺寸公差和形位公差小的表面,其粗糙度的值也应小。

(6) 防腐性、密封性要求高,外表美观等,表面的粗糙度值应较小。

(7) 凡有关标准已对表面粗糙度要求作出规定(如与滚动轴承配合的轴颈和外壳孔、键槽、各级精度齿轮的主要表面等),则应按标准确定的表面粗糙度参数值。

2.5.2　表面粗糙度的标注

2.5.2.1　*表面粗糙度符号和代号*

按GB/T 131—93规定,在图样上表示表面粗糙度的符号有3种(见表2-11)。若零件表面仅需加工,但对表面粗糙度的其他规定没有要求时,可以只注出表面粗糙度符号。

若规定表面粗糙度要求时,必须同时给出表面粗糙度参数值和取样长度两项基本要求。如取样长度按标准选用时,则可省略标注。对其他附加要求(如加工方法、加工纹理方向、加工余量和附加评定参数等),可根据需要确定是否标注。

表 2-11 表面粗糙度代(符)号及说明

符号	意义	代号	意义
	基本符号,表示表面粗糙度是用任何方法获得(包括镀涂及其他表面处理)	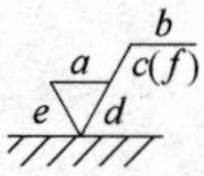 a c(f) b e d	a——粗糙度高度参数允许值/μm; b——加工方法,镀涂或其他表面处理; c——取样长度/mm; d——加工纹理方向符号; e——加工余量/mm; f——间距参数值/mm 与 t_p 值/% 注在括号内
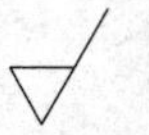	表示表面粗糙度是用去除材料的方法获得。例如车、铣、钻、磨、剪切、抛光、腐蚀、电火花加工等		
	表示表面粗糙度是用不去除材料的方法获得。例如铸锻、冲压变形、热轧、冷轧、粉末冶金等;或者是用保持原供应状况的表面(包括保持上道工序的状况)		

表 2-12 是表面粗糙度高度特征参数的标注示例。由表可见,当参数为 R_a 时,参数值前的符号 R_a 可以不注;参数为 R_z 或 R_y 时,参数值前必须注出相应的参数符号。

2.5.2.2 表面粗糙度代(符)号在图样上的标注

表面粗糙度代(符)号在图样上一般标注于可见轮廓线上,也可标注于尺寸界线或其延长线上。符号的尖端应从材料的外面指向被注表面。图 2-29 是表面粗糙度代号在不同位置表面上的标注方法。图 2-30 是表面粗糙度要求在图样上的标注示例。

表 2-12 表面粗糙度高度特性参数标注示例

代号	意义
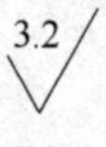 3.2	用任何方法获得的表面 R_a 的最大允许值为 3.2μm
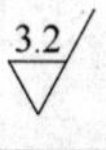 3.2	用去除材料方法获得的表面,R_a 的最大允许值为 3.2μm
 3.2	用不去除材料方法获得的表面,R_a 的最大允许值为 3.2μm
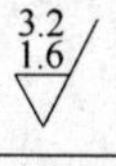 3.2 1.6	用去除材料方法获得的表面,R_a 的最大允许值为 3.2μm,最小允许值为 1.6μm
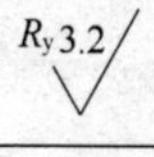 R_y3.2	用任何方法获得的表面,R_y 的最大允许值为 3.2μm
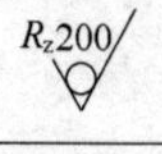 R_z200	用不去除材料方法获得的表面,R_z 的最大允许值为 200μm
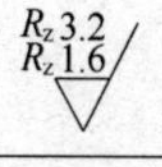 R_z3.2 R_z1.6	用去除材料方法获得的表面,R_z 的最大允许值为 3.2μm,最小允许值为 1.6μm
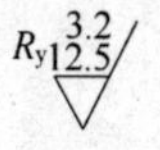 3.2 R_y12.5	用去除材料方法获得的表面,R_a 的最大允许值为 3.2μm,R_y 的最大允许值为 12.5μm

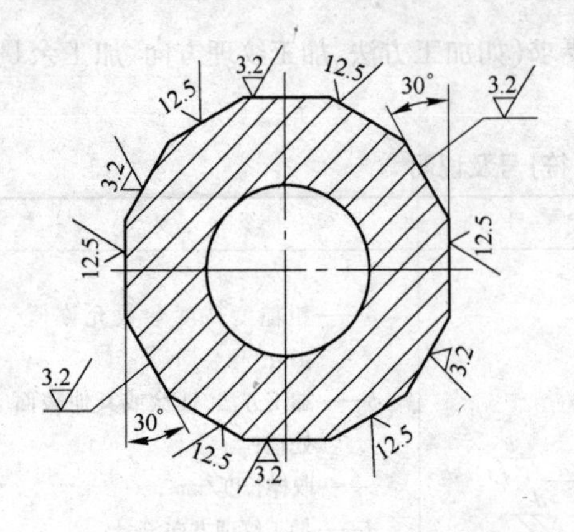

图 2-29　表面粗糙度代号标注法

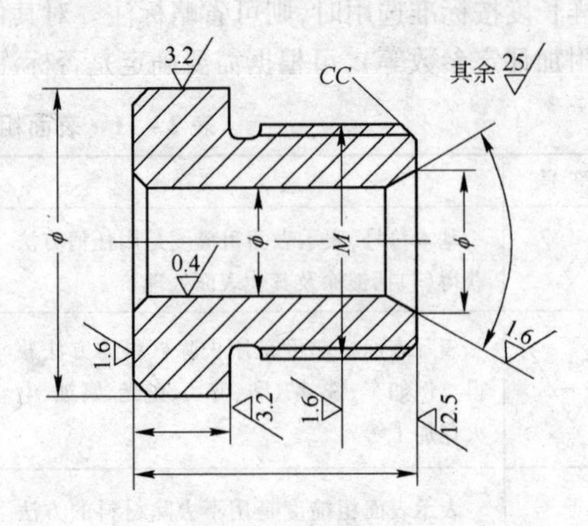

图 2-30　表面粗糙度在图样上的标注示例

思考题

2-1　什么是互换性？在机械制造中遵循互换性原则有何优越性？

2-2　比较完全互换和不完全互换的异同点，各应用在什么场合？

2-3　加工一批尺寸为 ϕ60P6 的轴，完工后，测得其中最大的尺寸为 ϕ60.030mm，最小的尺寸为 ϕ60.014mm，问这批轴的尺寸公差是多大？这批轴是否全部合格？为什么？

2-4　查表确定并计算下列轴、孔公差带的基本偏差和另一极限偏差。

ϕ25f6、ϕ25f7、ϕ25f8、ϕ25F6、ϕ25F7、ϕ25F8

2-5　形位公差的作用？国标是如何规定形位公差的标注的？

2-6　形位公差项目有哪几项，各自公差带的特点？

2-7　表面粗糙度的含义是什么？

2-8　表面粗糙度对零件的功能有何影响？

2-9　表面粗糙度参数值选择的一般原则是什么？

3　平面连杆机构

平面连杆机构是由一些刚性构件用转动副和移动副相互连接而组成的在同一平面或相互平行平面内运动的机构。平面连杆机构中的运动副都是低副，因此平面连杆机构是低副机构。平面连杆机构能够实现某些较为复杂的平面运动，在生产中广泛用于动力的传递或改变运动形式。它承载能力强，耐磨损，易于制造，可获得较高的精度，但传动效率较低，机构运动规律对制造、安装误差的敏感性大，高速运转时构件的惯性力较大，且难以平衡等，故平面连杆机构常用于低速的场合。

平面连杆机构构件的形状多种多样，不一定为杆状，但从运动原理来看，均可用等效的杆状构件来替代。最常用的平面连杆机构是具有四个构件（包括机架）的低副机构，称为四杆机构。

3.1　铰链四杆机构的基本形式及应用

构件间用四个转动副相连的平面四杆机构，称为平面铰链四杆机构，简称铰链四杆机构。铰链四杆机构是四杆机构的基本形式，也是其他多杆机构的基础。

图 3－1a 所示为一铰链四杆机构，由四根杆状的构件分别用铰链连接而成。图 3－1b 为铰链四杆机构的简图表示。

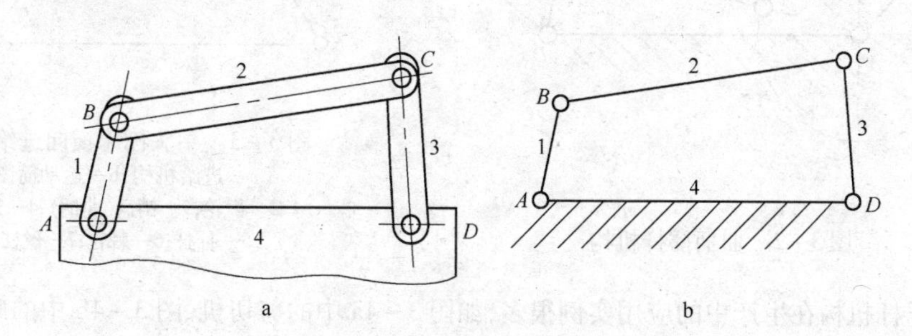

图 3－1　铰链四杆机构

a—铰链四杆机构；b—铰链四杆机构的简图表示

1、3—连架杆；2—连杆；4—机架

铰链四杆机构中，固定不动的构件称为机架（又称静件、固定件）。机构中不与机架相连的构件称为连杆。机构中与机架用低副相连的构件称为连架杆。图 3－1 中，构件 4 为机架，构件 2 为连杆，构件 1 和 3 为连架杆。连架杆按其运动特征可分成曲柄和摇杆两种。

两连架杆中能作整周回转的称为曲柄，否则称为摇杆。根据连架杆中有无曲柄或有几个曲柄可将铰链四杆机构分为曲柄摇杆机构、双曲柄机构和双摇杆机构三种类型。

3.1.1　曲柄摇杆机构

两个连架杆中一个是曲柄，另一个是摇杆的铰链四杆机构称为曲柄摇杆机构。

在图 3－2 所示曲柄摇杆机构中，取曲柄 AB 为主动件，并作逆时针等速转动。当曲柄 AB 的 B 端从 B 点回转到 B_1 点时，从动件摇杆 CD 上之 C 端从 C 点摆动到 C_1 点，而当 B 端从 B_1 点回

转到 B_2 点时，C 端从 C_1 点顺时针摆动到 C_2 点。当 B 端继续从 B_2 点回转到 B_1 点时，C 端将从 C_2 点逆时针摆回到 C_1 点。这样，在曲柄 AB 连续作等速回转时，摇杆 CD 将在 C_1、C_2 范围内作变速往复摆动。即曲柄摇杆机构能将主动件（曲柄）整周的回转运动转换为从动件（摇杆）的往复摆动。

图 3－3 所示为牛头刨床横向进给机构，其传动采用了曲柄摇杆机构。该机构工作时，齿轮 1 带动齿轮 2 并与齿轮 2 同轴的销盘 3（相当于曲柄）一起转动，连杆 4 使带有棘爪的摇杆 5 绕 D 点摆动，与此同时棘爪推动棘轮 6 上的轮齿，使与棘轮同轴的丝杠 7 转动，从而完成工作台的横向进给运动。

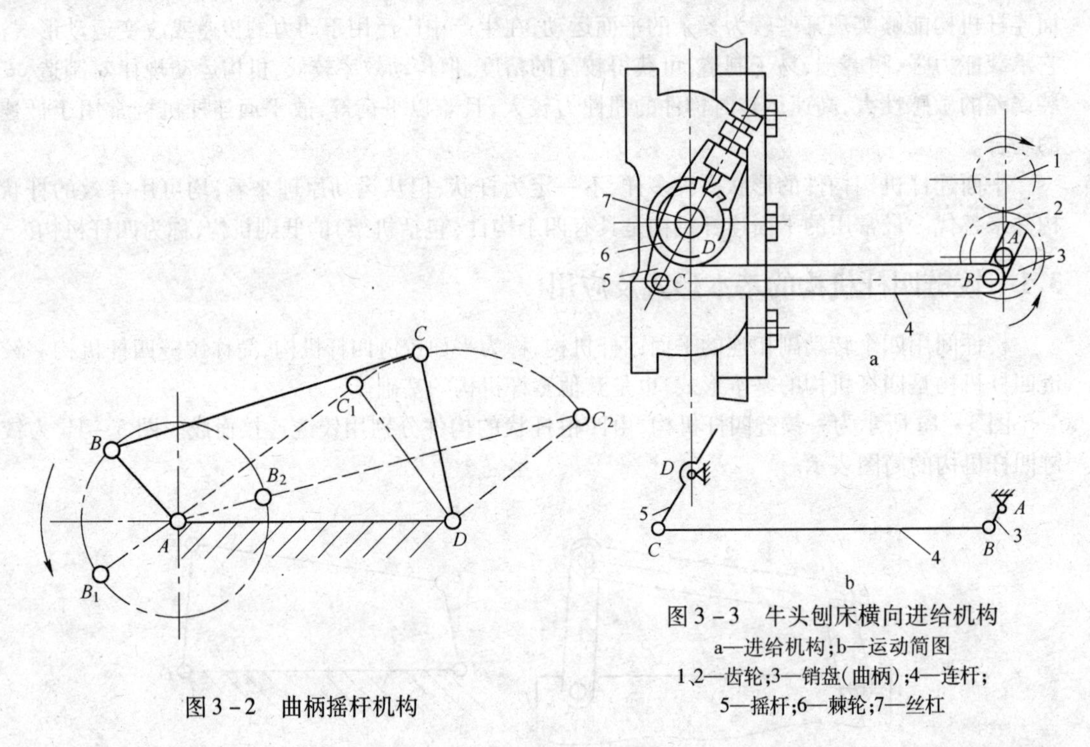

图 3－2　曲柄摇杆机构

图 3－3　牛头刨床横向进给机构

a—进给机构；b—运动简图

1、2—齿轮；3—销盘（曲柄）；4—连杆；

5—摇杆；6—棘轮；7—丝杠

曲柄摇杆机构在生产中的应用实例很多，如图 3－4a 中的剪切机、图 3－4b 中的碎石机等。

在曲柄摇杆机构中，当取摇杆为主动件时，可以使摇杆的往复摆动转换成从动件曲柄的整周回转运动。

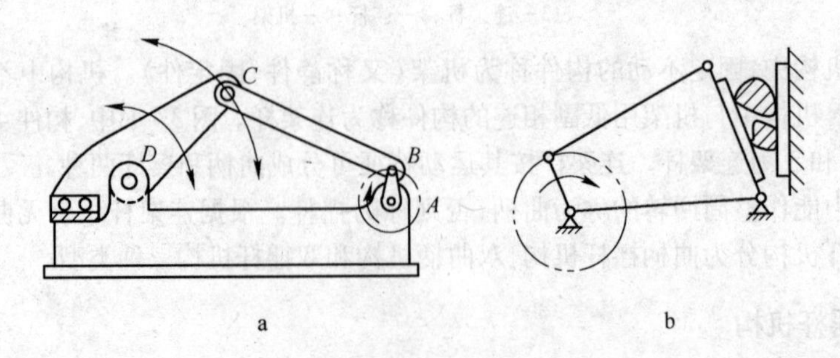

图 3－4　曲柄摇杆机构应用实例

a—剪切机；b—碎石机

3.1.2 双曲柄机构

当铰链四杆机构中的两连架杆均为曲柄时，称为双曲柄机构。它可将原动件曲柄的匀速转动变为从动曲柄的周期性变速转动。

如图3-5所示的惯性筛就是采用了双曲柄机构。通过该机构使从动曲柄3变速转动，再通过连杆5使筛子6在往复运动开始时有较大的加速度，物料因惯性而达到筛分的目的。

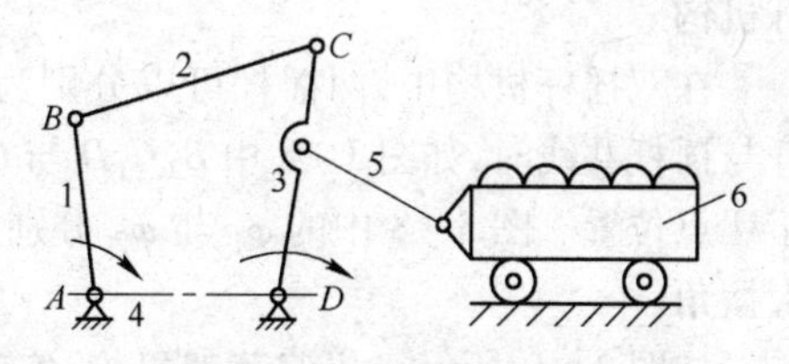

图3-5 惯性筛

1—主动曲柄；2—连杆；3—从动曲柄；4—机架；5—连杆；6—筛子

双曲柄机构当连杆与机架的长度相等且两个曲柄长度相等时，若曲柄转向相同，称为平行四边形机构，如图3-6a所示；若曲柄转向不同，称为反向平行双曲柄机构，简称反向双曲柄机构，如图3-6b所示。

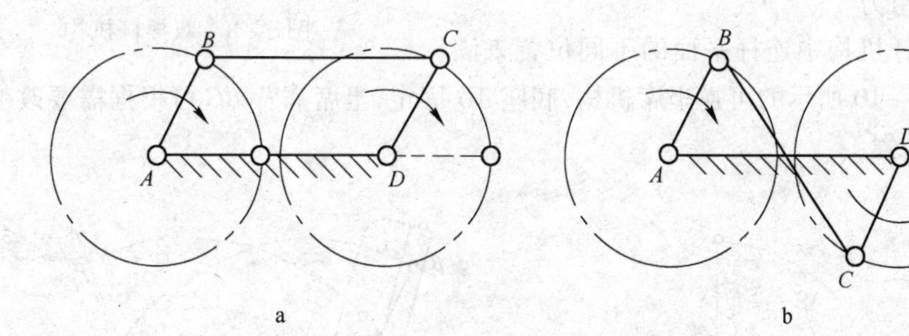

图3-6 等长双曲柄机构

a—平行四边形机构；b—反向双曲柄机构

平行四边形机构的运动特点是：两曲柄的回转方向相同，角速度相等。反向平行双曲柄机构的运动特点是：两曲柄的回转方向相反，角速度相等。

平行四边形机构可用于传递平行轴间的运动，如图3-7所示的机车车轮机构，其中辅助曲

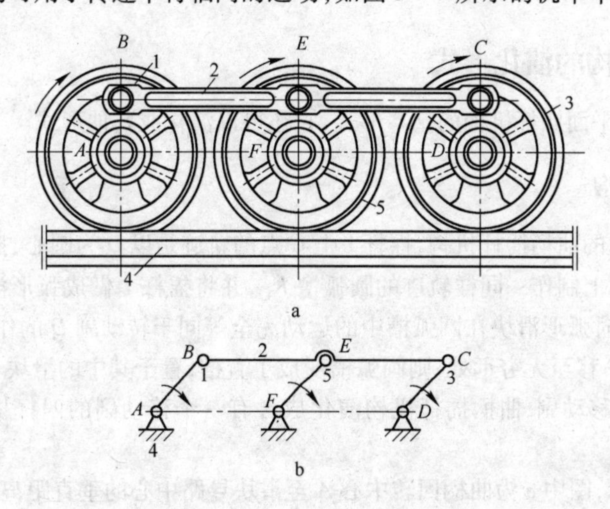

图3-7 机车车轮机构

a—机车车轮机构；b—机车车轮机构简图

1、3—车轮；2—连杆；4—钢轨；5—辅助曲柄（车轮）

柄(车轮)的作用是避免各杆处于同一水平位置时可能出现的运动不确定现象。

3.1.3　双摇杆机构

若铰链四杆机构的两连架杆均为摇杆,则称为双摇杆机构。

在双摇杆机构中,两摇杆可以分别为主动件,当连杆与摇杆共线时,如图3-8中B_1C_1D与C_2B_2A,机构处于死点位置。图3-8中的φ_1与φ_2分别为两摇杆的最大摆角。

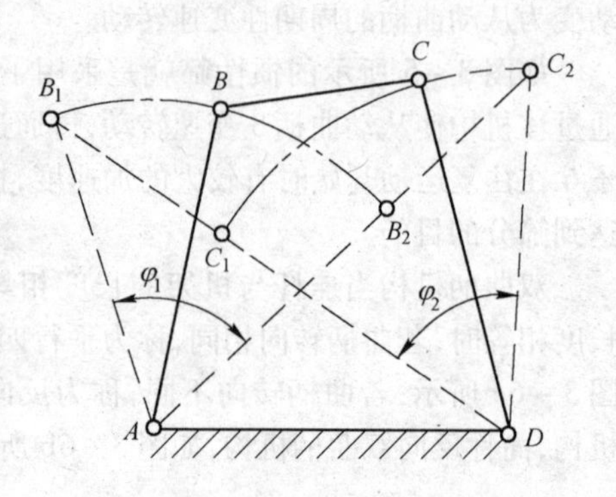

图3-8　双摇杆机构

如图3-9所示飞机起落架机构,实线位置为飞机着陆时轮子的位置,飞机起飞后,以AB为主动件带动双摇杆机构运动到点划线位置,使轮子收藏在机舱内以减少飞行中的空气阻力。

还可利用双摇杆机构中连杆平面的不同位置来满足某些要求,如图3-10所示的可逆坐席机构,底座AD固定,坐席靠背BC可根据需要改变位置和方向,移到$B'C'$位置。

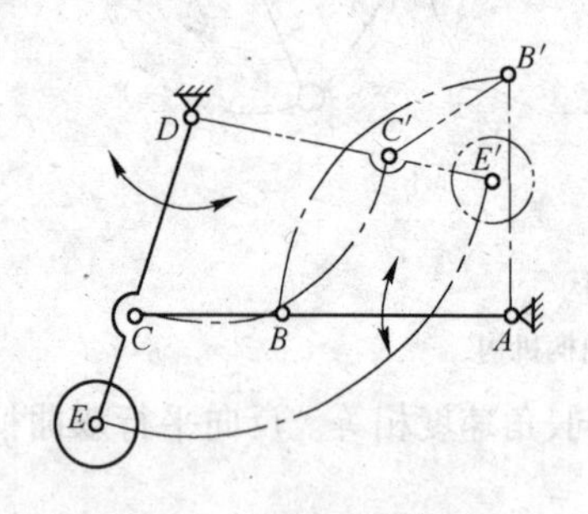

图3-9　飞机起落架机构

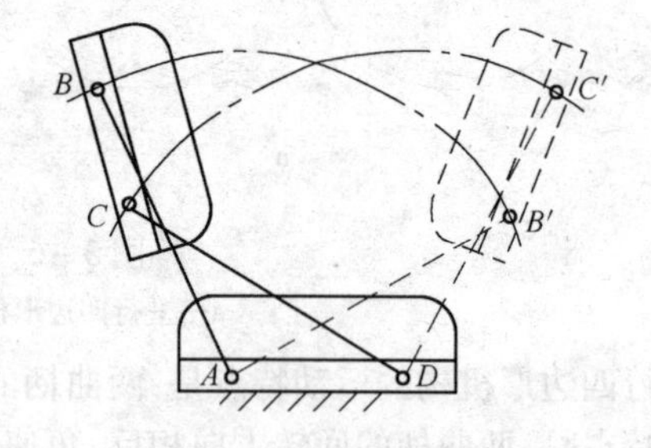

图3-10　可逆坐席机构

3.2　铰链四杆机构的演化形式

铰链四杆机构是平面四杆机构的基本形式,它还可以演化成其他形式。

3.2.1　曲柄滑块机构

如图3-11a所示的曲柄摇杆机构,摇杆1上C点的轨迹是以D为圆心、摇杆长CD为半径的圆弧K_C。如在机架2上制作一同样轨迹的圆弧槽K_C,并将摇杆1做成弧形滑块置于槽中滑动,如图3-11b所示,这时弧形滑块在圆弧槽中的运动完全等同于转动副D的作用。若圆弧槽的半径趋于无穷,其圆心O移至无穷远处,则圆弧槽变成了直槽,置于其中的滑块1作往复直线运动,从而转动副D演化为移动副,曲柄摇杆机构演化成含有一个移动副的四杆机构,称为曲柄滑块机构。

如图3-11c所示,图中e为曲柄回转中心A至滑块导路中心的垂直距离,称为偏距。当$e\neq0$时称为偏置曲柄滑块机构;当$e=0$时称为对心曲柄滑块机构,如图3-11d所示。

曲柄滑块机构的应用极为广泛,它可将曲柄的转动转换成滑块的往复移动,如图3-12所示的简易搓丝机。

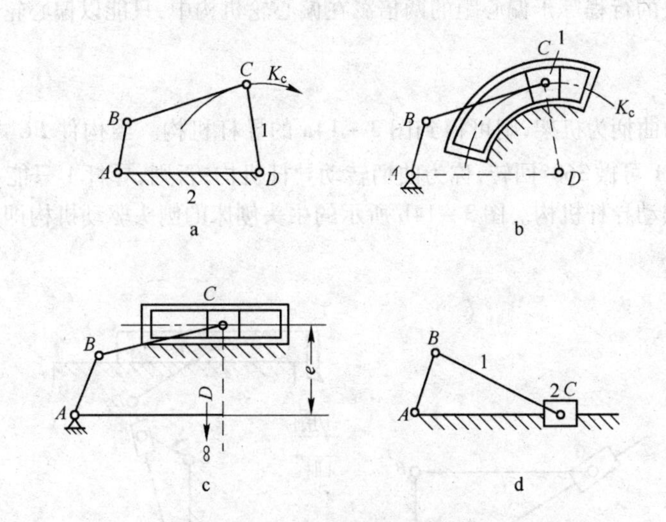

图 3-11 曲柄滑块机构的形成

a—曲柄摇杆机构；b—摇杆 1 做成弧形滑块置于圆弧槽中；

c—偏置曲柄滑块机构；d—对心曲柄滑块机构

1—摇杆；2—机架

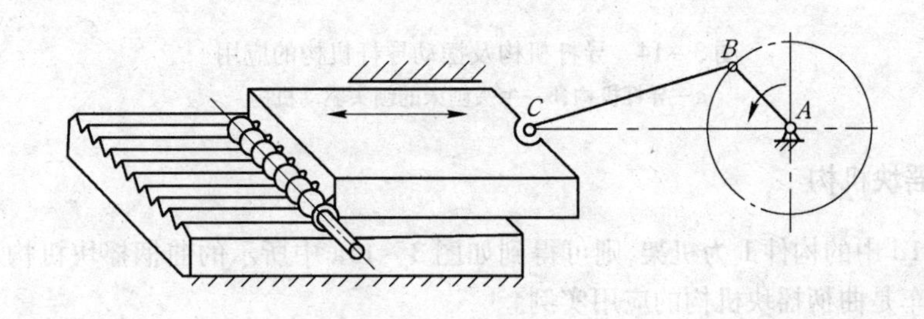

图 3-12 简易搓丝机

同铰链四杆机构一样，曲柄滑块机构中也可以通过取不同的构件作为机架得到不同的演化机构，如导杆机构、摇块机构及定块机构等。

当要求滑块的行程很小时，曲柄长度必须很小。此时，出于结构的需要，常将曲柄做成偏心轮，用偏心轮的偏心距来替代曲柄的长度，曲柄滑块机构演化成如图 3-13 所示偏心轮机构。在

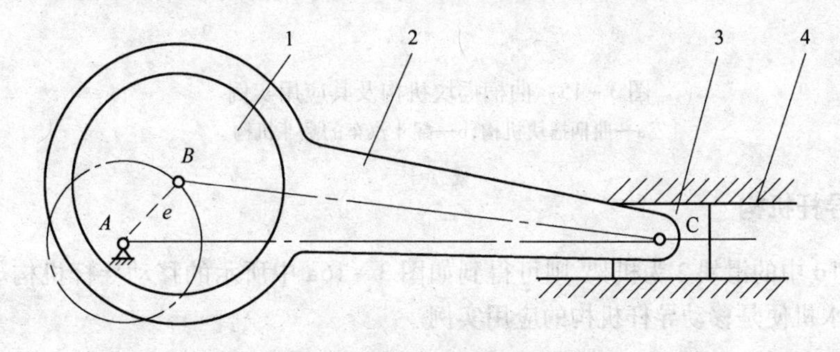

图 3-13 偏心轮机构

1—偏心轮；2—连杆；3—滑块；4—机架

偏心轮机构中,滑块的行程等于偏心距的两倍。在偏心轮机构中,只能以偏心轮为主动件。

3.2.2　导杆机构

以图 3－11d 的曲柄为机架,则可得到图 3－14a 的导杆机构。当构件 BC 之长 l_2 大于机架 AB 之长 l_1 时,导杆 1 可做 360°回转,称为曲柄转动导杆机构;否则,导杆 1 只能在小于 360°范围内摆动,称为曲柄摆动导杆机构。图 3－14b 所示的牛头刨床的刨头驱动机构即是摆动导杆机构的应用。

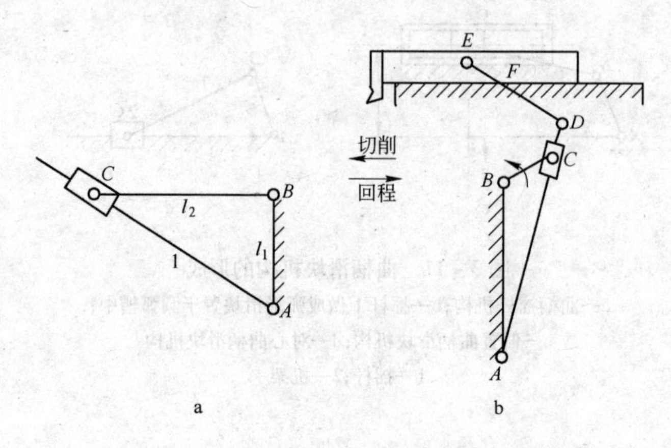

图 3－14　导杆机构及摆动导杆机构的应用
a—导杆机构;b—牛头刨床的刨头驱动机构

3.2.3　曲柄摇块机构

以图 3－11d 中的构件 1 为机架,则可得到如图 3－15a 中所示的曲柄摇块机构。图 3－15b 所示的翻斗汽车是曲柄摇块机构的应用实例。

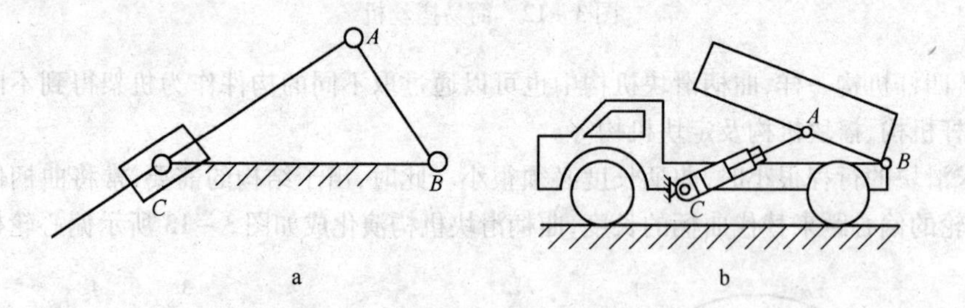

图 3－15　曲柄摇块机构及其应用实例
a—曲柄摇块机构;b—翻斗汽车的翻斗机构

3.2.4　移动导杆机构

以图 3－11d 中的滑块 2 为机架,则可得到如图 3－16a 中所示的移动导杆机构。图 3－16b 所示的手动抽水机便是移动导杆机构的应用实例。

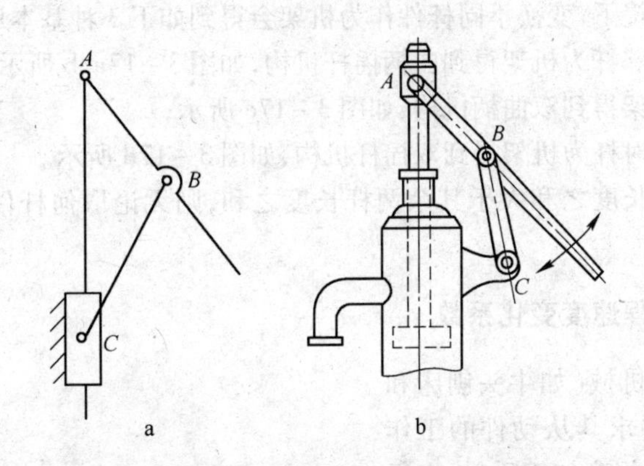

图 3-16 移动导杆机构及其应用实例

a—移动导杆机构；b—手动抽水机机构

3.3 铰链四杆机构的基本特性

在了解平面四杆机构的基本形式的基础上，为了正确选择、合理使用和设计平面四杆机构，还必须进一步了解平面四杆机构的几个基本性质。

3.3.1 铰链四杆机构基本形式的判定

由上述可知，铰链四杆机构3种基本形式的区分在于机构中是否有曲柄或有几个曲柄。

经分析可知，当铰链四杆机构中最短杆与最长杆长度之和小于或等于其余两杆长度之和时

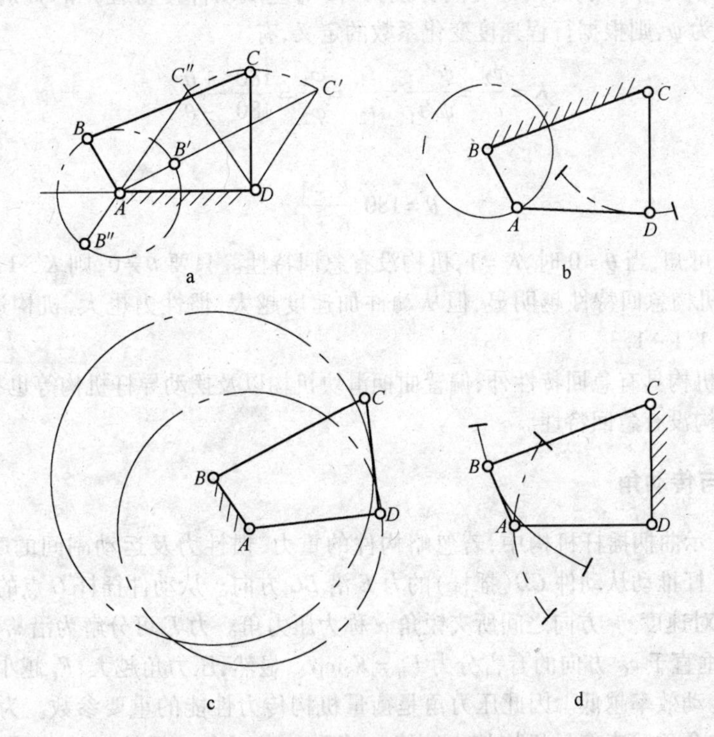

图 3-17 机架变换获得不同机构形式

a、b—曲柄摇杆机构；c—双曲柄机构；d—双摇杆机构

可能存在曲柄。在此前提下，变换不同杆件作为机架会得到如下 3 种基本形式：

（1）以最短杆的相邻杆为机架得到曲柄摇杆机构，如图 3－17a、b 所示；

（2）以最短杆为机架得到双曲柄机构，如图 3－17c 所示；

（3）以最短杆的相对杆为机架得到双摇杆机构，如图 3－17d 所示。

若最短杆与最长杆长度之和大于其余两杆长度之和，则无论取何杆件作机架，都不存在曲柄，均为双摇杆机构。

3.3.2 急回特性及行程速度变化系数

对于某些单向工作机械（如牛头刨床和插床）中的连杆机构，要求其从动件的工作行程速度 v_1 慢而均匀以提高加工质量，空行程的速度 v_2 快以提高生产效率。从动件空行程速度大于工作行程速度的现象称为机构的急回特性。为反映机构急回程度，用从动件行程速度变化系数 K 表示。

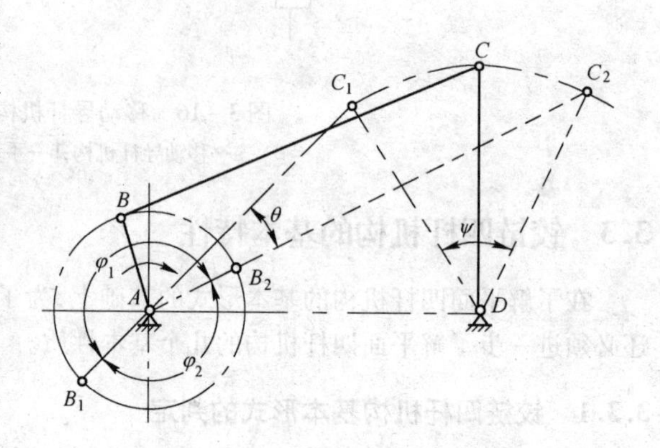

图 3－18 曲柄摇杆机构的急回特性

在图 3－18 所示的曲柄摇杆机构中，曲柄 AB 与连杆 BC 重叠共线的位置 AB_1 和拉直共线的位置 AB_2 分别对应于从动件摇杆的两个极限位置 C_1D 和 C_2D，此时相应的曲柄两位置之间所夹的锐角 θ 称为极位夹角。若曲柄匀速转过 φ_1 和 φ_2 角，所用的时间分别为 t_1（对应从动件慢行程）和 t_2（对应从动件快行程），从动件摆角为 ψ，则根据行程速度变化系数的定义，有

$$K=\frac{v_2}{v_1}=\frac{\psi/t_2}{\psi/t_1}=\frac{t_1}{t_2}=\frac{\varphi_1}{\varphi_2}=\frac{180^\circ+\theta}{180^\circ-\theta} \tag{3-1}$$

或

$$\theta=180^\circ\frac{K-1}{K+1} \tag{3-2}$$

由式（3－1）可知，当 $\theta=0$ 时，$K=1$，机构没有急回特性。只要 $\theta\neq0$，则 $K>1$，机构具有急回特性，K 值越大，机构急回特性越明显，但从动件加速度越大，惯性力也大，机构运动稳定性差。因此，一般取 $K=1.1\sim1.3$。

除曲柄摇杆机构具有急回特性外，偏置曲柄滑块机构以及摆动导杆机构等也有急回特性，但对心曲柄滑块机构没有急回特性。

3.3.3 压力角与传动角

图 3－19a 所示曲柄摇杆机构中，若忽略构件的重力、惯性力及运动副间的摩擦力，则连杆 BC 是二力杆。连杆推动从动件 CD（摇杆）的力 F 沿 BC 方向。从动件摇杆 C 点的受力方向与力作用点 C 点的绝对速度 v_C 方向之间所夹锐角 α 称为压力角。力 F 可分解为沿 v_C 方向的有效分力 $F_t=F\cos\alpha$ 和垂直于 v_C 方向的有害分力 $F_n=F\sin\alpha$。显然，压力角越大，F_t 越小而 F_n 越大，机构传动越费力，传动效率越低。因此压力角是衡量机构传力性能的重要参数。为度量方便和直观，常用压力角的余角 γ 来衡量机构传力性能，γ 角称为传动角。显然 γ 越大，机构的传力性能越好。

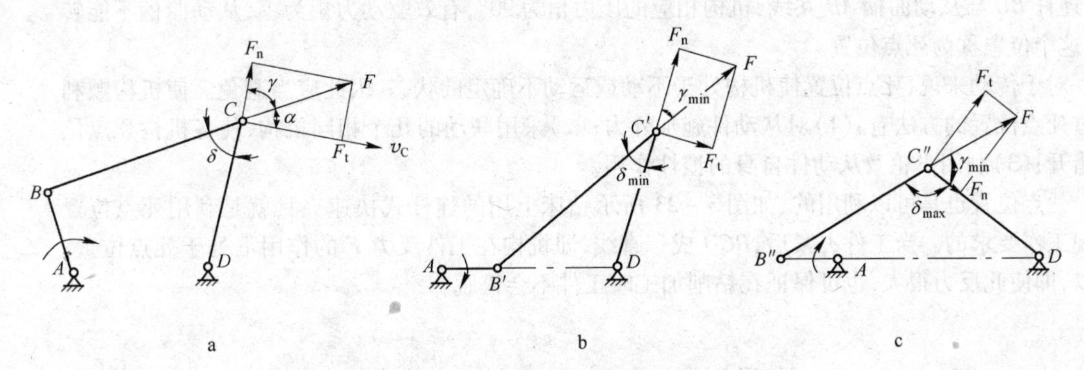

图 3-19 曲柄摇杆机构的压力角与传动角

a—位置Ⅰ;b—位置Ⅱ;c—位置Ⅲ

机构工作时其传动角的大小是变化的,为了保证机构传动良好,设计时通常使 $\gamma_{min} \geqslant 40°$;对于高速和大功率的传动机械,应使 $\gamma_{min} \geqslant 50°$;对于轻载的控制机构和仪表,$\gamma_{min}$ 可稍小于 40°。为此,需确定 γ_{min} 的位置,从而检验 γ_{min} 是否满足上述要求。

下面介绍几种常用四杆机构最小传动角 γ_{min} 的确定方法。如图 3-19a 所示的铰链四杆机构 $ABCD$,设曲柄 AB 主动,连杆 BC 与摇杆 CD 的夹角为 δ,由图 3-19b、c 可见,当 $\delta \leqslant 90°$ 时,$\gamma = \delta$;当 $\delta > 90°$ 时,$\gamma = 180° - \delta$。分析表明,一般机构最小传动角 γ_{min} 可能在曲柄与机架共线的两个位置之一出现,即两个位置中传动角小者为机构的 γ_{min}。

如图 3-20 所示的曲柄滑块机构,当曲柄 AB 为主动时,传动角为连杆 BC 与导路中心线垂线的夹角。不难分析 γ_{min} 出现于曲柄与滑块速度方向垂直的位置。

如图 3-21 所示的导杆机构,当曲柄 AB 为主动时,传动角为导杆 BC 与其垂线的夹角,γ 恒等于 90°,故导杆机构的传力性能最好。

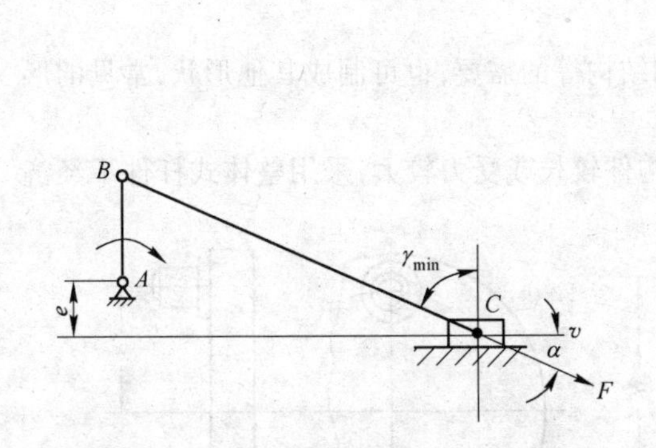

图 3-20 曲柄滑块机构的最小传动角

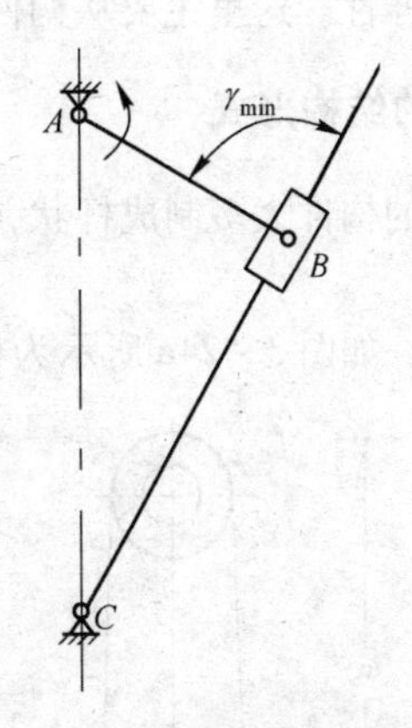

图 3-21 导杆机构的最小传动角

对于其他形式的四杆机构,其传动角可参考上述方法确定。但应注意分清主动构件和从动构件,当主、从动构件或者构件尺寸及机构位置有变化时压力角或传动角的大小也随之改变。

3.3.4 死点位置

如图 3-22 所示的曲柄摇杆机构,若摇杆 CD 为主动件,则当摇杆摆到极限位置 DC_1 或 DC_2

时，连杆 BC 与从动曲柄 AB 共线，机构相应的压力角为 90°，有效驱动力矩为零，从动曲柄不能转动，这个位置称为死点位置。

对于传动来说，死点位置使机构处于不动或运动不确定的状态，因此应当避免。使机构顺利通过死点位置的方法有：(1)对从动件施加外力；(2)采用联动的几个相同机构，使各机构死点位置错开；(3)利用飞轮及从动件自身的惯性作用。

死点位置也是可以利用的，如图 3－23 所示钻床上用的连杆式快速夹具就是利用死点位置实现工作要求的。当工件夹紧后，BCD 成一直线，即机构在工件反力 F 的作用下处于死点位置。所以，即使此反力很大，也可保证在钻削加工时工件不会松脱。

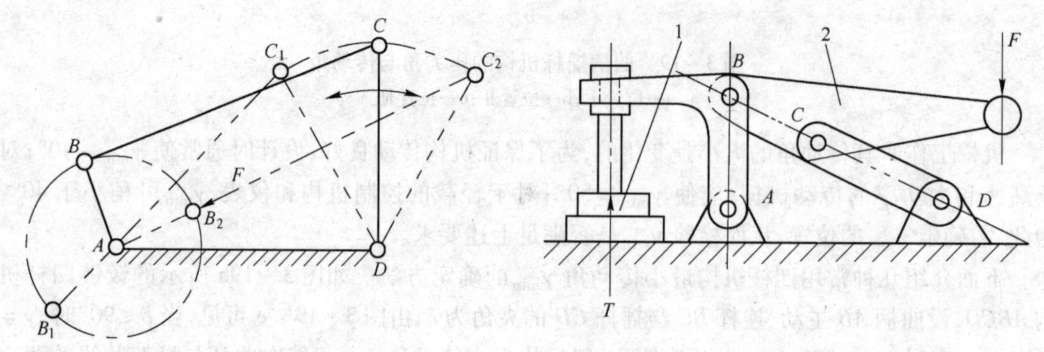

图 3－22　曲柄摇杆机构的死点位置

图 3－23　利用死点位置夹紧工件

1—工件；2—手柄

3.4　平面连杆机构的结构

平面连杆机构中的各构件和运动副多为非标准件，在确定其结构时，往往要考虑机构的平衡、构件长度的调整、运动副的润滑以及为改善机构的工作状态而引入虚约束等因素，从而使得其结构具有多样性。这里主要从构件和运动副的形式方面简要介绍平面连杆机构的结构。

3.4.1　构件的结构形式

连杆机构的构件大多制成杆状，但根据受力和结构等的需要，也可制成其他形状，常见的形式有以下几种。

(1) 桁架。如图 3－24a 所示为桁架结构，当构件较长或受力较大，采用整体式杆件不经济

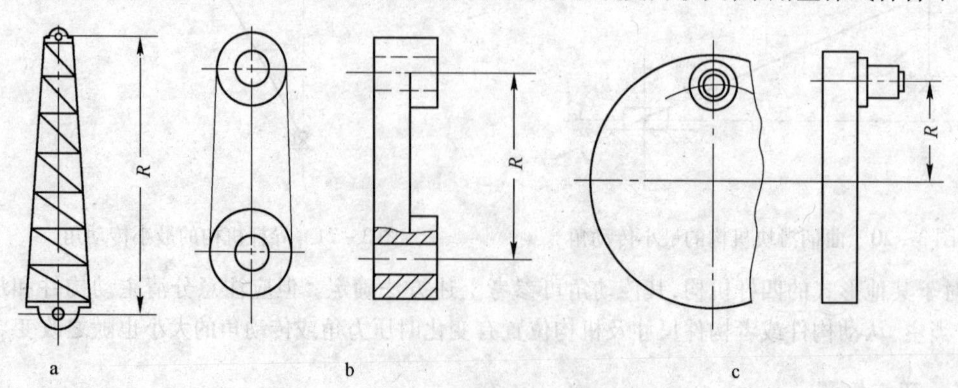

图 3－24　构件的结构形式

a—桁架结构；b—杆状结构；c—盘状结构

或制造困难时可采用这种结构形式。

(2) 杆状。如图3－24b所示为杆状结构,其构造简单,加工方便,一般当构件上两转动副间中心距较大时都制成杆状。对杆状结构的构件应尽量制成直杆。有时由于某些特殊要求,如构件与机械其他部件在运动时应互不干涉,也可制成带有曲线形状的特殊结构形式。

(3) 盘状。如图3－24c所示为盘状结构,构件为一圆盘,有时该圆盘本身就是一个齿轮或带轮,当需要曲柄与齿轮一起回转时可采用这种方案。这种结构适用于较高的转速,常作曲柄或摆杆。

(4) 曲轴。图3－25a所示的结构简单,与它组成运动副的连杆可做成整体式的,但由于悬臂,强度及刚度较差。当曲柄较长且必须装在轴的中间时常用如图3－25b所示的曲轴,它能承受较大的工作载荷,但连杆必须制成剖分式。

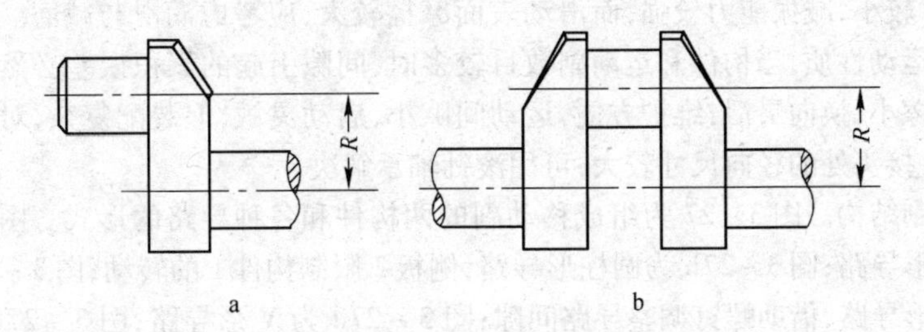

图3－25 曲轴

a—一端支承曲轴;b—两端支承曲轴

(5) 偏心盘(轮)和偏心轴。当两转动副之间中心距 R 很小时(如图3－26a),可将其中一个转动副元素扩大,使曲柄演化成一个几何中心在 B 点、回转中心在 A 点的圆盘(如图3－26b),该

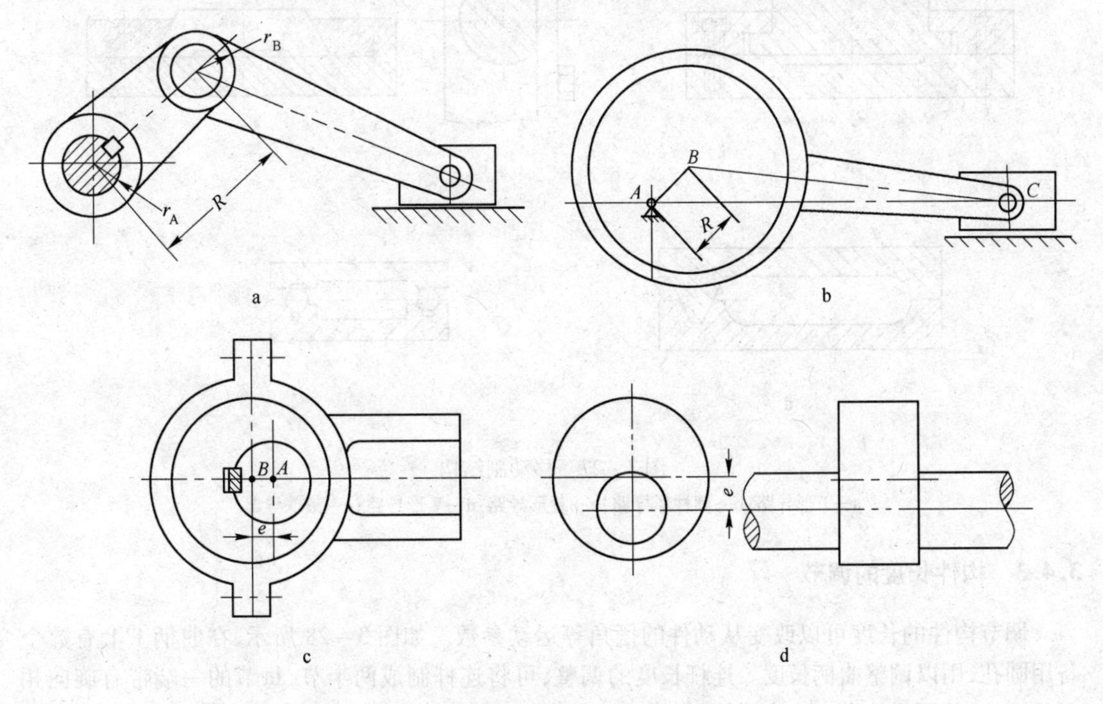

图3－26 偏心盘(轮)和偏心轴

a—曲柄为杆状;b—曲柄为偏心盘(轮);c—偏心环;d—偏心轴

圆盘称为偏心盘(轮)。此时偏心盘相当于曲柄,偏心距即为曲柄长度。套在偏心轮外面的圆环是连杆的一部分称为偏心环,为便于装配,一般做成剖分式(如图 3 - 26c)。当偏心轮与传动轴制成一体时称为偏心轴(如图 3 - 26d)。

由于偏心盘(轮)或偏心轴的两支承距离较小而偏心部分粗大,刚度和强度均较好,常用于模锻压力机、冲床、剪床、破碎机和活塞泵等受力较大或具有冲击载荷的机械中。但由于偏心盘(轴)的转动轴心与其几何轴心不重合,转动时有附加动载荷和振动,必须进行平衡处理。因此这种曲柄形式仅适用于从动件行程较小的机械。

3.4.2　运动副的结构形式

(1) 转动副结构。转动副有滑动轴承式和滚动轴承式两种形式。滑动轴承式转动副的结构简单,径向尺寸较小,减振能力较强,而滑动表面摩擦较大,应考虑润滑与减磨。另外,轴承间隙会影响构件的运动性质,当构件和运动副数目较多时,间隙引起的累积误差必然增大;滚动轴承式转动副的摩擦小,换向灵活,维护方便,运动间隙小,启动灵敏,但装配复杂,对振动敏感,易产生噪声,两构件接头处的径向尺寸较大,可用滚针轴承解决。

(2) 移动副结构。图 3 - 27 为组成移动副的两构件和各种导路的形式。图 3 - 27a 为带有调整板 2 的 T 形导路;图 3 - 27b 为圆柱形导路,侧板 2 限制构件 1 的转动;图 3 - 27c 为带有倾斜侧挡板 2 的菱形导路,借助螺钉调整导路间隙;图 3 - 27d 为 V 形导路;图 3 - 27e 为带有滚珠的滚珠导路,它导向准确、运动轻便。

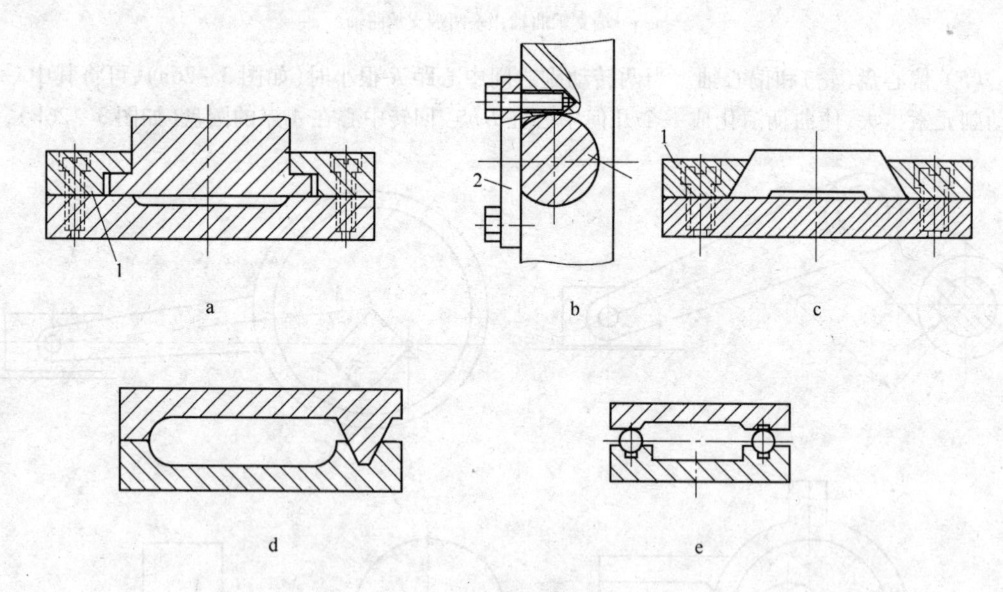

图 3 - 27　移动副结构
a—T 形导路;b—圆柱形导路;c—菱形导路;d—V 形导路;e—滚珠导路

3.4.3　构件长度的调节

调节构件的长度可以改变从动件的摆角等运动参数。如图 3 - 28 所示,在曲柄 1 上有数个备用圆孔,用以调整曲柄长度。连杆长度的调整,可将连杆制成两半节,每节的一端带有旋向相反的螺纹,并用连接套 2 构成螺旋副,从而通过旋转连接套 2 来调节连杆的长度。

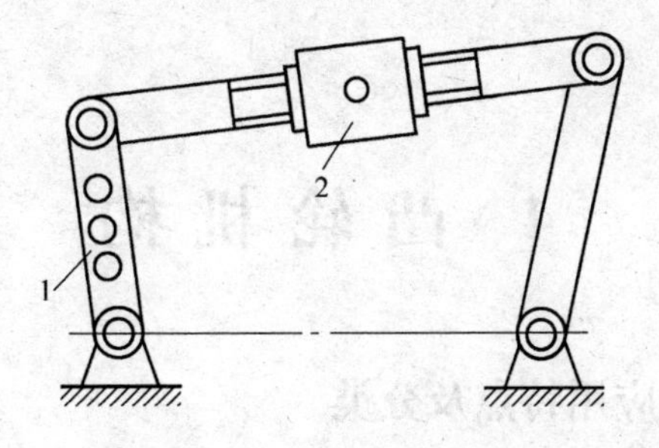

图3－28 构件长度的调节

1—曲柄;2—连接套

思考题

3－1 铰链四连杆机构由哪些部分组成？他们的特征是什么？

3－2 平面连杆机构分为哪些基本类型？

3－3 什么是曲柄？曲柄一定是最短杆吗？

3－4 何谓机构的急回特性？机构有无急回特性取决于什么？

3－5 在什么条件下会产生死点位置？通常用什么方法来克服？

3－6 平面连杆机构中常见构件的结构形式有哪些？

4 凸轮机构

4.1 凸轮机构的组成、应用特点及分类

4.1.1 凸轮机构的组成及应用特点

4.1.1.1 凸轮机构的组成

图4－1所示为内燃机配气凸轮机构，当凸轮1回转时，使与它始终保持接触（靠弹簧的作用）的从动件4开启和关闭，控制可燃气体准时进入汽缸或排出废气。

图4－2所示为组合机床等机器中常用的行程控制凸轮机构。凸轮1固定在机器的运动部件上并随之一起移动，当到达预定位置时，其轮廓将接触并推动电气行程开关（或液压行程阀）的推杆2，使之发生电信号（或液压信号），从而使移动部件变速、变向或停止运动等，以实现机器的自动工作循环等要求。

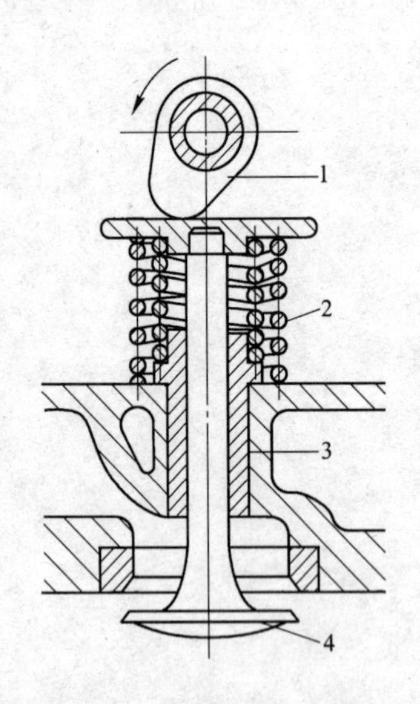

图4－1 内燃机配气凸轮机构
1—凸轮；2—弹簧；3—导套；4—阀杆

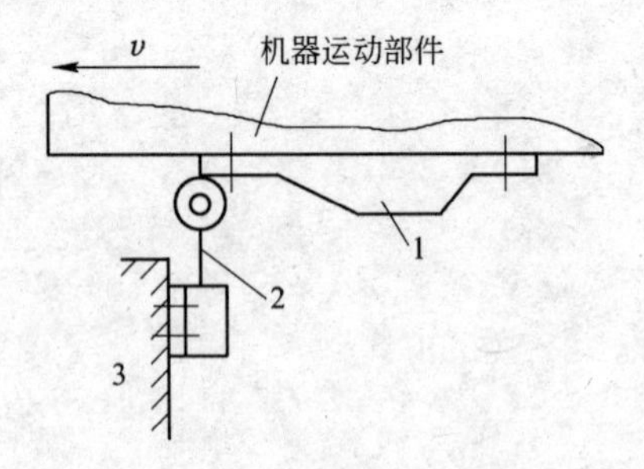

图4－2 行程控制凸轮机构
1—凸轮；2—推杆；3—机架

从以上的例子可以看出：凸轮机构一般由机架、从动件和凸轮组成，如图4－3所示。

4.1.1.2 凸轮机构的应用特点

凸轮是具有某种曲线轮廓或凹槽的构件，通过高副接触（线接触），使从动件得到任意预期的运动规律。由于它只有两个活动构件，所以结构简单、紧凑，能实现比较复杂的机械运动。因此，凸轮机构广泛应用于自动化程度较高、动作较复杂的机械。如操纵机构、曲线轮廓加工及自

动装置中。然而,因为凸轮机构是高副接触,磨损比较严重,所以凸轮机构一般用于传递动力不大的场合。

4.1.2 凸轮机构的分类

生产中常见的凸轮机构可按如下方法进行分类。

4.1.2.1 按凸轮形状分

(1) 盘形凸轮。它是凸轮的最基本的形式。这种凸轮是一绕固定轴转动并且具有变化向径的盘形零件,从动件在垂直于凸轮旋转轴线的平面内运动。

图4-4所示为一绕线机中的操纵机构,当线轴1快速转动时,通过齿轮2、3带动盘形凸轮4缓慢地转动,并借助其上变化的曲线轮廓与从动件(摆杆5)尖顶之间的作用,驱使摆杆5往复摆动,使线均匀绕在线轴1上。

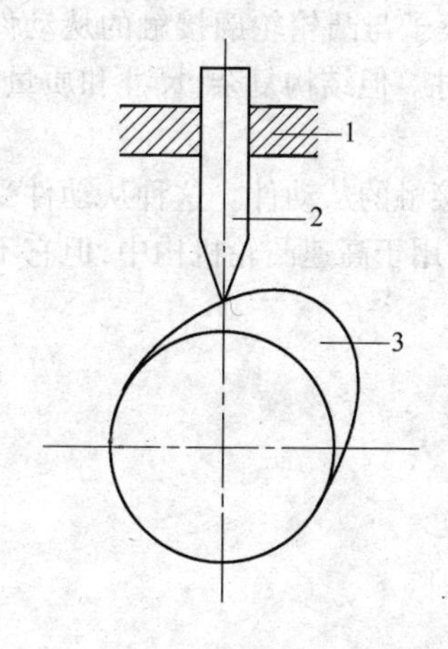

图4-3 凸轮机构的基本组成
1—机架;2—从动件;3—凸轮

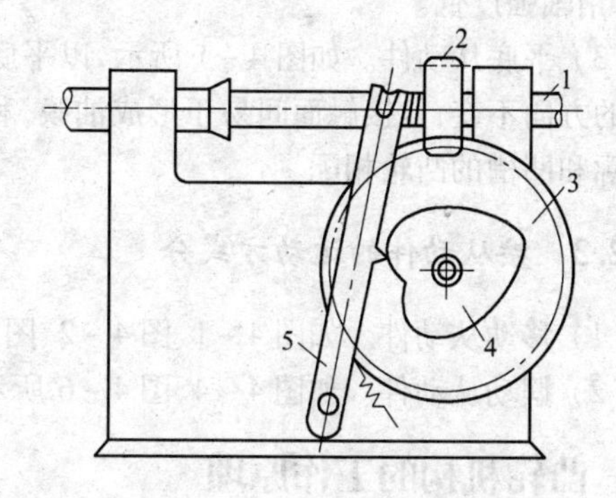

图4-4 绕线机的操纵机构
1—线轴;2、3—齿轮;4—盘形凸轮;5—摆杆

(2) 移动凸轮。当盘形凸轮的回转中心趋于无穷远时,凸轮将作直线运动,这种凸轮称为移动凸轮。如图4-5所示为仿形刀架,当刀架3水平移动时,移动凸轮1(靠模)的轮廓驱使从动件2带动刀头按相同的轨迹移动,从而切出与靠模轮廓相同的旋转曲面。

(3) 圆柱凸轮。将移动凸轮卷成圆柱体,则所形成的凸轮称为圆柱凸轮,圆柱凸轮机构属于空间凸轮机构。图4-6所示为一自动机床的进刀机构,从动摆杆2上的滚子插在圆柱凸轮1整个凹槽中,凹槽各处的轴向位置不同,所以当圆柱凸轮1转动时带动摆杆2绕C点在一定范围内摆动,从而控制刀架的进刀和退刀运动。

4.1.2.2 按从动件的末端形状分

(1) 尖顶从动件。图4-4所示为以尖顶与凸轮轮廓接触的从动件。这种从动件可适用于任何复杂的运动规律,但是易于磨损,因此,只宜用于传递运动,而不宜用于传递动力,实际应用极少。但它是研究和分析其他形式从动件凸轮机构的基础。

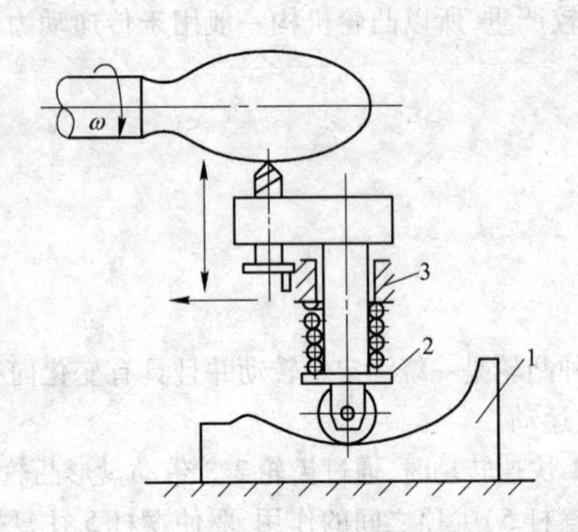

图4-5　仿形刀架

1—移动凸轮;2—从动件;3—刀架

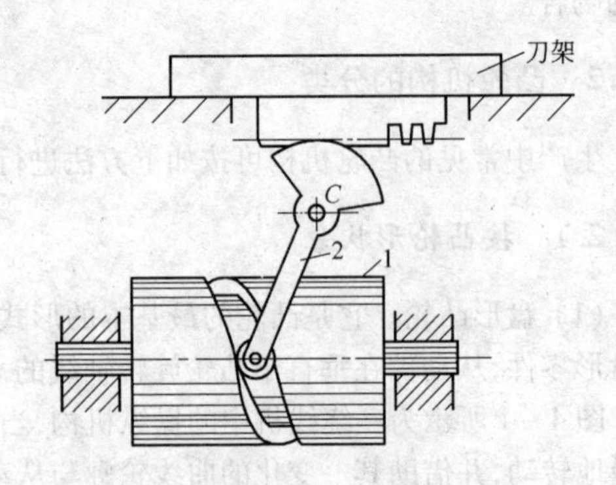

图4-6　自动机床的进刀机构

1—圆柱凸轮;2—从动摆杆

(2) 滚子从动件。如图4-2、图4-5所示,以铰接的滚子与凸轮轮廓接触的从动件。这种从动件比较耐磨,可承受较大的载荷,是最常见的一种从动件。但结构复杂,尺寸和质量大,不易润滑,销轴强度低。

(3) 平底从动件。如图4-1所示,以平底与凸轮轮廓接触的从动件。这种从动件受凸轮作用力的方向不变,且接触面间易于形成油膜,利于润滑,故常用于高速凸轮机构中,但它不能与有内轮廓和凹槽的凸轮相配。

4.1.2.3　按从动件的运动方式分

(1) 移动从动件。如图4-1、图4-2、图4-5所示。

(2) 摆动从动件。如图4-4、图4-6所示。

4.2　凸轮机构的工作原理

4.2.1　凸轮机构的工作过程及从动件位移曲线

凸轮的轮廓形状是由从动件所需要的运动决定的,它与从动件的运动规律之间是一一对应的关系。

如图4-7a所示为对心尖顶直动从动件盘形凸轮机构,它是最基本的一种凸轮机构。以凸轮轮廓上的最小半径 r_b 为半径所作的圆称为凸轮的基圆。当凸轮由图示位置顺时针转动时,A_0 点为凸轮轮廓线在基圆上的起始点,此刻从动件处于最低位置。当凸轮转过角度 φ_0 时,其 A_0 到 A_4 段轮廓将从动件按一定运动规律推至最远位置 A'_0。从动件的这一过程称为推程,其对应的凸轮的转角 φ_0 称为推程运动角。从动件的最大位移 h 称为行程。当凸轮继续转过 φ_s 角时,其间凸轮的向径不变,从动件处在最远位置静止不动,φ_s 称为远休止角。凸轮继续回转 φ'_0 角时,从动件在重力或弹簧力作用下,沿凸轮的 A_5 到 A_9 段轮廓由最远位置回到最近位置,这个过程称为回程,其对应的凸轮转角 φ'_0 称为回程运动角。当凸轮继续回转 φ'_s 时,从动件在最近位置静止不动,φ'_s 称为近休止角。这就是该凸轮机构的一个工作循环。当凸轮继续回转时,从动件又重复进行升—停—降—停的运动循环。

从动件位移 S 与凸轮转角 φ 的对应关系可用图4-7b所示的位移线图表示。由于凸轮一般作匀速转动,凸轮转角 φ 与时间 t 成正比。因此,位移线图的横坐标表示凸轮转角或时间,纵坐

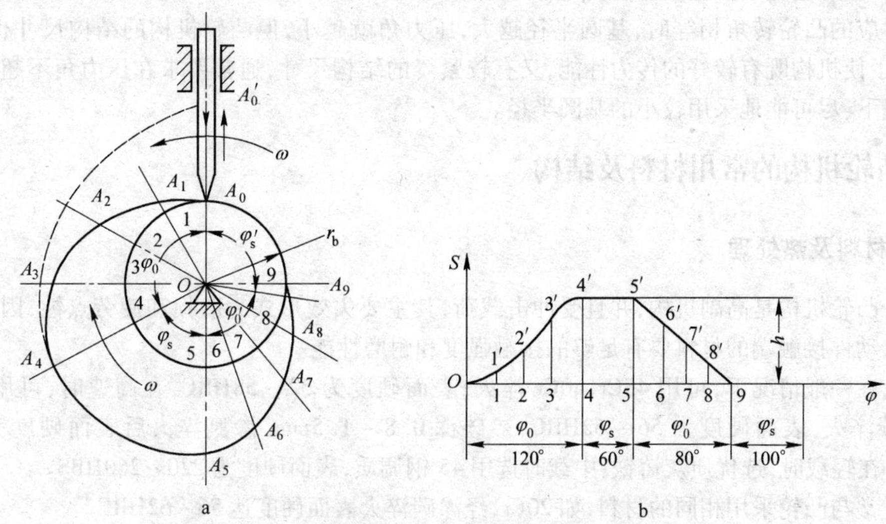

图 4-7 凸轮机构的工作过程和从动件位移曲线

a—凸轮机构的工作过程;b—位移线图

标表示从动件的位移。位移线图直观地表示了从动件的位移变化规律及与凸轮转角间的对应关系,它是绘制凸轮轮廓的依据。

4.2.2 凸轮机构的压力角及其校核

如图 4-8 所示,在不计摩擦时可将凸轮作用于从动件的法向力 F 分解为沿从动件运动方向的有效分力 $F'=F\cos\alpha$ 和使从动件压紧导路的有害分力 $F''=F\sin\alpha$,α 称为凸轮机构的压力角,它是凸轮对从动件的法向力与力作用点速度方向之间所夹的锐角。由此可知,当 $\alpha=0$ 时,从动件受力最好;α 越大,机构的效率越低:当 α 增加到一定值时,机构将处于自锁状态。因此应使凸轮机构的最大压力角不超过许用值$[\alpha]$。建议在推程时,直动从动件取$[\alpha]=30°$,回程时可取$[\alpha]=80°$。

为改善凸轮机构的受力情况,可使从动件的导路方向不通过凸轮的回转中心,即采用偏置从动件的凸轮机构。

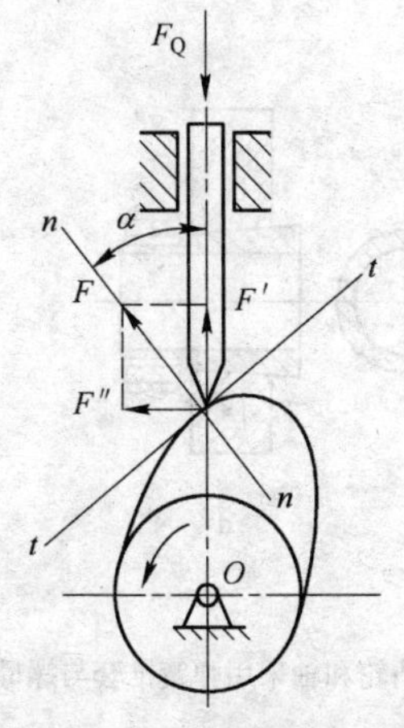

图4-8 凸轮机构的压力角

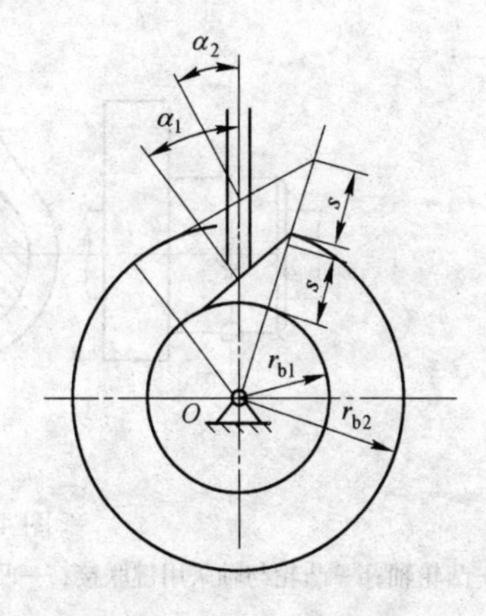

图 4-9 凸轮机构的压力角与基圆半径的关系

此外，还可通过增大基圆半径 r_b 使压力角减小。如图 4－9 所示，当两凸轮机构的从动件位移及所对应的凸轮转角相等时，基圆半径越大，压力角就越小，但凸轮机构的结构尺寸也增大。因此，为了使机构既有较好的传力性能，又有较紧凑的结构尺寸，通常要求在压力角不超过许用值的前提下，尽可能地采用较小的基圆半径。

4.3　凸轮机构的常用材料及结构

4.3.1　材料及热处理

由于凸轮机构是高副机构，并且受冲击载荷，其主要失效形式为磨损和疲劳点蚀，因此要求凸轮和从动件接触端的材料要有足够的接触强度和耐磨性能。

凸轮在一般情况下，可用 45Cr、40Cr 淬火，表面硬度为 52～58HRC；在高速时，可用 15Cr、20Cr 渗碳淬火，表面硬度为 56～62HRC，渗碳深 0.8～1.5mm，渗氮淬火后表面硬度为 60～67HRC。在轻载时，选优质灰铸铁；中载时选用 45 钢调质，表面硬度为 220～260HBS。

滚子常与凸轮采用相同的材料，如 20Cr，经渗碳淬火表面硬度达 56～62HRC。

4.3.2　凸轮机构的结构

4.3.2.1　凸轮的结构

当凸轮的轮廓尺寸与轴的直径相似时，凸轮与轴可做成一体，称为凸轮轴，如图 4－10a 所示。当尺寸相差较大时，应将凸轮与轴分别制造，采用键或销将两者联接起来，如图 4－10b、c 所示。图 4－10d 所示为采用弹簧锥套与螺母将凸轮和轴联接起来的结构，这种结构可用于凸轮与轴的相对角度需要自由调节的场合。

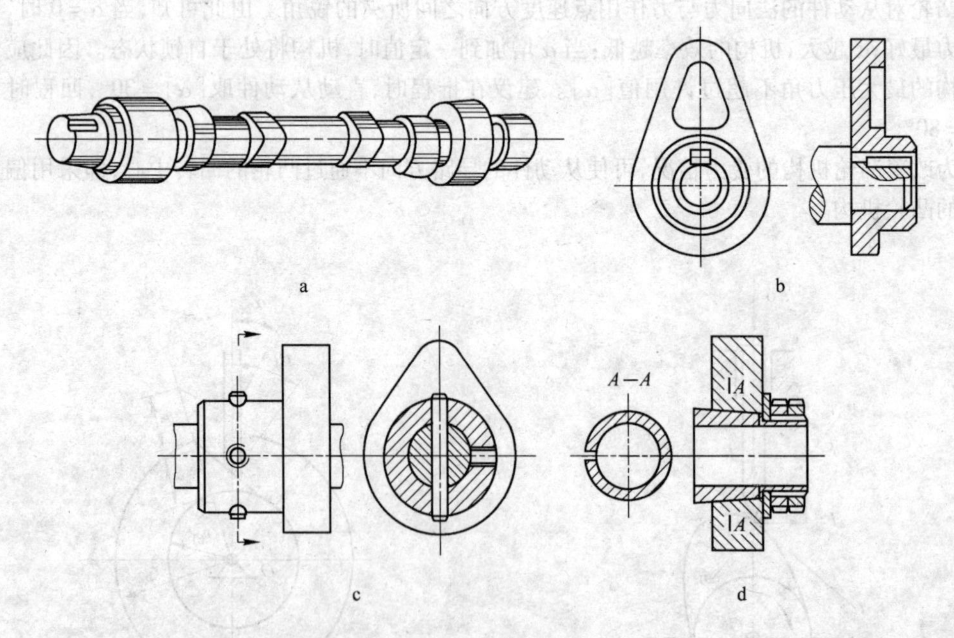

图 4－10　凸轮的结构

a—凸轮轴；b—凸轮与轴采用键联接；c—凸轮与轴采用销联接；d—凸轮和轴采用弹簧锥套与螺母联接

4.3.2.2 从动件的结构

如图4－11a所示，对于盘形凸轮1，当从动件2的末端采用滚子3时，可用专门制作的销轴4作支承，右端用螺母5拧紧，也可如图4－11b、c所示，直接采用滚动轴承3作为滚子。不论哪种形式都必须保证滚子能自由转动。

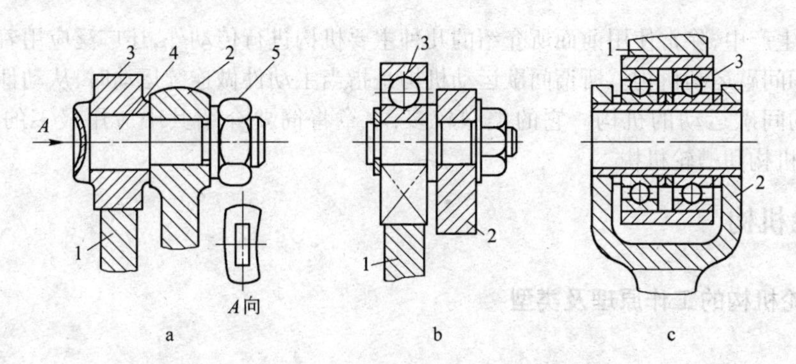

图4－11 滚子从动件的结构

a—从动件的末端采用滚子；b、c—从动件的末端采用滚动轴承

1—凸轮；2—从动件；3—滚子；4—销轴；5—螺母

思考题

4－1 凸轮机构的组成是什么？它有何优缺点？

4－2 凸轮分哪几类？从动杆分哪几类？

4－3 什么是凸轮机构的压力角？它对凸轮机构的工作有何影响？

4－4 凸轮常见的结构形式？

4－5 举例说明凸轮机构的应用？

5　间歇运动机构

在实际生产中,除常使用前面所介绍的几种主要机构进行传动外,还广泛应用着其他一些类型的机构,如间歇运动机构。所谓间歇运动机构是指当主动件做连续运动时,从动件做周期性的时动、时停的间歇运动的机构。它的类型较多,本章将简要介绍其中应用最多的两种典型机构——棘轮机构和槽轮机构。

5.1　棘轮机构

5.1.1　棘轮机构的工作原理及类型

5.1.1.1　棘轮机构的组成及工作原理

如图5-1所示,棘轮机构主要由摇杆1、驱动棘爪4、棘轮3及机架2组成。摇杆及铰接于其上的棘爪为主动件,棘轮为从动件。

当空套在与棘轮固连的轴上的摇杆逆时针摆动时,驱动棘爪4嵌入棘轮齿槽内,推动棘轮沿逆时针方向转过一个角度;当摇杆顺时针摆动时,驱动棘爪在棘轮齿背上滑过,棘轮静止不动。在机架上安装有止动棘爪5可防止棘轮逆转。驱动棘爪和止动棘爪均利用弹簧使其与棘轮保持可靠接触(弹簧在图上未画出)。这样,当摇杆作连续的往复摆动时,棘轮作单向的间歇转动。

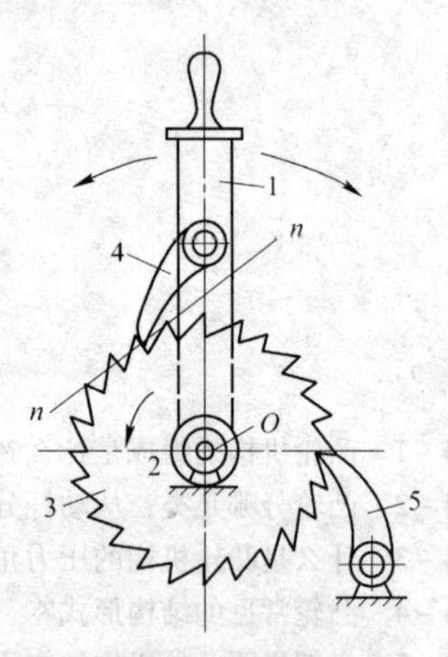

图5-1　棘轮机构

1—摇杆;2—机架;3—棘轮;4—驱动棘爪;5—止动棘爪

5.1.1.2　棘轮机构的类型及特点

棘轮机构按工作原理可分为轮齿式与摩擦式两大类。其中以轮齿式用得最为广泛,它有外啮合棘轮机构(见图5-1)和内啮合棘轮机构(见图5-2)两种类型。当棘轮的直径为无穷大时,棘轮就变为棘条(见图5-3),此时棘轮的单向转动变为棘条的单向移动。

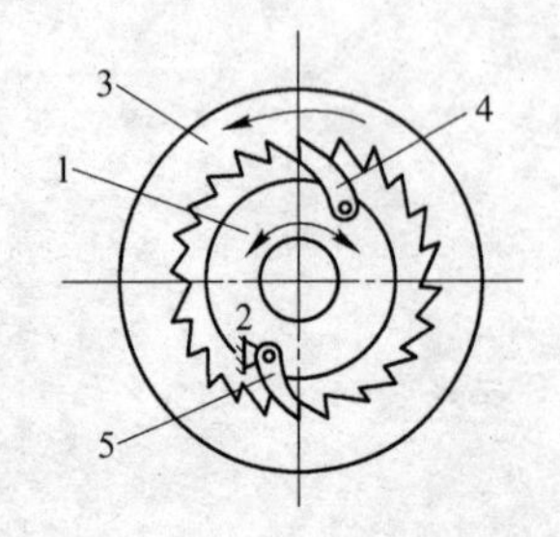

图5-2　内啮合棘轮机构

1—内盘;2—机架;3—棘轮;4、5—棘爪

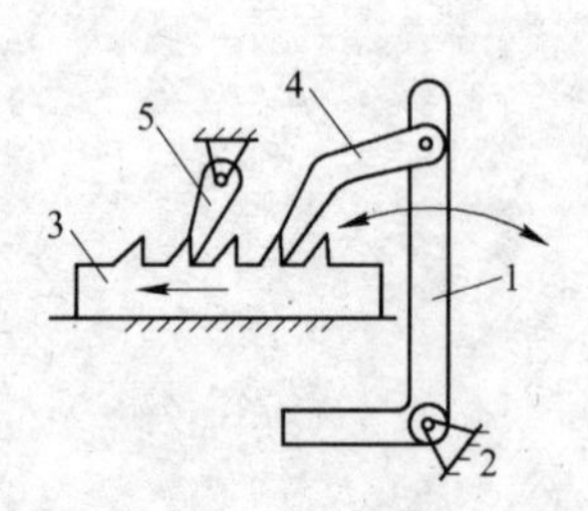

图5-3　棘条机构

1—摇杆;2—机架;3—棘条;4、5—棘爪

另外,根据棘轮的运动方向棘轮机构又可分为:单向式棘轮机构和双向式棘轮机构。单向式棘轮机构(图5-1)的特点是摇杆向一个方向摆动时,棘轮沿同方向转过某一角度;当摇杆反向摆动时,棘轮静止不动。图5-4为一种双向式棘轮机构,当棘爪处于图中实线位置时,推动棘轮沿逆时针方向运动;当棘爪翻转到点划线位置时,可推动棘轮沿顺时针方向运动。

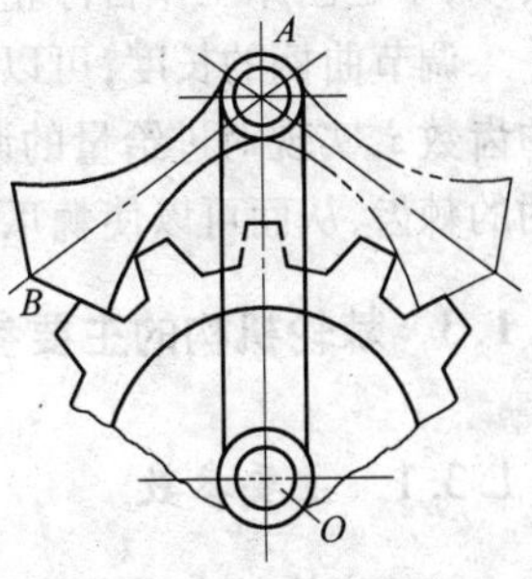

图5-4 双向式棘轮机构

5.1.2 棘轮机构的应用

棘轮机构结构简单、制造方便、运动可靠,且转角大小可调,常可防止棘轮逆转。但传动的平稳性差,在运动开始和终了时有冲击,因此只适用于低速、轻载和转角不大的场合。常用作通用机床的进给机构,自动机床的进给、送料机构,工作台或刀架的转位机构,还用作制动器及超越离合器等。

图5-5所示为牛头刨床上用于控制工作台横向进给的齿式棘轮机构,为了满足刨床工作台双向工作进给的工作要求,采用双向棘轮机构。具体工作原理如下。

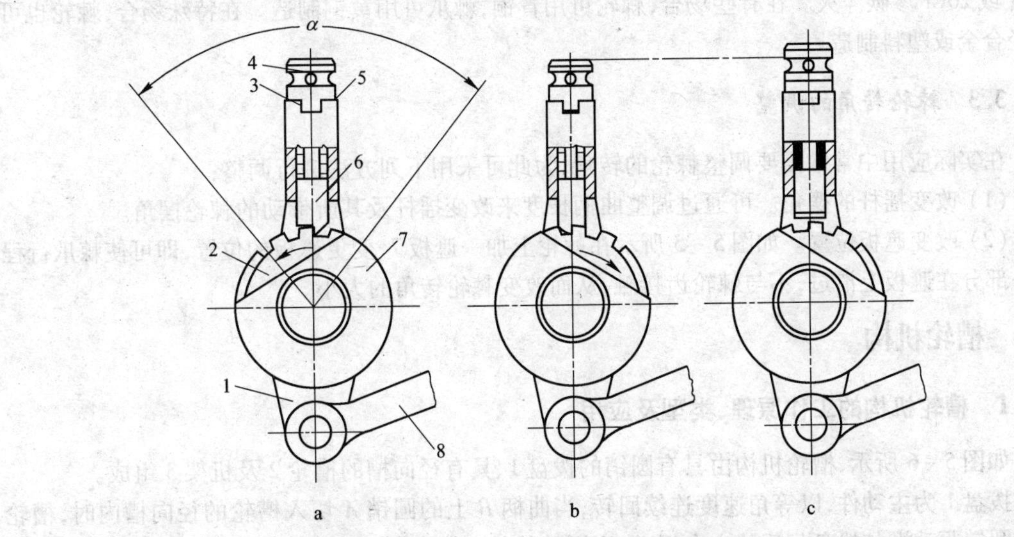

图5-5 牛头刨床工作台横向进给棘轮机构

a—逆时针间歇转动;b—顺时针间歇转动;c—停止不转动

1—摇杆;2—棘轮;3—凸边;4—手把;5—壳体平台;6—棘爪;7—遮板;8—连杆

当棘轮机构中的棘爪6处于图5-5a所示位置时,摇杆1做逆时针摆动,可拨动棘轮2和固联在棘轮上的横向进给丝杆轴逆时针转过一定角度,并带动丝杆螺母和固联在丝杆螺母上的刨床工作台横向移动一定的距离(进给量);当摇杆往回(顺时针)摆动时,棘爪在棘轮的齿背上滑过,棘轮停止转动,工作台停止移动,从而实现了刨床工作台的间歇进给运动。

若通过手把4提起棘爪,并转过180°后放下,如图5-5b所示,则同理可实现刨床工作台的反向工作进给。

若将棘爪从图5-5a或图5-5b位置提起,并转过90°后放下,如图5-5c所示,则由于手把的凸边3被架在壳体平台5上,使棘爪与棘轮脱离接触,则摇杆往复摆动时,棘爪不再拨动棘轮转动，于是刨床工作台停止横向进给运动。

调节曲柄的长度，可以改变摇杆摆角 α 的大小，从而改变摇杆往复摆动一次过程中棘轮转过的齿数 z，实现对进给量的调节。此外改变遮板 7 相对于棘轮的位置，可以罩住部分原来要被推动的棘齿，从而可以使棘爪每次拨动棘轮转过的齿数从 1 到 z 之间任意调节。

5.1.3 棘轮机构的主要参数、常用材料及转角调整

5.1.3.1 主要参数

棘轮机构的主要参数是棘轮的齿数 z 和模数 m。对于一般的棘轮机构，通常取 $z=8\sim30$。棘轮齿顶圆直径 d_a 与齿数 z 之比称为模数 m，它是反映棘轮轮齿大小的一个重要参数，其值已标准化，具体数值以及棘轮机构的几何尺寸计算可查阅《机械设计手册》。

5.1.3.2 常用材料

棘轮和棘爪的材料应具有良好的耐磨性和冲击韧性，一般采用 45 号钢或 40Cr 淬火，也采用 15Cr 或 20Cr 渗碳淬火。在有些场合，棘轮可用青铜，棘爪可用黄铜制造。在特殊场合，棘轮也可用轻合金或塑料制造。

5.1.3.3 棘轮转角的调整

在实际应用中常常需要调整棘轮的转角，为此可采用下列方法进行调整：

(1) 改变摇杆的摆角。可通过调整曲柄长度来改变摇杆及其所带动的棘轮摆角。

(2) 改变遮板位置。如图 5－5 所示在棘轮上加一遮板 7，变更遮板的位置，即可使棘爪行程的一部分在遮板上滑过，不与棘轮齿接触，从而改变棘轮转角的大小。

5.2 槽轮机构

5.2.1 槽轮机构的工作原理、类型及应用

如图 5－6 所示，槽轮机构由具有圆销的拨盘 1、具有径向槽的槽轮 2 及机架 3 组成。

拨盘 1 为主动件，以等角速度连续回转，当曲柄 B 上的圆销 A 切入槽轮的径向槽内时，槽轮即被圆销驱动沿与拨盘相反的方向运动；当圆销从径向槽内切出时，槽轮上的圆弧 β 与拨盘上的圆弧 α 贴合被锁住，故槽轮停止不动，直至拨盘上圆销 A 再进入槽轮的另一个径向槽时，两者又

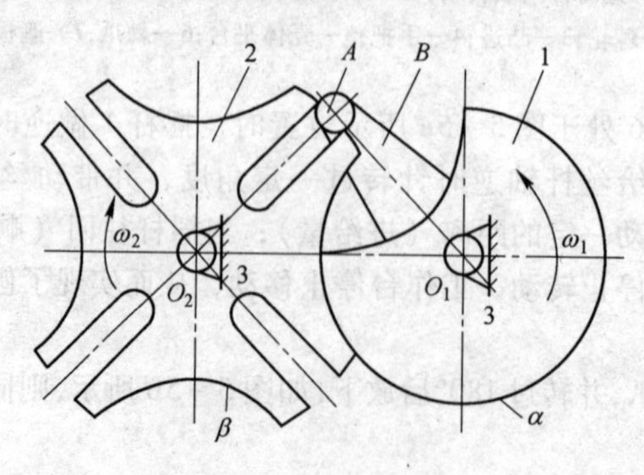

图 5－6 外槽轮机构

1—圆销拨盘；2—外槽轮；3—机架

重复上述的运动。这样,当主动件拨盘做连续转动时,槽轮便得到单向的间歇运动。它实质上是一个曲柄摆动导杆机构。

平面槽轮机构有两种类型:一种是外槽轮机构(图5-6),其槽轮径向槽的开口是自圆心向外,拨盘与槽轮转向相反;另一种是内槽轮机构(图5-7),其槽轮上径向槽的开口向着圆心,拨盘与槽轮的转向相同。

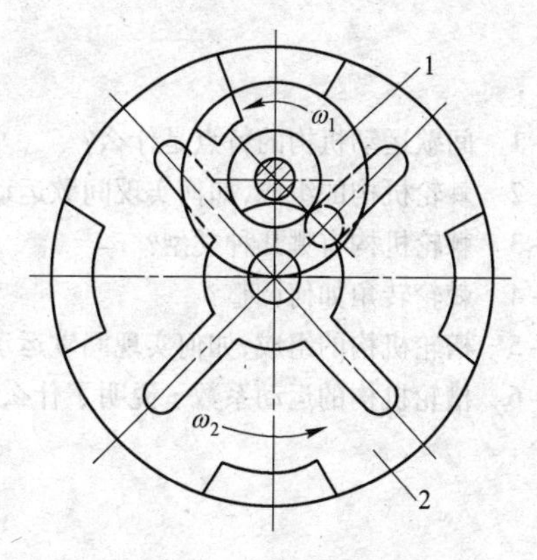

图5-7 内槽轮机构

1—圆销拨盘;2—内槽轮

槽轮机构结构简单,制造方便,工作可靠,在进入和脱离啮合时运动较平稳,能准确控制转动的角度;但槽轮的转角大小不能调节,而且在运动过程中的加速度变化较大,拨盘上圆销与槽轮的径向槽冲击较严重。故槽轮机构一般用于转速不高,要求间歇转动恒定角度的分度装置中。如机床上的转塔刀架(图5-8)利用槽轮机构更换工位,在电影放映机中用槽轮机构来间歇地移动电影胶片(图5-9)。

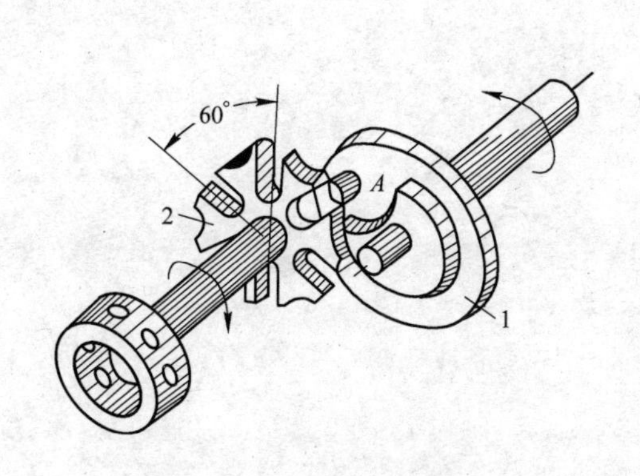

图5-8 转塔刀架换位槽轮机构

1—圆销拨盘;2—槽轮

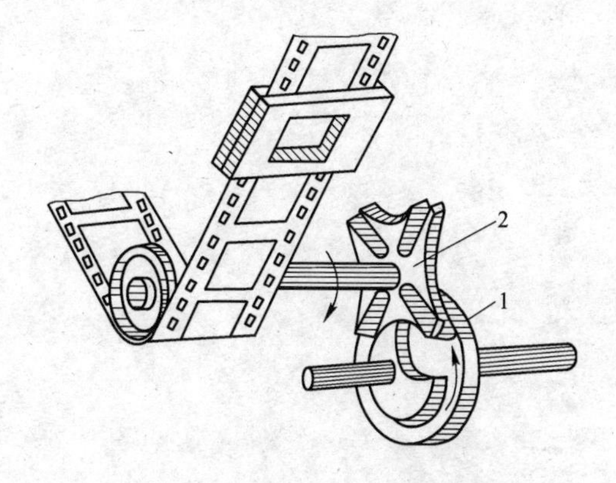

图5-9 放映机中用的槽轮机构

1—圆销拨盘;2—槽轮

5.2.2 槽轮机构主要参数和运动系数

(1) 槽数 z 和销数 k。槽轮上均布的径向槽数目 z 和拨盘上圆销的个数 k 是槽轮机构的主要参数。

(2) 运动系数。在一个运动周期内,槽轮的运动时间 t_d 与拨盘转动一周的总时间 t 之比称为槽轮机构的运动系数。对于外槽轮机构,槽数 z、销数 k 及运动系数 τ 三者之间的关系为

$$\tau=\frac{t_d}{t}=\frac{k(z-2)}{2z}=k\left(\frac{1}{2}-\frac{1}{z}\right) \tag{5-1}$$

显然,运动系数应大于零,因此由上式可知外槽轮径向槽的数目 z 应大于或等于3。对于单圆销外槽轮机构来说,$k=1$,其运动系数 τ 是小于0.5的,也就是说,在单圆销外槽轮机构中,槽轮的运动时间总是小于其静止的时间。

思考题

5－1　间歇运动机构的特点是什么？

5－2　棘轮机构的组成，如何实现间歇运动？

5－3　棘轮机构有哪几种类型？

5－4　棘轮转角如何调整？

5－5　槽轮机构的组成，如何实现间歇运动？

5－6　槽轮机构的运动系数 τ 说明了什么？它是否可以等于 1 或 0？

6 带 传 动

6.1 带传动的类型、特点及应用

带传动由带轮和张紧在带轮上的传动带组成，如图6-1所示。根据工作原理，可分为摩擦型带传动和啮合型带传动两类。摩擦型带传动依靠摩擦力传递运动和转矩，啮合型带传动依靠啮合力传递运动和转矩。

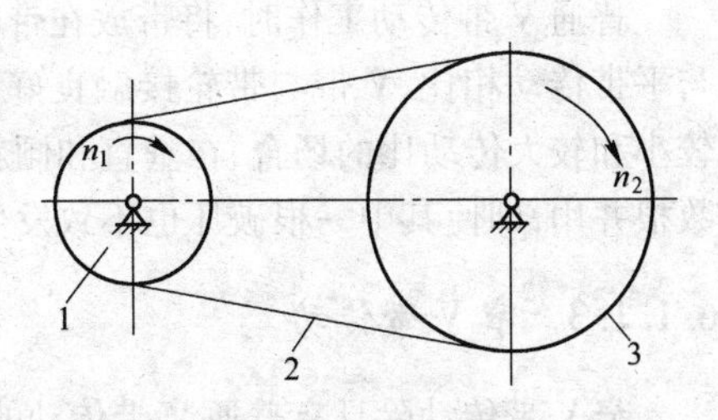

图6-1 带传动
1—主动带轮；2—传动带；3—从动带轮

6.1.1 摩擦型带传动

摩擦型带传动按照传动带的截面形状，可分成平带传动（图6-2a）、普通V带传动（图6-2b）、窄V带传动（图6-2c）、多楔带传动（图6-2d）以及圆带传动（图6-2e）等。

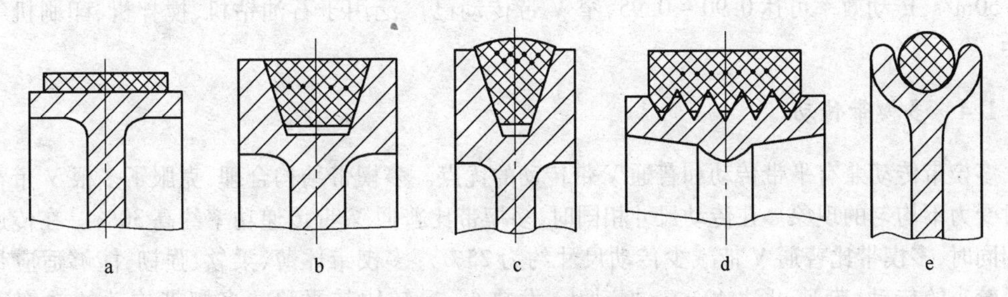

图6-2 摩擦型带传动
a—平带；b—普通V带；c—窄V带；d—多楔带；e—圆带

6.1.1.1 平带传动

平带传动工作时，将带套在平滑的轮表面上，借助带与轮表面之间的摩擦力进行传动。为适应主动轴与从动轴不同相对位置和不同旋转方向的需要，有开口传动（图6-3a）、交叉传动（图6-3b）和半交叉传动（图6-3c）3种形式。

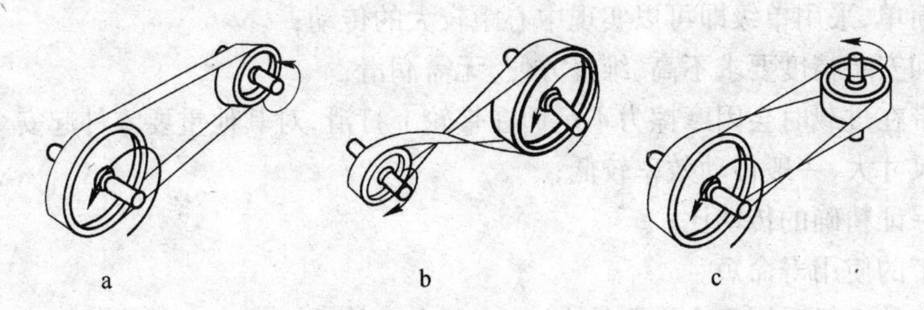

图6-3 平带传动的形式
a—开口传动；b—交叉传动；c—半交叉传动

平带有胶帆布平带、编织带、强力锦纶带和高速环形带等。胶帆布平带强度较高，传递功率范围广，应用最多；编织带挠性好，但易松弛，适于中、小功率的传动；强力锦纶带强度高，且不易松弛，适于大功率的传动；高速环形带制成无端环形，薄而软，挠性好，耐磨性好，传动平稳，专用于高速场合，如高精度高速磨床、电影放映机、精密包装机等。

常见的胶帆布平带为整卷出售的有端带，使用时根据所需长度截取，并将其端部联接成环形。

6.1.1.2　普通V带传动

普通V带传动工作时，将带放在带轮上相应的轮槽内，靠带与轮槽两侧面的摩擦实现传动。与平带传动相比，V带与带轮接触良好，不容易打滑，传动比相对稳定，运行平稳，适用于中心距较小和较大传动比的场合，在垂直和倾斜的传动中也能较好地工作，应用广泛。普通V带通常是数根并用，即使其中一根破坏也不致发生事故。本章着重讨论普通V带传动。

6.1.1.3　窄V带传动

窄V带传动除具有普通V带传动的优点外，在结构和性能方面还有突出之处。如图6-2所示，窄V带的横向尺寸小于普通V带，顶面拱起，承受载荷的抗拉体位置较高，底胶高度增大，两侧面呈内凹形，表面采用柔性包布。因此，在传动尺寸相同时，窄V带比普通V带的传递功率大50%～150%；在传递相同的功率时，窄V带比普通V带的传动尺寸减少50%，允许的带速可达40～50m/s，传动效率可达0.90～0.95，窄V带传动已广泛用于石油钻机、搅拌机、印刷机等机械中。

6.1.1.4　多楔带传动

多楔带传动兼有平带传动和普通V带传动的优点。多楔带结构合理，克服了多根V带在传动时受力不均匀的现象。在传动尺寸相同时，多楔带比普通V带传递功率约高30%。在传递功率相同时，多楔带比普通V带减少传动尺寸约为25%。多楔带体薄、柔软、强韧，能够适应带轮直径较小的传动，带速可达40m/s，振动小，发热少，运转比较平稳。多楔带传动的效率可达0.92～0.97。多楔带传动已在高速钻床、高精度磨床、多孔钻床、纺织机械当中获得广泛使用。

6.1.1.5　圆带传动

圆带传动传递的功率较小，多用于缝纫机、录音机、牙科医疗器械等轻、小型机械。

综上所述，摩擦型带传动的特点主要有：

(1) 传动带富有挠性，起缓冲吸振作用，传动平稳无噪声；

(2) 结构简单，采用单级即可以实现中心距较大的传动；

(3) 制造和安装精度要求不高，维修方便，无需润滑；

(4) 传动带在过载时会因摩擦力不足而在带轮上打滑，对其他重要零件起安全保护作用；

(5) 外廓尺寸大，一般传动效率较低；

(6) 不能保证精确的传动比；

(7) 传动带的使用寿命短。

摩擦型带传动一般适用于中心距较大，功率不大和传动比不要求精确的场合。

6.1.2 啮合型带传动

同步带传动是由同步带和同步带轮组成的啮合型带传动,如图6-4所示。同步带的工作面制成齿形,与轮缘表面有齿的同步带轮做啮合传动。同步带一般采用细钢丝作抗拉体,外面包覆聚氨酯或氯丁橡胶。

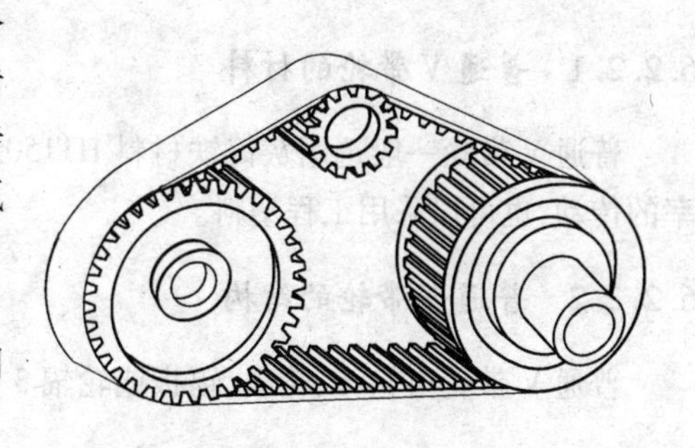

图6-4 同步带传动

同步带传动的主要特点是:

(1) 抗拉体受载后变形极小,故带与带轮之间无相对滑动,传动比恒定、准确;

(2) 同步带薄而轻,速度可达40m/s,可用于速度较高的场合;

(3) 结构紧凑,耐磨性好;

(4) 由于初拉力小,故承载能力也不大;

(5) 制造和安装精度要求高,中心距要求严格;

(6) 传动效率高,可达0.93~0.98。

同步带传动主要用于汽车、电影放映机、打印机、录像机以及纺织机械当中。

6.2 普通V带和V带轮

6.2.1 普通V带

普通V带是一种横截面为梯形的环形传动带,根据国家标准可分为Y、Z、A、B、C、D、E等7种型号,横截面积依次增加。

普通V带的构造如图6-5所示,由顶胶、抗拉体、底胶及包布4个部分组成。带在带轮上受到弯曲变形时,顶胶伸长,底胶缩短,带的长度保持不变的层面称为节面。抗拉体是带工作时的主要承载部分,有帘布芯(图6-5a)和胶绳芯(图6-5b)两种结构,胶绳芯结构柔韧性比帘布芯结构好,适于带轮直径较小、转速较高的场合。如果采用聚氨酯、锦纶等材料作为绳芯,承载能力可以进一步提高。包布的作用是起保护作用。

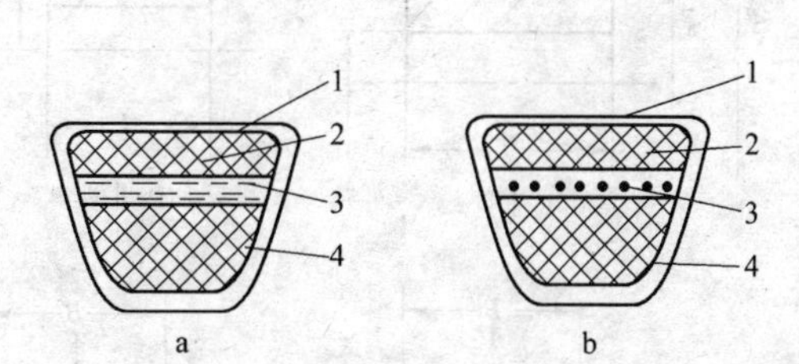

图6-5 普通V带结构

a—帘布结构;b—绳芯结构

1—包布;2—顶胶;3—抗拉体;4—底胶

普通V带的工作面是两侧面,楔角 $\alpha=40°$。带绕带轮时,由于弯曲作用,带的楔角有所减小。因此,为保持带与带轮的良好接触,带轮上的槽角 φ 一般也相应有所减小。带的节面宽度称为节宽,用 b_p 表示。带轮上与节宽相对应的直径,称为基准直径,用 d_d 表示。普通V带在规定的张紧力下,位于测量带轮基准直径上的周长,称为基准长度,用 L_d 表示,并作为带的公称长度。各型号普通V带的长度已系列化。

V带的标记型式为:截面型号、基准长度、标准号。

例如:截面型号为A型,基准长度 $L_d=1600$mm的普通V带,其标记为:A1600GB/T 1171—1996。

6.2.2 普通 V 带轮

6.2.2.1 普通 V 带轮的材料

普通 V 带轮一般选用灰铸铁材料 HT150 或 HT200；高速时采用钢或铝合金材料；低速、小功率的传动，也可以采用工程塑料。

6.2.2.2 普通 V 带轮的结构

普通 V 带轮由轮缘、轮毂、辐板或轮辐 3 部分构成。

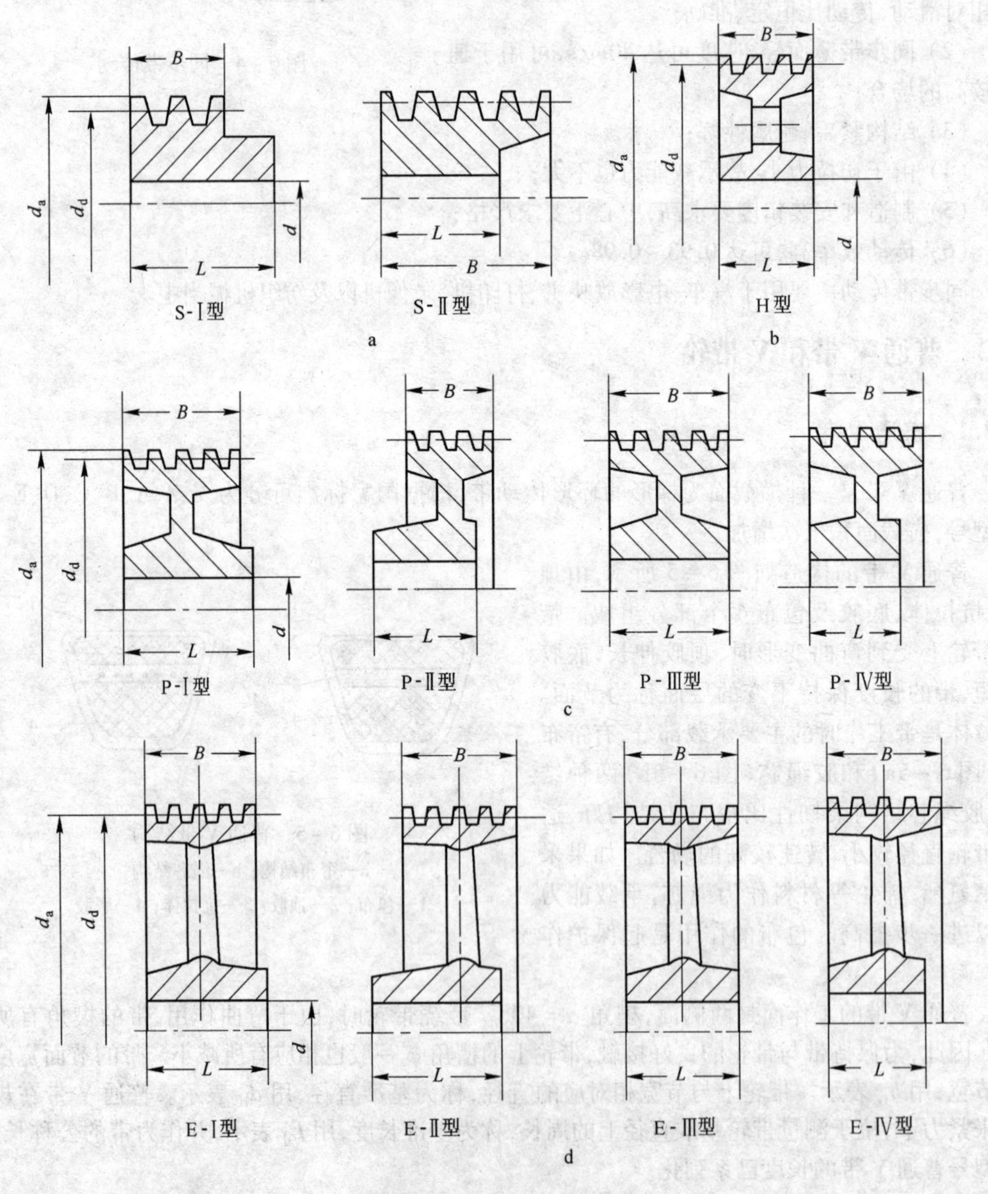

图 6－6 V 带轮结构

a—S 型实芯带轮；b—H 型孔板式带轮；c—P 型辐板式带轮；d—E 型轮辐式带轮

轮缘:即V带轮的外缘部分,轮缘上有轮槽以安装普通V带。轮槽的夹角有34°、36°、38°三种,略小于V带的两侧面夹角,这是因为V带绕在胶带轮上弯曲时,胶带外缘受拉,横向变窄,而内周受压,横向变宽,所以两侧面的夹角小于40°。

轮毂:即带轮与轴的配合部分。

辐板或轮辐:辐板或轮辐是连接轮缘与轮毂的部分。

带轮根据辐板或轮辐的不同,分为以下四种:

(1) S型实芯带轮。适用于直径较小的胶带轮。一般用于 $D<200$mm(见图6-6a)。

(2) H型孔板式带轮。在辐板轮的辐板上做有减轻重量孔的带轮称为孔板轮。适用于较大直径的带轮,一般用于 $D>300$mm(见图6-6b)。

(3) P型辐板式带轮。适用于中等直径的胶带轮,一般 $D<300$mm(见图6-6c)。

(4) E型轮辐式带轮。它是由几条椭圆截面的轮辐,将轮缘和轮毂连接起来的带轮。轮辐式带轮仅适用于成批生产的特大直径的带轮(见图6-6d)。

V带轮的标记格式为:名称、带轮槽形、轮槽数×基准直径、带轮结构型式代号、标准编号。

例如:A型槽,4轮槽,基准直径200mm,P-Ⅱ型辐板的V带轮,其标记为:带轮 A4×200 P-Ⅱ GB 10412—89。

6.3 带传动的安装与维护

6.3.1 带传动的安装

6.3.1.1 装配时的主要技术要求

(1) 带轮的歪斜和跳动要符合要求。带轮装配时,其歪斜和跳动量应符合工艺要求,通常允许其径向跳动量为 $(0.0025\sim0.005)D$、端面跳动量为 $(0.0005\sim0.001)D$,D 为带轮外径。

(2) 两带轮中间平面应重合。其倾斜角和轴向偏移量不得超过规定要求。

(3) V带的张紧力大小要适当。张紧力过小,不能传递所需功率;张紧力太大,带、轴承都会因受力过大而加速磨损,并降低传动效率,张紧力的大小一般由经验确定。

(4) 传动轴两轴的平行度公差为0.15/1000。

6.3.1.2 带轮的装配

带轮孔和轴的联接,一般采用过渡配合,并用键或螺纹固定。

在安装带轮前,必须清除表面上的污物,涂上机油,再用木锤敲打或用螺旋紧固,将带轮装到轴上。大型带轮的装配可在压力机上进行。装配完毕应检查带轮在轴上的安装位置及其与V带轮相互位置的正确性。

带轮安装的正确性,可用划线盘或百分表检查V带轮的径向和端面的跳动量来衡量。

带轮相互位置不正确,会引起张紧不均匀和加快磨损。检查的方法是:中心距较大的,可用拉绳法;中心距不大的,可用长直尺测量。

6.3.1.3 带的安装

在安装传动带时,先将V带套在小带轮槽中,然后转动大胶带轮,用起子将带拨入大带轮槽中。装好的V带不应隐没到槽底或凸出在轮槽外,V带在轮槽中的位置如图6-7所示。

6.3.2 带传动的张紧

传动带在运行前张紧在带轮上，带轮两侧均受到初拉力，在初拉力的作用下，胶带经过一段时间的运转之后，会由于塑性变形而松弛，使初拉力逐渐降低，导致带传动的工作能力不断下降。因此，必须定期检查带传动初拉力的数值，如有不足，应重新张紧，保证带传动正常工作。

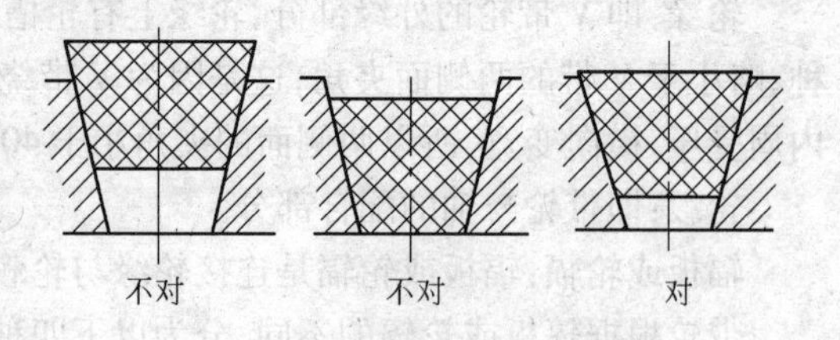

图6－7　V带在轮槽中的位置

图6－8为带的两种定期张紧装置，都是通过改变带传动的中心距来调节带的初拉力。图6－8a为滑道式，适于水平或倾斜不大的传动。基板1上有滑道，调节时先松开螺母2，旋动调节螺钉3使电动机连同带轮右移到适当位置，然后拧紧螺母2。图6－8b为摆架式，适于垂直或接近垂直的传动。

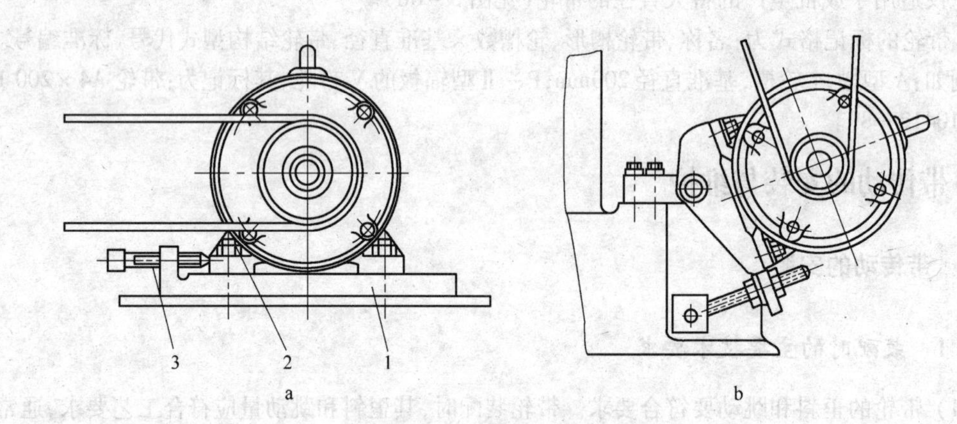

图6－8　带的定期张紧装置

a—滑道式；b—摆架式

图6－9所示为带的自动张紧装置，电动机安装在可绕固定轴摆动的浮动架上，利用电动机的自重自动保持带的初拉力。

图6－10所示为带的张紧轮装置，适于中心距不能调节的情况。张紧轮一般放在松边的内侧，使带只受单向弯曲作用，还应尽量靠近大带轮，使小带轮上的包角不致受到更大影响。普通

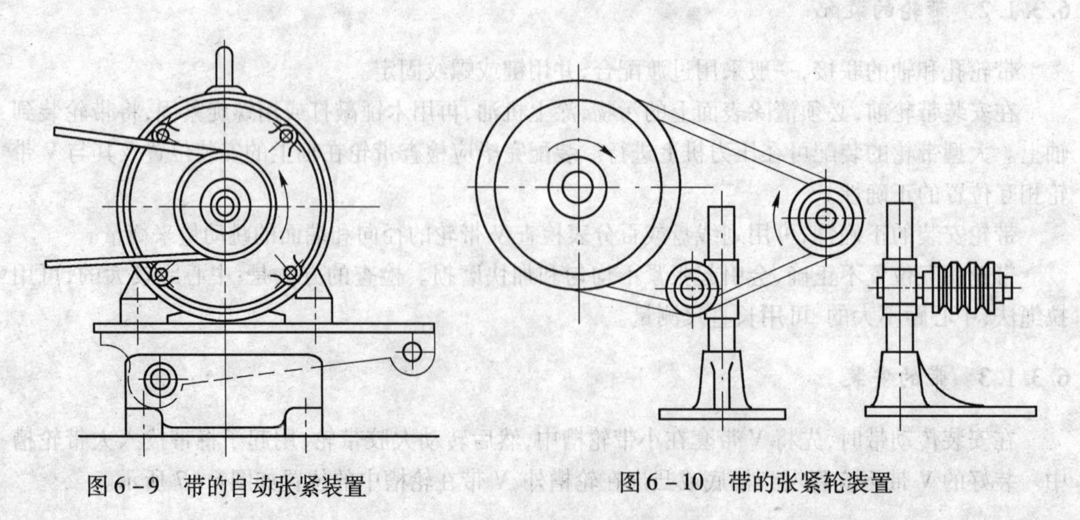

图6－9　带的自动张紧装置　　　图6－10　带的张紧轮装置

V带张紧轮的轮槽尺寸与带轮相同,但直径小于小带轮。

6.3.3　带传动的失效形式及维护

带传动的主要失效形式是带的打滑和疲劳破坏。

6.3.3.1　弹性滑动

带传动工作时,设小带轮(主动轮)以恒定的圆周速度 v_1 运转,并带动带的紧边以相同的速度 v_1 运动,进入接触弧的起点(切点)A,见图6-11。当传动带随带轮继续由 A 向 B 方向转动时,即由紧边转向松边时,其拉力也将由 F_1 逐渐减小为 F_2,使带的单位长度的伸长量随之减小,故带在与带轮一起前进的同时又相对于带轮产生向后的弹性收缩,使带速由 v_1 下降到 v_2(松边带速)。在大带轮(从动轮)上,由传动带带动大带轮以圆周速度 v_2 由 C 向 D 方向运转,带的拉力将由 F_2 上升到 F_1,使带单位长度的伸长量增加,传动带将相对于带轮产生向前的弹性滑动,带速由 v_2 上升为 v_1。这种由带的弹性变形所引起的带与带轮间局部的微量滑动现象称为带的弹性滑动。带传动所传递的有效圆周力 F_t 越大,弹性滑动现象就越显著。弹性滑动不仅造成功率损耗、效率降低及磨损加剧,而且导致从动轮圆周速度下降,使带传动的传动比不准确。由带传动的工作原理可知,弹性滑动是不可避免的。

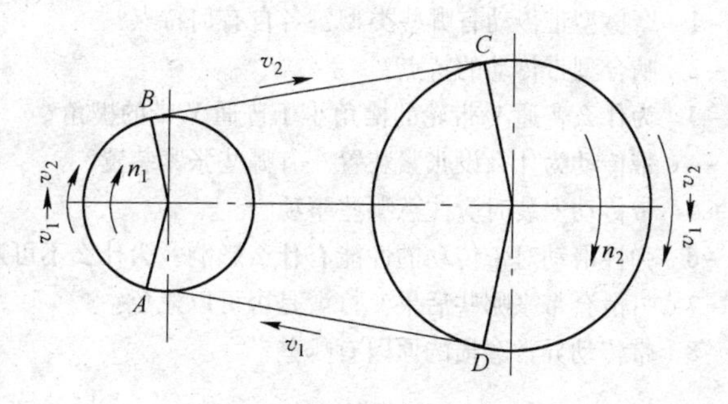

图6-11　带传动的弹性滑动

6.3.3.2　打滑

如果带传动所传递的有效圆周力 F_t 达到或超过极限值 F_{max} 时,带与带轮在全部接触表面上均产生相对滑动,这种现象称为打滑。打滑使带发生严重磨耗,温升加剧,运行失稳,传动失效。为保证带传动的正常工作,应当避免产生打滑现象。

6.3.3.3　带传动异常磨损的原因

(1) 型号选择不正确;

(2) 带轮轮槽的楔形面加工精度与加工尺寸不合乎质量标准要求;

(3) 传动带单根或少数根初拉力大,也就是说传动带单根或少数根受力不等。应进行全面检查和调整,特别是要保证每根传动带承受的载荷基本相等。

6.3.3.4　带传动使用和维护方面应注意的问题

(1) 传动带应避免阳光直晒和雨水浸淋,避免与酸、碱、油及有机溶剂接触,存放时应悬挂在架子上,避免受压变形,带传动装置要安装安全防护罩,这样,既可防止绞伤人,又可防止润滑油等落到皮带上。此外,使用防护罩还可以防止胶带在烈日暴晒和环境高温作用下使皮带过早老化。若发现胶带上有油污,可用温水或用1.5%的稀碱溶液洗净。

(2) 带传动应进行定期检查,发现不能使用的传动带应及时进行更换。

(3) 新带和旧带不能混装,一根损坏应全部更换为新带。套装带时应先将中心距缩小,然后再将带张紧,不得强行撬入。

思考题

6－1　摩擦型带传动有哪些类型？各自有何特点？

6－2　啮合型带传动的特点？

6－3　为什么普通 V 带轮的槽角小于普通 V 带的楔角？

6－4　带传动为什么设张紧装置？有哪些张紧装置？

6－5　带传动安装时应注意哪些事项？

6－6　弹性滑动对带传动的性能有什么影响？为什么不可避免？

6－7　打滑会带来哪些后果？打滑是否可以避免？

6－8　带传动异常磨损的原因有哪些？

7 链 传 动

链传动是由主动链轮1、从动链轮2及连接链轮的链条3组成(图7-1),用以传递平行轴之间的运动和动力。

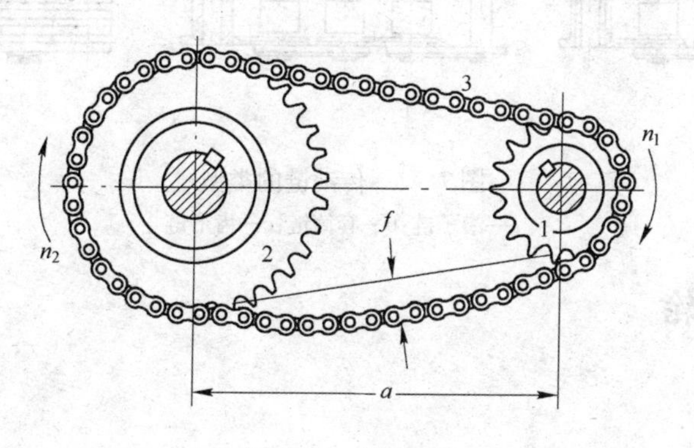

图7-1 链传动

1—主动链轮;2—从动链轮;3—链条

7.1 链传动的特点、类型与结构

7.1.1 链传动的特点

链传动是一种具有中间挠性件的啮合传动,兼有带传动和齿轮传动的一些特点。

(1) 链传动与带传动比较。链传动的平均传动比准确,传动效率较高,结构较紧凑,能在较大中心距和较大传动比下工作,对环境的适应性强;链条的磨损伸长比较缓慢,对轴的作用力较小,装拆比较方便,张紧调节量较小。但在要求噪声小、无法采用润滑油、中心距很大、转速很高的情况下,不如带传动。

(2) 链传动与齿轮传动比较。链传动的制造与安装精度要求较低;链轮齿受力状况较好,强度较高,磨损也较轻;链传动具有较好的缓冲及吸振性能。但在要求中心距小、瞬时传动比恒定、传动比大、噪声小及转速极高的情况下,不如齿轮传动。

由上述比较可见,链传动的适用范围很广。在中心距大、平均传动比要求准确的传动,环境恶劣的开式传动,冲击和振动大的传动,大载荷的低速传动,润滑良好的高速传动等场合,都可以采用链传动。摩托车、叉车、挖掘机、联合收割机等都应用了链传动。

7.1.2 链传动的类型

按照用途的不同,链条可以分为3种基本类型:

(1) 传动链——用于传递运动和动力;

(2) 起重链——用于起重机械和建筑机械中提升重物;

(3) 输送链——用于输送机械中输送或搬运物料。

根据结构的不同，传动链又分为滚子链、套筒链和齿形链等种类，如图 7 - 2 所示。其中，最常用的是滚子链。

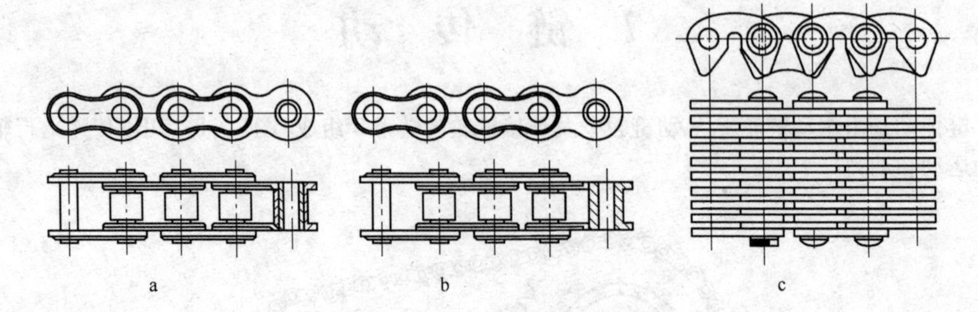

图 7 - 2　传动链的类型

a—滚子链；b—套筒链；c—齿形链

7.2　滚子链与链轮

7.2.1　滚子链

如图 7 - 3 所示，滚子链由内链板 1、外链板 2、销轴 3、套筒 4 和滚子 5 组成。内链板与套筒以过盈配合联接构成内链节，外链板与销轴也以过盈配合联接构成外链节，内链节与外链节之间通过套筒和销轴以间隙配合构成转动副，使链条啮入或啮出链轮时，内链节与外链节相对自由回转。滚子的作用不仅使链条与链轮每次啮合的部位都发生变化，形成滚动摩擦，而且滚子和套筒之间所贮存的润滑油还起着缓和链条与链轮接触瞬间冲击的作用。

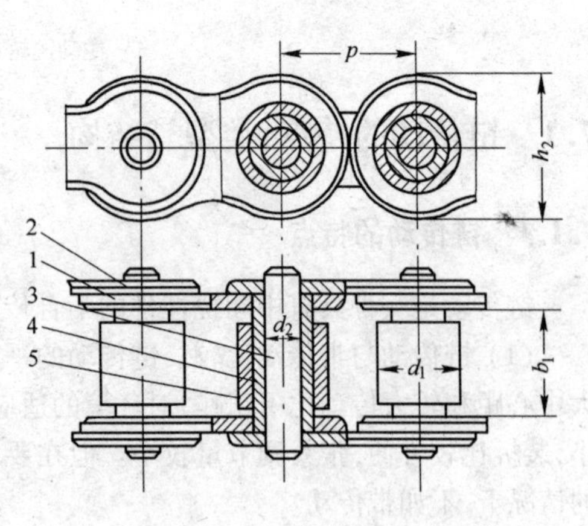

图 7 - 3　滚子链的结构

1—内链板；2—外链板；3—销轴；4—套筒；5—滚子

链条上相邻两销轴中心的距离 p 称为节距，它是链条的主要参数。传动链由若干链节首尾相联，当链节数为偶数时，内链板和外链板首尾相接，可以用开口销或弹簧卡等将销轴锁紧（图 7 - 4a、b）；当链节数为奇数时，就要采用过渡链节（图 7 - 4c）进行联接。因过渡链节的弯链板在工作中产生附加弯曲应力，故尽量取链节为偶数。滚子链还

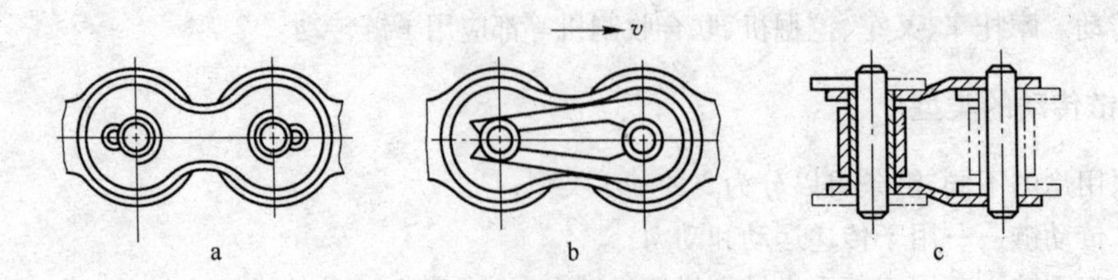

图 7 - 4　滚子链的接头

a—开口销式；b—弹簧卡式；c—过渡链节式

有单排和多排之分。

滚子链已标准化，有 A、B 两种系列。部分传动用短节距精密滚子链的主要尺寸见表 7 - 1。

表 7 - 1 部分传动用短节距精密滚子链的主要尺寸

链 号	节 距 p/mm	滚子直径 d_1/mm max	内链节内宽 b_1/mm min	销轴直径 d_2/mm	内链板高度 h_2/mm max	抗拉载荷 Q_{min}/kN		单排质量 q/kg · mm^{-1}
08A	12.7	7.92	7.85	3.98	12.07	13.8	27.6	0.6
10A	15.875	10.16	9.4	5.09	15.09	21.8	43.6	1.0
12A	19.05	11.91	12.57	5.96	18.08	31.1	62.3	1.5
16A	25.4	15.88	15.75	7.94	24.13	55.6	111.2	2.6
20A	31.75	19.05	18.9	9.54	30.18	86.7	173.5	3.8
24A	38.1	22.23	25.22	11.14	36.2	124.6	249.1	5.6

滚子链的标记方法为："链号 - 排数 × 链节数 标准编号"。例如：A 系列，节距 25.4mm、双排、128 节的滚子链标记为：16A - 2 × 128GB/T 1243—1997。

7.2.2 滚子链链轮

链轮由轮毂、轮辐和轮缘三部分组成。轮缘上轮齿的齿廓曲线应当保证链条顺利地啮入与啮出，并具有足够的容纳链条节距伸长的能力，有利于防止链条跳动而脱链。

滚子链链轮已标准化。根据结构尺寸的不同，滚子链链轮可以有整体实心式（图 7 - 5a）、整体孔板式（图 7 - 5b）、焊接式（图 7 - 5c）和螺栓连接式（图 7 - 5d）等。

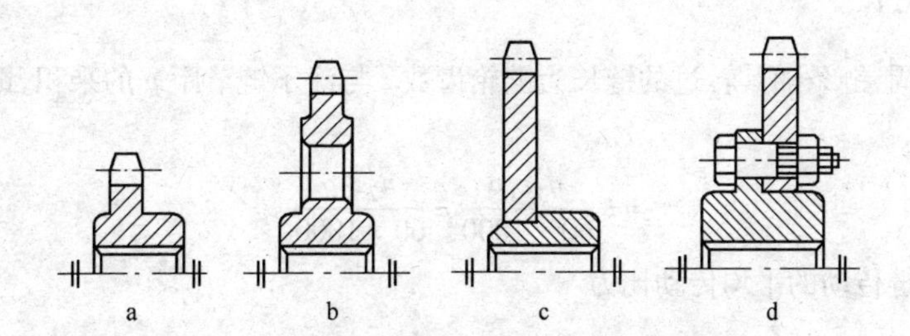

图 7 - 5 滚子链链轮结构

a—整体实心式；b—整体孔板式；c—焊接式；d—螺栓连接式

与链条相比，链轮强度较大。一般换 2 ~ 3 次链条才换一次链轮。链轮轮齿应有足够的耐磨性和强度。因为小链轮比大链轮啮合次数多、冲击大，所以应该选择更好的材料。

无剧烈振动和冲击的链轮，可以选用 40、50 号钢等淬火、回火；有动载荷及传递较大功率的链轮，应采用 15Cr、20Cr 渗碳淬火、回火；使用优质链条的重要链轮，要采用 35SiMn、40Cr 等淬火、回火；中速、中载链轮也可以选用 HT150。

7.3 链传动的运动特性和主要参数

7.3.1 运动特性

整挂链条虽然是一个挠性件，但就每个链节来说却是刚性的。因此当链传动工作时，链节与链轮的啮合区内的链条将曲折成正多边形的一部分，见图7－6。可将链轮视为正多边形，其边长等于节距p，边数等于链轮齿数z，正多边形的中心为链轮的回转中心。链节的中心线时而与链轮的分度圆[$d_1 = p/\sin(\pi/z)$]相割，时而与之相切，呈交替变化；通过分析链节I的铰链a在图7－6a、b、c三个位置的运动可知，其水平分速度v(链速)和垂直分速度v'都呈周期性变化，链条沿水平方向时快时慢，沿垂直方向时上时下，从而产生振动和附加的动载荷，这一特性称为链传动的"多边形效应"。

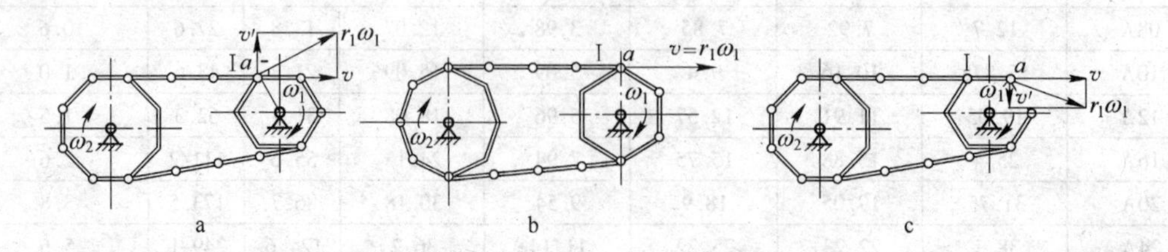

图7－6　链传动运动分析

a—位置1；b—位置2；c—位置3

因此，当主动链轮以ω_1等速转动时，导致从动链轮以ω_2变速转动。主动链轮转速越高、链轮的齿数越少，链条节距越大，这种运动的不均匀性就越显著，使得链传动的动载荷也越大，啮合时引起惯性冲击。因此，为减轻链传动的运动不均匀性和动载荷对其他传动的影响，在传动系统中一般将链传动安排在低速级。

7.3.2　主要参数

7.3.2.1　传动比i

链轮每转一周，链条随其转过的链长为链轮齿数z与滚子链节距p的乘积，链条的平均速度(m/s)为

$$v = \frac{n_1 z_1 p}{60 \times 1000} = \frac{n_2 z_2 p}{60 \times 1000} \tag{7-1}$$

由上式可得链传动的平均传动比为

$$i = \frac{n_1}{n_2} = \frac{z_2}{z_1} \tag{7-2}$$

通常滚子链的传动比$i \leqslant 6$，推荐采用$i = 2 \sim 3.5$。

由于"多边形效应"，链传动的瞬时传动比是变化的。

7.3.2.2　链轮齿数z_1和z_2

小链轮齿数较少时，可以减小传动装置的外廓尺寸，但齿数过少会使链传动的运动不均匀性增强，动载荷增大，铰链磨损加快，功率消耗增多，链的工作拉力及轴和轴承所受的动载荷增加。所以链轮的齿数一般不宜过少，$z_{min} = 17$。

链轮齿数过多时，传动装置的外廓尺寸增大，重量增加，链条与链轮接触次数增多而加快磨损。链节铰链的磨损使实际节距增大，容易发生跳链或脱链。所以大链轮的齿数不宜过多，$z_{max} = 150$。

7.3.2.3 滚子链节距 p

节距 p 大,链传动的工作能力强,但平稳性差、动载荷增大,噪声加剧,传动的结构尺寸也增大。因此,在满足承载能力的前提下,减小多边形效应,应尽量选用小节距单排链;在高速重载的场合,可选用小节距多排链。

7.4 链传动的安装与维护

7.4.1 链传动的安装

7.4.1.1 链传动的布置

一般使链条的紧边在上、松边在下;两链轮的轴线必须平行;两链轮的轴心连线最好在同水平面,若必须采用上下布置时,应不在同一铅垂面内。

7.4.1.2 链传动的安装要求

对于蜡封的链条应去蜡并用柴油清洗干净,对于预润滑的链条可以直接安装使用。链条在装上链轮前应进行盘啮检验,过紧或过松的链条都不能安装使用。链条安装后应使松边有一定的初垂度。

链轮安装时,应保证各轴水平并互相平行,各链轮在同一平面内,避免偏斜和跳动。

7.4.1.3 链传动的张紧

链条在使用过程中因磨损而逐渐伸长,结果使松边垂度变大,发生振跳、爬高和跳齿等现象,因此应当将链条适当张紧。采用中心距可调试结构、装设张紧轮(图 7-7a)及采用弹簧钢带(图 7-7b)等方法都能使链条张紧。

如果没有上述调整及张紧装置,往往采用缩短链长的方法重新张紧链条。

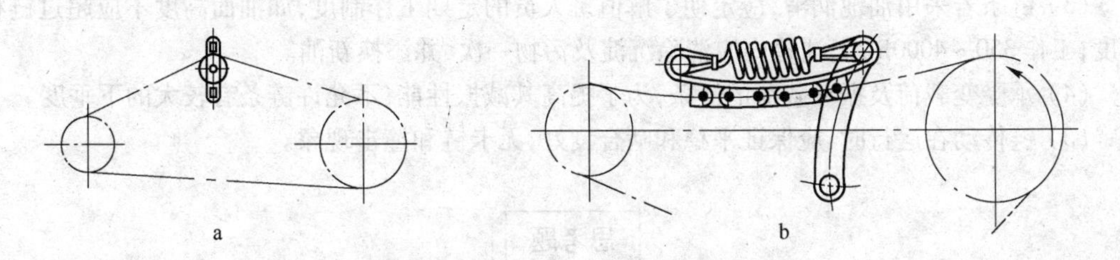

图 7-7 链传动的张紧方法

a—装设张紧轮;b—采用弹簧钢带

7.4.2 链传动的失效形式及维护

7.4.2.1 套筒滚子链传动的失效形式和润滑

套筒滚子链传动的主要失效形式有以下五种情况:

(1) 链的疲劳破坏。链的元件在交变应力作用下(链板的拉和弯,滚子、套筒的冲击和接触应力)经过一定的循环次数,链板发生疲劳断裂、滚子表面出现疲劳点蚀和疲劳裂纹。

（2）链条铰链的磨损。链条铰链在啮入和脱离轮齿时，在铰链的销轴与套筒间有相对滑动，引起磨损，使链节的实际节距变长（两销轴中心距）、啮合点沿齿高外移，最后产生跳齿和脱链现象。

（3）多次冲击破断。工作中链条由于反复启动、制动或受重复冲击载荷时，承受较大的动载荷，经过多次冲击，滚子、套筒和销轴最后产生冲击破断。

（4）胶合。速度很高时，在铰链的销轴和套筒的工作表面产生胶合。胶合在一定程度上限定了链传的极限转速。

（5）过载拉断。在低速重载时或有突然巨大过载时它是主要的失效形式。

润滑是影响链传动工作及寿命的重要因素之一。在链节内部有润滑油的存在并形成油膜，能缓和冲击振动，减少摩擦、磨损及铰链的伸长。同时，良好的润滑，能够减少铰链内部的温度。因此，必须十分重视铰链的润滑方法、润滑条件、润滑制度的实施。

通常，链传动的润滑方式有四种：

1）定期润滑：用于 $v \leqslant 4m/s$ 和不重要的传动，加油时间间隔为 15 ~ 25h。此法常用。

2）定期浸油润滑：此法是将链条浸于加热稀释的润滑剂中，工作 120 ~ 180h 浸油一次。常用于 $v \leqslant 8m/s$ 的各种运输机械的传动中。此法虽麻烦但润滑可靠。

3）滴油润滑：$v \leqslant 10m/s$，用油壶和滴油器将润滑油滴在链上。此法较普遍使用。

4）连续润滑法：用于 $v < 6 \sim 12m/s$ 的传动。可用油池来润滑；当 $v > 12m/s$ 时，可用油泵循环给油。此结构较复杂。

链传动润滑时，应设法将油注入内外链片之间、内链片与滚子之间以及铰链内部，润滑油应加在从动链边上，因为它在这时处于较松弛的状态，润滑油容易进入摩擦面之间。

7.4.2.2 链传动的维护工作

（1）必须定期检查链的拉伸情况，一般利用张紧装置将其拉紧。

（2）铰链使用润滑脂时，必须取下链条浸泡在汽油或煤油里刷洗干净，晾干后再浸在油脂中润滑。在链条重新套上以前，必须洗净链轮，并检查链轮的磨损。

（3）链条若采用油池润滑，应定期了解值班人员的定期工作制度，如油面高度不应超过链板高度；工作 350 ~ 4000h 后，油箱内应清除沉淀及污物一次，并添换新油。

（4）承受变载荷及振动载荷的链条，为了提高其减振性能，不允许链条有较大的下垂度。

（5）链传动在运行时，应保证平稳和啮合良好，无卡链和撞击现象。

思考题

7－1　链传动与带传动、齿轮传动比较有哪些优缺点？

7－2　标记：“16A－2×128GB/T 1243—1997”的含义是什么？

7－3　滚子链由哪些元件组成？各元件间的配合关系如何？

7－4　什么是链传动的“多边形效应”？如何减轻“多边形效应”？

7－5　什么是滚子链的节距？

7－6　链传动常见的张紧方法有哪几种？

7－7　链传动的主要失效形式有哪些？

7－8　链传动的润滑方式有哪四种？如何选择？

8 齿轮传动

8.1 齿轮传动的特点和类型

齿轮传动是现代各种机械中最常用的传动方式之一,它可以用来传递扭矩和运动,改变转速的大小和方向,还可把转动变为移动。

8.1.1 齿轮传动的特点

齿轮传动的主要优点是:传动效率高、传递的速度和功率范围大、传动比准确、使用寿命长、工作可靠、结构紧凑。

齿轮传动的主要缺点是:制造和安装精度要求高、精度低时振动和噪声大、不适用于轴间距离较远的传动、成本较高。

8.1.2 齿轮传动的类型

齿轮传动按两轴的相对位置可分为平行轴齿轮传动(圆柱齿轮传动)、相交轴齿轮传动(锥齿轮传动)和交错轴齿轮传动,如图 8－1 所示。

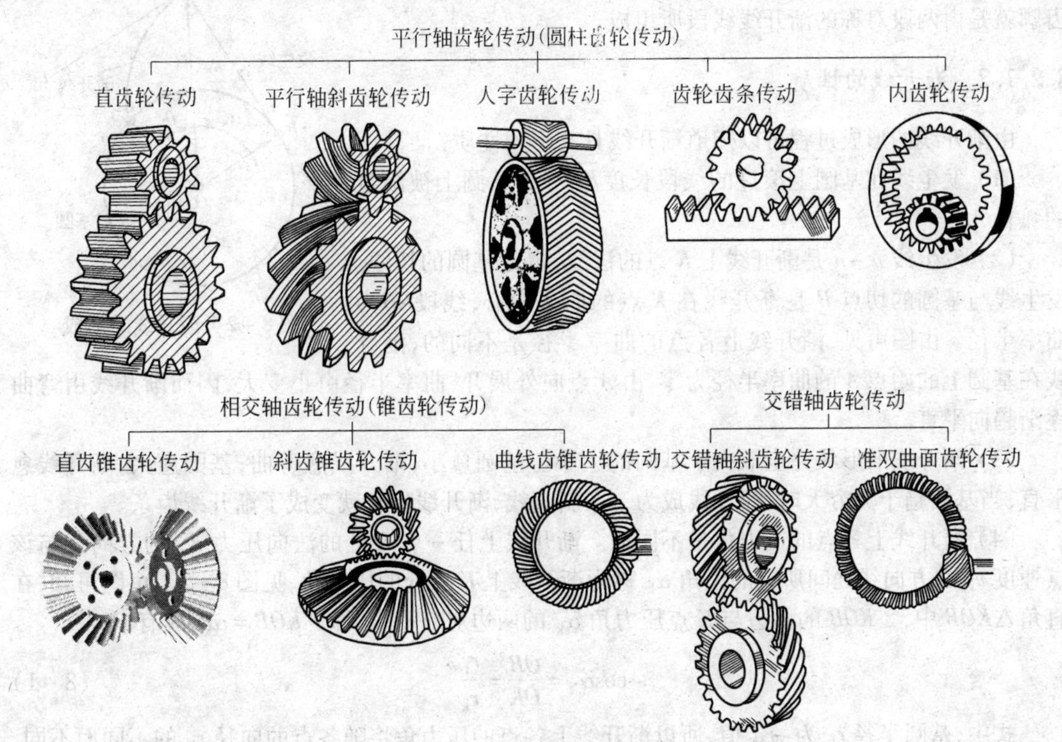

图 8－1 齿轮传动类型

按齿轮轮齿的齿廓曲线形状可分为渐开线齿轮传动、摆线齿轮传动和圆弧齿轮传动。本章只讨论应用最广的渐开线齿轮传动。

按齿轮的工作条件可分为:

(1) 开式齿轮传动。齿轮无箱无盖地暴露在外,故不能防尘且润滑不良,因而轮齿易于磨损,寿命短,只能用于低速或低精度的场合,如水泥搅拌机齿轮、卷扬机齿轮等。

(2) 闭式齿轮传动。齿轮安装在密闭的箱体内,故密封条件好,且易于保证良好的润滑,使用寿命长,均用于较重要的场合,如机床主轴箱齿轮、汽车变速箱齿轮、减速器齿轮等。

(3) 半开式齿轮传动。介于开式齿轮和闭式齿轮传动之间,通常在齿轮的外面安装有简易的罩子,虽没有密封性,但也不致使齿轮暴露在外。如车床挂轮架齿轮等。

8.2　渐开线直齿圆柱齿轮

能保证齿轮传动比准确的齿廓有多种,考虑到啮合性能、加工工艺、互换使用等因素,目前最常用的是渐开线齿廓。

8.2.1　渐开线及其性质

8.2.1.1　渐开线的形成

如图 8-2 所示,当一直线 $n-n$ 沿半径为 r_b 的圆做纯滚动时,此直线上的任意一点 K 的轨迹 AK 曲线称为该圆的渐开线,该圆称为基圆,而直线 $n-n$ 称为发生线。渐开线齿轮轮齿两侧的齿廓就是由两段对称的渐开线线段所组成。

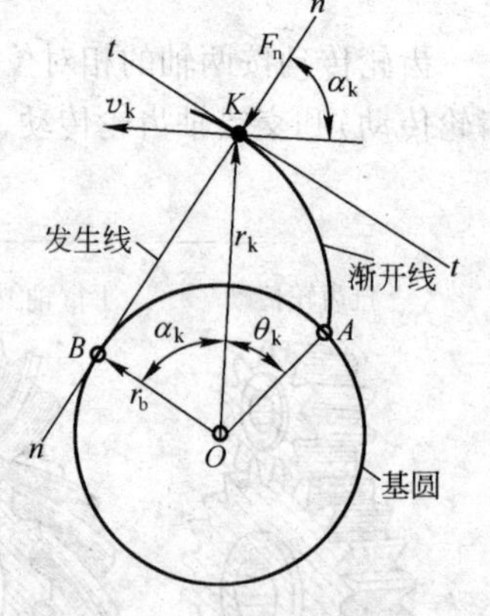

图 8-2　渐开线的形成

8.2.1.2　渐开线的性质

由渐开线的形成过程可以知道渐开线具有下列性质:

(1) 发生线在基圆上滚过的线段长度$\overline{KB}$等于基圆上被滚过的弧长 $\overset{\frown}{AB}$。

(2) 发生线 $n-n$ 是渐开线上 K 点的法线,也是基圆的切线。发生线与基圆的切点 B 是渐开线在 K 点的曲率中心,线段$\overline{KB}$为曲率半径。由图可见,渐开线上各点的曲率半径是不同的;渐开线在基圆上的始点 A 的曲率半径为零,由 A 点向外展开,曲率半径由小变大,因而渐开线由弯曲逐渐趋向平直。

(3) 渐开线的形状完全取决于基圆的大小。基圆愈小,渐开线愈弯曲;基圆愈大,渐开线愈平直;当基圆趋于无穷大时,渐开线成为一条斜直线,渐开线齿轮就变成了渐开线齿条。

(4) 渐开线上各点的压力角是不同的。渐开线上任一点 K 处的法向压力 F_n 的方向线与该点速度 v_k 的方向线之间所夹的锐角 α_k 称为渐开线上 K 点处的压力角,见图 8-2。由图可知,在直角△KOB 中,∠KOB 的两边与 K 点压力角 α_k 的两边对应垂直,即∠$KOB=\alpha_k$,故有

$$\cos\alpha_k=\frac{OB}{OK}=\frac{r_b}{r_k} \tag{8-1}$$

式中,基圆半径 r_b 为一定值,所以渐开线上各点的压力角将随各点的向径 r_k 的不同而不同,在基圆上($r_b=r_k$)的压力角为零度,K 点离基圆愈远,r_k 愈大,压力角 α_k 也愈大。压力角的大小将直接影响一对齿轮的传力性能,所以它是齿轮传动中的一个重要参数。

（5）基圆以内无渐开线。

8.2.2 渐开线标准直齿圆柱齿轮的基本参数

8.2.2.1 齿轮各部分的名称

图8-3所示为一渐开线标准直齿圆柱外齿轮的一部分。齿轮上均匀分布的参与啮合的凸起部分称为齿。每个齿都具有由同一基圆上展出的对称分布的渐开线齿廓。

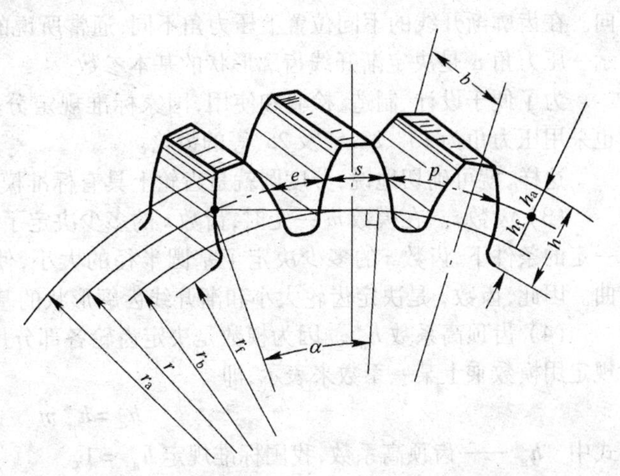

图8-3 直齿圆柱外齿轮各部分名称

（1）齿数。齿轮上轮齿的总数称为齿数，用 z 表示。

（2）齿槽。相邻两个轮齿之间的空间称为齿槽。

（3）齿顶圆、齿根圆。过齿轮各齿顶端所作的圆称为齿顶圆，其半径和直径分别用 r_a 和 d_a 表示。过齿轮各齿槽底面所作的圆称为齿根圆，其半径和直径分别用 r_f 和 d_f 表示。

（4）齿距、齿厚、齿槽宽。在任意半径 r_K 的圆周上，相邻两齿同侧齿廓之间的弧长称为该圆上的齿距，用 p_K 表示。顺便指出，半径为 r_b 的基圆上的齿距，用 p_b 表示。在任意半径 r_K 的圆周上，轮齿的弧线长称为该圆上的齿厚，用 s_K 表示，而齿槽的弧线长称为该圆上的齿槽宽，用 e_K 表示。显然，$p_K = s_K + e_K$。

（5）齿宽。齿轮轮齿部分的宽度，用 b 表示。

（6）分度圆。为了确定齿轮各部分的几何尺寸，在齿顶圆和齿根圆之间选择一个基准圆，称该圆为齿轮的分度圆，其半径和直径分别用 r 和 d 表示。分度圆上的齿距、齿厚和齿槽宽，简称为齿距、齿厚和齿槽宽，分别用 p，s 和 e 表示，因此，$p = s + e$。

（7）齿顶高、齿根高。分度圆将齿轮轮齿分成齿顶和齿根两部分。齿顶圆与分度圆之间的部分称为齿顶，其径向高度称为齿顶高，用 h_a 表示；分度圆与齿根圆之间的部分称为齿根，其径向高度称为齿根高，用 h_f 表示。齿顶圆与齿根圆之间的径向高度称为齿高，用 h 表示。显然，$h = h_a + h_f$。

8.2.2.2 渐开线直齿圆柱齿轮的基本参数

（1）模数 m。由齿轮分度圆周长为 $\pi d = zp$ 可知，分度圆直径 $d = zp/\pi$。式中含有无理数 π，它将给齿轮的设计、制造、检验及使用等带来不便。因此，将比值 p/π 人为地规定为一有理数列，并称之为模数，用 m 表示，即

$$m = \frac{p}{\pi}(\mathrm{mm}) \tag{8-2}$$

从而得出

$$d = mz(\mathrm{mm}) \tag{8-3}$$

国家标准中已规定了模数的系列值。

在齿数相同时，模数越大，轮齿也越大，其抗弯能力也越强。因此，模数是齿轮强度计算的一

个重要参数。

(2) 压力角 α。压力角是物体运动方向与受力方向所夹的角。齿轮工作时,齿廓任一点的受力方向应是该点与基圆相切的齿廓法线方向,而运动方向则是基圆中心与该点连线的垂直方向。在齿廓渐开线的不同位置上压力角不同,通常所说的压力角是指分度圆上的压力角,用 α 表示。压力角 α 是决定渐开线齿廓形状的基本参数。

为了便于设计、制造、检验和使用,国家标准规定分度圆上的压力角 $\alpha=20°$。在某些场合,也采用压力角为 15°、22.5°及 25°等的齿轮。

这样,就可确切地说,分度圆就是齿轮上具有标准模数和标准压力角的圆。

(3) 齿数 z。在模数 m 一定时,齿数 z 的多少决定了齿轮分度圆的大小。在模数 m、压力角 α 一定的条件下,齿数 z 的多少决定了基圆半径的大小,使得渐开线齿廓形状比较平直或比较弯曲。因此,齿数 z 是决定齿轮大小和渐开线齿廓形状的基本参数。

(4) 齿顶高系数 h_a^*。因为模数是决定齿轮各部分尺寸的基本参数,所以可将轮齿的齿顶高规定用模数乘上某一系数来表示,即

$$h_a = h_a^* m \tag{8-4}$$

式中　h_a^*——齿顶高系数,我国标准规定 $h_a^*=1$。

(5) 顶隙系数 c^*。一对齿轮啮合时,一个齿轮的齿顶圆到另一个齿轮的齿根圆之间的径向距离称为顶隙,用 c 表示

$$c = c^* m \tag{8-5}$$

式中　c^*——顶隙系数,我国标准规定 $c^*=0.25$。

顶隙可以防止啮合齿轮彼此之间的齿顶与齿槽相抵触,还有利于储存润滑剂。

综上所述,可以引入标准齿轮概念:模数、压力角、齿顶高系数和顶隙系数均为标准值的齿轮称为标准齿轮。标准齿轮的主要特征之一是分度圆上的齿厚 s 与槽宽 e 相等。故有

$$p = s + e = 2s = 2e \quad 或 \quad s = e = \frac{p}{2} \tag{8-6}$$

根据上述 5 个基本参数就可以计算出标准直齿圆柱齿轮各部分的几何尺寸。

一对模数和压力角均相等的标准齿轮安装时,若使两轮的分度圆相切,即节圆与分度圆重合,则称为标准安装。

显然,在标准安装条件下,两轮间的径向间隙均为

$$c = h_f - h_a = (h_a^* + c^*)m - h_a^* m = c^* m \tag{8-7}$$

两轮间的中心距为

$$a = \frac{1}{2}(d_1 + d_2) = \frac{1}{2}m(z_1 + z_2) \tag{8-8}$$

式中　c、a——分别称为标准径向间隙和标准中心距。

需要指出,分度圆和压力角是对单个齿轮而言,而节圆和啮合角是对一对齿轮啮合传动时而言。所以分度圆与节圆、压力角和啮合角分别为两个不同的概念,不能混淆。但当一对标准齿轮在标准安装时,其分度圆与节圆重合,啮合角等于压力角。

8.2.3　渐开线标准直齿圆柱齿轮的啮合传动

要使一对渐开线直齿圆柱齿轮能够正确地、连续地啮合传动,必须满足下列两方面的条件。

8.2.3.1　正确啮合条件

设 m_1、m_2 和 α_1、α_2 分别为两齿轮的模数和压力角,则一对渐开线直齿圆柱齿轮的正确啮合

条件是：

$$\left.\begin{aligned} m_1 = m_2 = m \\ \alpha_1 = \alpha_2 = \alpha \end{aligned}\right\} \tag{8-9}$$

即两轮的模数和压力角必须分别相等。

于是，一对渐开线直齿圆柱齿轮的传动比又可表达为

$$i = \frac{\omega_1}{\omega_2} = \frac{n_1}{n_2} = \frac{d_2}{d_1} = \frac{mz_2}{mz_1} = \frac{z_2}{z_1} \tag{8-10}$$

即其传动比不仅与两轮的分度圆直径成反比，也与两轮的齿数成反比。

8.2.3.2 连续传动条件

为了保证一对渐开线齿轮能够连续传动，前一对啮合轮齿在脱开啮合之时，后一对轮齿必须进入啮合。即同时啮合的轮齿对数必须有一对或一对以上。传动的连续性可用重合度 ε 定量反映，它表示一对齿轮在啮合过程中，同时参与啮合的轮齿的平均对数。因此，连续传动条件为：重合度必须不小于1，即：

$$\varepsilon \geqslant 1$$

重合度 ε 是齿轮传动中一个非常重要的性能指标。重合度 ε 越大，意味着同时参与啮合的轮齿对数越多，每对轮齿承受的载荷越小，提高了齿轮传动的平稳性和承载能力。

8.3 斜齿圆柱齿轮传动

8.3.1 齿廓啮合特点

如图 8－4a 所示，直齿轮在啮合过程中，两轮的齿面在任一瞬时的接触线均是平行于轴线的等长线段，载荷沿全齿宽突然加上或卸下，故传动的平稳性较差，冲击和噪声较大。

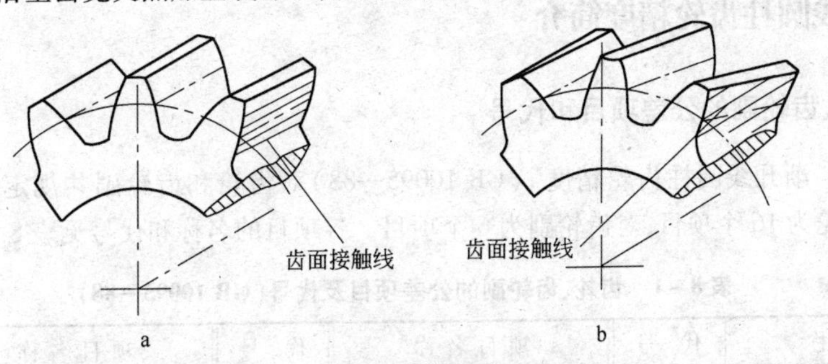

图 8－4 直齿轮和斜齿轮的接触线

a—直齿轮；b—斜齿轮

斜齿轮的齿廓曲面是渐开线螺旋面。如图 8－4b 所示，一对斜齿轮的齿面接触线是倾斜于轴线的不等长线段，在啮合过程中，先是由短变长，然后由长变短，直至脱离啮合。因此，斜齿轮传动同时啮合的轮齿对数多，重合度大，传动平稳，承载能力大，常用于高速重载传动。

8.3.2 主要参数

为了分析方便，将斜齿轮沿分度圆柱面展开，如图 8－5 所示。在展开平面上，斜齿轮的螺旋线变成直线，图中阴影部分为轮齿，空白部分为齿槽。可见，斜齿轮的齿形有端面（垂直于齿轮轴线的平面）和法面（垂直于螺旋面的平面）之分。

（1）螺旋角 β。斜齿轮的螺旋线与轴线之间的夹角称为斜齿轮分度圆柱上的螺旋角，用 β 表示。β 越大，斜齿轮的优点就越明显；但在啮合中所产生的轴向力也越大，常取 $\beta=8°\sim20°$。

（2）模数 m_n 和 m_t。如图8-5所示，法向齿距 p_n 与端面齿距 p_t 之间的关系为

$$p_n = p_t\cos\beta \qquad (8-11)$$

将上式两端同时除以 π，根据模数的定义有

$$m_n = m_t\cos\beta \qquad (8-12)$$

图8-5　斜齿轮展开图

则 m_n 和 m_t 分别表示法向模数和端面模数，其中，法向模数 m_n 规定为标准值。

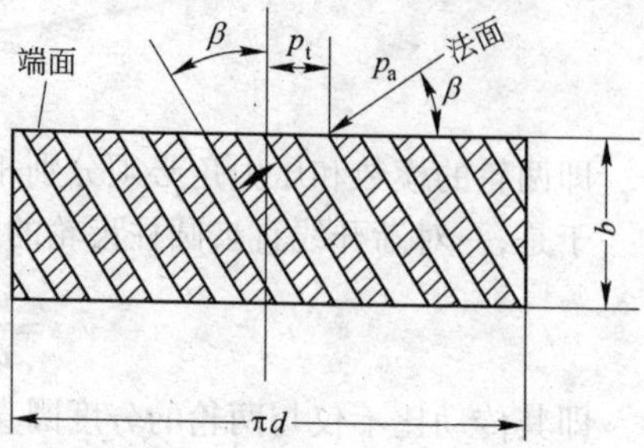

（3）压力角 α_n 和 α_t。斜齿轮在分度圆上的压力角也有法向压力角 α_n 和端面压力角 α_t 之分，两者之间的关系为

$$\tan\alpha_n = \tan\alpha_t\cos\beta \qquad (8-13)$$

式中，规定法向压力角 α_n 为标准值：$\alpha_n=20°$。

8.3.3　正确啮合条件

对于外啮合斜齿圆柱齿轮传动，只有两齿轮的法向模数和法向压力角分别相等、两轮的分度圆柱螺旋角数值相等且旋向相反时才能保证正确啮合，即

$$\left.\begin{aligned} m_{n1} &= m_{n2} = m_n \\ \alpha_{n1} &= \alpha_{n2} = \alpha_n \\ \beta_1 &= -\beta_2 \end{aligned}\right\} \qquad (8-14)$$

8.4　渐开线圆柱齿轮精度简介

8.4.1　齿轮、齿轮副的公差项目和代号

国家标准“渐开线圆柱齿轮精度”（GB 10095—88）对齿轮和齿轮副共规定了22个公差项目，其中对齿轮为16个项目，对齿轮副为6个项目。各项目的名称和代号见表8-1。

表8-1　齿轮、齿轮副的公差项目及代号（GB 10095—88）

项目名称	代号	项目名称	代号	项目名称	代号
1. 切向综合公差	F'_i	11. 齿向公差	F_β	17. 齿轮副的切向综合公差	F'_{ic}
2. 一齿切向综合公差	f'_i	12. 接触线公差	F_b		
3. 径向综合公差	F''_i	13. 轴向齿距极限偏差	$\pm F_{px}$	18. 齿轮副的一齿切向综合公差	f'_{ic}
4. 一齿径向综合公差	f''_i	14. 螺旋线波度公差	$\pm f_{f\beta}$		
5. 齿距累积公差	F_p	15. 齿厚极限偏差		19. 齿轮副的接触斑点	—
k个齿距累积公差	F_{pk}	上偏差	E_{ss}	20. 齿轮副的侧隙	j_t
6. 齿圈径向跳动公差	F_r	下偏差	E_{si}		j_n
7. 公法线长度变动公差	F_w	16. 公法线平均长度极限偏差		21. 齿轮副的中心距极限偏差	$\pm f_a$
8. 齿形公差	f_f				
9. 齿距极限偏差	$\pm f_{pt}$	上偏差	E_{wms}	22. 轴线的平行度公差	f_x
10. 基节极限偏差	$\pm f_{pb}$	下偏差	E_{wmi}		f_y

8.4.2 精度等级

国家标准对齿轮及齿轮副的各公差项目均规定了12个精度等级。第1级的精度最高，第12级的精度最低。齿轮副中两个齿轮的精度等级一般取成相同，也允许取成不相同。齿轮常用的精度等级为6~9级。

8.4.3 齿轮的各项公差(和极限偏差)的分组和检验分组

对齿轮传动的使用要求主要有四项：传递运动的准确性，传动的平稳性，载荷分布的均匀性(以上三项属于精度要求)以及齿侧间隙的合理性。

一般说来，齿轮传动的用途不同，其使用要求也不同。对于仪器、仪表中的读数齿轮，机床中的分度齿轮等，它们工作时传力小、速度低，这类齿轮的使用要求主要是传递的运动要正确，即要求较高的运动精度。对于汽车、飞机等机械中的动力齿轮，其传递的功率很大，转速也很高，这类齿轮的使用要求主要是传动时应平稳、无冲击、振动和噪声，即要求有较高的平稳性精度。对于矿山、冶金、起重等机械中的齿轮，其传递的扭矩很大，但转速一般较低，这类齿轮的使用要求主要是齿面接触良好，即要求较高的接触精度。

为此国家标准根据各公差项目对三类传动精度的不同影响相应分为三个公差组。主要反映运动精度的第Ⅰ公差组；主要反映工作平稳性精度的第Ⅱ公差组；主要反映接触精度的第Ⅲ公差组，见表8-2。在具体检测时，不必检测公差组中的全部公差项目，只需检测检验分组中的任意一组(一项或两项)合格即可。

显然，根据具体的使用要求，各公差组可以选用相同或不同的精度等级。

表8-2 齿轮公差项目分组

公 差 组	公差(或极限偏差)项目	检 验 分 组
Ⅰ	$F'_i, F_p, F_{pk}, F''_i, F_r, F_w$	$\Delta F'_i$；ΔF_r 与 ΔF_w 等
Ⅱ	$f'_i, f''_i, f_f, \pm f_{pt}, \pm f_{pb}, \pm f_{f\beta}$	$\Delta f'_i$；Δf_f 与 Δf_{pb} 等
Ⅲ	$F_\beta, F_b, \pm F_{px}$	ΔF_β

8.4.4 齿轮副的检验和公差

8.4.4.1 接触斑点

齿轮副的接触斑点反映接触精度，故接触斑点的分布位置和大小合格时，单个齿轮的第Ⅲ公差组项目可不予考核。

8.4.4.2 侧隙要求

为了保证齿轮副在啮合传动时，不因工作温升造成热变形而卡死，也不因齿轮副换向时有过大的空行程而产生冲击、振动和噪声，为此要求齿轮副的轮齿齿侧之间在法向(传动方向)上留有一定的间隙，称为侧隙。即一方面应保证必要的最小极限侧隙(j_{nmin})，另一方面应控制最大极限侧隙(j_{nmax})。

齿轮副的侧隙取决于轮齿的厚度和齿轮副的中心距。因此规定了14种齿厚的极限偏差，分别用代号C、D、E、F、G、H、J、K、L、M、N、P、R、S表示，其极限偏差值均取齿距极限偏差f_{pt}的倍数，见表 8 - 3。与此同时，又规定了中心距的极限偏差 $\pm f_a$（f_{pt}、$\pm f_a$ 的值参见 GB 10095—88）。

表 8 - 3　齿厚极限偏差（f_{pt}的倍数）

偏差代号	C	D	E	F	G	H	J	K	…
偏差值	+1	0	-2	-4	-6	-8	-10	-12	…

8.4.5　齿轮精度在图样上的标注

在齿轮零件图上应标注齿轮的精度等级和齿厚极限偏差的代号。

例如 7FL，表示齿轮的三个公差组的精度等级均为 7 级，其齿厚上、下偏差分别为 F 和 L。

又如 7 - 6 - 6GM 表示齿轮的第Ⅰ公差组的精度等级为 7 级，第Ⅱ、第Ⅲ公差组的精度等级均为 6 级。齿厚的上、下偏差分别为 G 和 M。

8.5　齿轮传动的失效形式和齿轮材料

8.5.1　齿轮传动的失效形式

因为齿轮直接参与啮合的部分是轮齿，所以齿轮的失效主要出现在轮齿上。轮齿的主要失效形式有以下四种。

（1）轮齿折断。轮齿类似悬臂梁，受载后齿根部所产生的弯曲应力最大。在载荷的重复作用下，有显著应力集中作用的齿根过渡圆角处，在受拉伸一侧将产生疲劳裂纹。随着啮合的继续，裂纹不断扩展，如果轮齿剩余截面上的应力超过其极限应力，将导致疲劳折断，断口分成表面光滑的疲劳扩展区和表面粗糙的瞬时折断区两部分。齿宽较小的直齿轮常发生整体折断，齿宽较大的直齿轮或斜齿轮常发生局部折断。

轮齿疲劳折断是闭式硬齿面钢齿轮传动和铸铁齿轮传动的主要失效形式。防止轮齿疲劳折断，可以采取增大过渡圆角半径、降低齿根处表面粗糙度值、对齿根进行喷丸处理、对齿轮材料进行适当的热处理等措施。

如果轮齿在工作中受到短时意外的严重过载，则导致过载折断，断口一般较粗糙。为防止轮齿过载折断，除应注意避免意外的严重过载外，还可在传动系统中设置安全联轴器等保护装置。

（2）齿面点蚀。轮齿的工作齿面在过高的循环变化的接触应力反复作用下产生疲劳裂纹，润滑油进入其中形成高压，促使裂纹不断扩展蔓延，导致齿面上有小块金属脱落，形成麻点状小凹坑，这种齿面疲劳损伤称为齿面点蚀。点蚀一般出现在节线附近的齿根表面，严重时会产生强烈振动和噪声，使齿轮不能正常工作。

齿面点蚀是润滑良好的闭式软齿面（硬度不大于 350HBS）齿轮传动中最常见的失效形式。对于闭式硬齿面（硬度大于 350HBS）齿轮传动，因为其齿面接触疲劳强度高，一般不易出现点蚀，但是一旦出现点蚀就会迅速扩展，造成破坏。开式齿轮传动齿面磨损较快，所以一般不会出现齿面点蚀。

保持齿面接触应力小于轮齿材料的疲劳极限，就可以避免破坏性的齿面点蚀。另外，还可以采取提高材料的硬度、提高润滑油的黏度、采用适宜的添加剂等措施来防止齿面疲劳点蚀。

（3）齿面磨损。在齿轮传动中，随着工作条件的变化会出现多种齿面磨损形式。如果砂粒、金属屑等颗粒进入啮合齿面，会造成磨料磨损。磨损使齿厚减薄、侧隙加大，造成冲击，降低弯曲强度，严重时使轮齿过载折断。

齿面磨料磨损是开式齿轮传动的主要失效形式。采用合适的润滑和密封方式及高黏度的润滑油，选用合适的齿轮材料并提高齿轮精度，减小齿面粗糙度值等，都有助于减轻齿面磨损。

(4) 齿面胶合。在齿轮传动中，相啮合的齿面在一定的温度和压力作用下，形成局部熔焊，随着齿面的相对运动，导致较软齿面上的金属撕落，形成沟痕，造成齿面胶合。胶合时振动和噪声增大，齿轮很快失效。

高速重载和低速重载齿轮传动都可能发生胶合。提高齿面硬度，减小齿面粗糙度值，保证良好的润滑，采用有抗胶合添加剂的润滑剂等，都有利于减缓或防止齿面胶合。

8.5.2 齿轮材料

选择齿轮材料时，要综合考虑齿轮所受载荷的大小和性质、齿轮圆周速度的高低、工作场所的环境、外廓尺寸及重量等方面的因素。

制造齿轮的材料主要是锻钢，其次是铸钢、铸铁，有时也采用粉末合金、有色金属及非金属材料。

齿轮毛坯若采用锻钢，按热处理方式的不同，可分为两类。

(1) 正火或调质钢齿轮。采用经正火或调质处理后的锻钢切齿而成，因齿面硬度不超过350HBS，故称为软齿面齿轮，常用于对齿轮的尺寸和精度要求不高的传动中；由于小齿轮轮齿的啮合次数比大齿轮多，为使大小齿轮的寿命接近相等，对软齿面齿轮，推荐小齿轮的齿面硬度比大齿轮高30 ~ 50HBS。

(2) 表面硬化钢齿轮。锻钢切齿后经表面淬火、渗碳淬火、氮化等表面硬化处理，由于热处理变形较大，一般要经磨齿等精加工。因齿面硬度超过350HBS，故称为硬齿面齿轮，其承载能力高于软齿面齿轮，常用于高速、重载、精密的齿轮传动中。随着硬齿面齿轮加工技术的发展，软齿面齿轮将有可能被硬齿面齿轮所取代。

铸钢的耐磨性和强度均较好，用于制造直径较大、形状复杂、不易锻造的齿轮。

铸铁的抗冲击能力较差、强度较低，主要用于制造在低速、平稳、小功率条件下工作，对尺寸和重量无严格要求的开式齿轮。

8.6 圆柱齿轮的规定画法和零件图

齿轮轮齿的齿廓曲线是渐开线，所以要按真实投影画出齿轮是非常困难的，为此国家标准“齿轮画法”(GB 4459.2—84)中规定了机械图样中齿轮的画法。

8.6.1 单个齿轮的画法

单个齿轮的画法规定如下：

(1) 齿顶圆和齿顶线用粗实线绘制，见图8 - 6a；

(2) 分度圆和分度线用点划线绘制；

(3) 齿根圆和齿根线用细实线绘制，也可省略不画；

(4) 在剖视图中，当剖切平面通过齿轮的轴线时，轮齿一律按不剖绘制。此时齿根线应用粗实线绘制，见图8 - 6b、c；

(5) 当需要表示齿线的形状时，可用三条与齿线方向一致的细实线表示，见图8 - 6c。直齿则不需要表示，见图8 - 6a、b；

(6) 表示齿轮一般用两个视图，见图8 - 6a、b；或者用一个视图和一个局部视图，见图8 - 6c。

至于齿轮轮齿以外的轮毂、轮辐和轮缘等部分的结构仍应按真实投影画出。

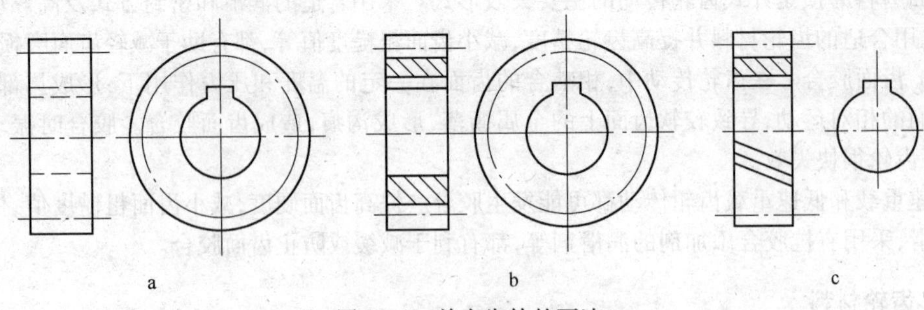

图 8-6 单个齿轮的画法

a、b—直齿轮；c—斜齿轮

8.6.2 一对圆柱齿轮的啮合画法

一对圆柱齿轮的啮合画法规定如下：

(1) 在投影为非圆的视图上，一般画成剖视图（剖切平面通过两啮合齿轮的轴线）。在啮合区两齿轮的分度线重合为一条线，画成点划线；两齿轮的齿根线均画成粗实线；一个齿轮的齿顶线画成粗实线，另一个齿轮的齿顶线及其轮齿被遮挡的部分的投影均画成虚线，见图 8-7a。也可省略不画，见图 8-7b。当投影为非圆的视图画成外形视图时，啮合区内只需画出一条分度线，并要改用粗实线表示，见图 8-7c。而在图 8-7a、b、c 中，非啮合区的画法仍与单个齿轮的画法相同。

(2) 在投影为圆的视图中，与单个齿轮的画法相同。只是表示两个齿轮分度圆的点划线圆应画成相切，见图 8-7d、e。同时啮合区内齿顶圆的相割部分的弧线也可以省略不画，见图 8-7e。

需要注意的是一对齿轮啮合时，两轮的分度圆相切，分度线重合，且齿轮的齿顶高为 m，而齿轮的齿根高为 1.25m，所以一轮的齿顶线（或齿顶圆）与另一轮的齿根线（或齿根圆）之间有 0.25m的径向间隙，见图 8-7。

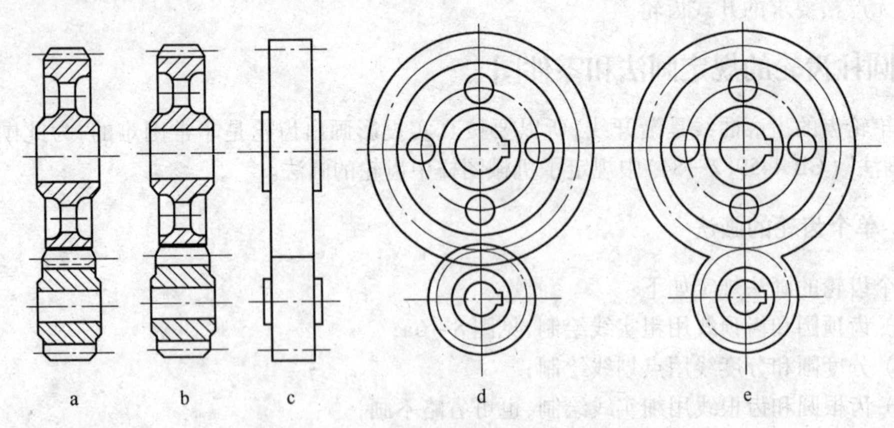

图 8-7 一对圆柱齿轮的啮合画法

a、d—规定画法；b、e—省略画法；c—外形视图

8.6.3 圆柱齿轮零件图

圆柱齿轮零件图一般应有如下内容：

(1) 必要的视图以反映齿轮的结构形状。

(2) 标注如下一般尺寸数据:顶圆直径及其公差、分度圆直径、齿宽、孔径及其公差、定位面及其要求、齿轮表面粗糙度等。

(3) 需要用表格列出的数据有法向模数、齿数、压力角、齿顶高系数、螺旋角及其方向(对斜齿轮)、径向变位系数(对变位齿轮)、齿厚公差及其上、下偏差,精度等级、齿轮副中心距及其极限偏差、配对齿轮的图号及其齿数、检验项目代号及其公差(或极限偏差)值以及其他一切在齿轮加工和测量时所必须的数据。

(4) 给出必要的技术要求。

8.7 直齿圆锥齿轮传动

圆锥齿轮传动常用于传递两相交轴之间的运动和动力。两轴之间的交角Σ由传动要求确定,多为90°。按照轮齿方向,圆锥齿轮传动分为直齿、斜齿和曲线齿三种。直齿易于制造和安装,最为常用。本节只讨论Σ =90°的外啮合直齿锥齿轮传动(见图8-8)。

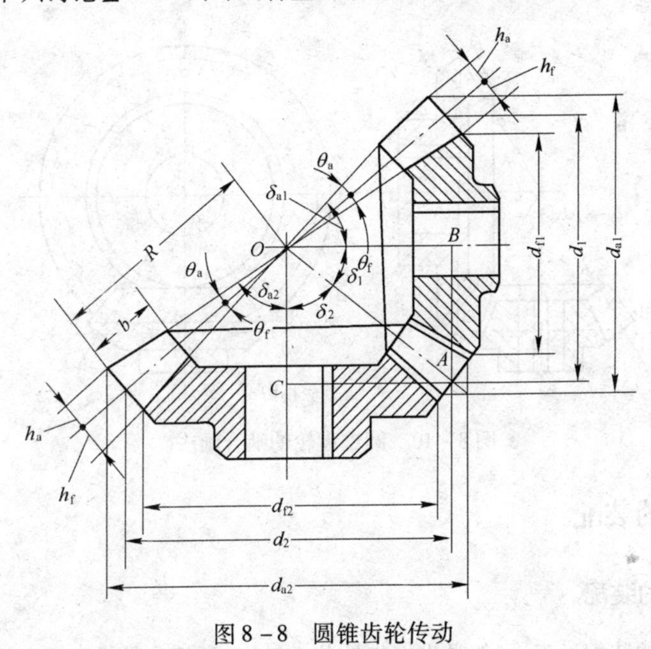

图8-8 圆锥齿轮传动

8.7.1 基本参数

和直齿圆柱齿轮相似,直齿圆锥齿轮有齿顶圆锥、分度圆锥和齿根圆锥,且三者相交于一点O,称为锥顶。因此就形成了其轮齿一端大、另一端小,向着锥顶方向逐渐收缩的情况。即轮齿在齿宽b的全长上,其齿厚、齿高和模数均不相同,向着锥顶方向收缩变小。为了便于尺寸计算和测量,通常规定以大端模数为标准模数,所以圆锥齿轮的分度圆直径、齿顶圆直径和齿高尺寸等也都是指大端的端面尺寸。

一对模数m为标准值,压力角$\alpha=20°$,齿顶高系数$h_a^*=1$,径向间隙系数$C^*=0.2$的标准直齿圆锥齿轮,在标准安装下传动时,两轮的锥顶重合为一点,分度圆锥相切,见图8-8。

8.7.2 圆锥齿轮的画法和零件图

(1) 单个圆锥齿轮画法。圆锥齿轮一般均以通过其轴线剖切的剖视图作为主视图,画法与圆柱齿轮相仿，见图 8－9。在投影为圆的视图上，轮齿部分只需要画出大端齿顶圆、分度圆和小端齿顶圆。

（2）一对圆锥齿轮的啮合画法。圆锥齿轮的啮合画法也与圆柱齿轮啮合画法基本相同，见图 8－10。

（3）直齿圆锥齿轮零件图。圆锥齿轮零件图与圆柱齿轮相似，除必要的视图用来表示其结构形状外，还应标注齿顶圆直径及其公差、齿宽等一般尺寸数据，还需要用表格列出模数、齿数、压力角等数据和参数以及表面粗糙度和其他技术要求。

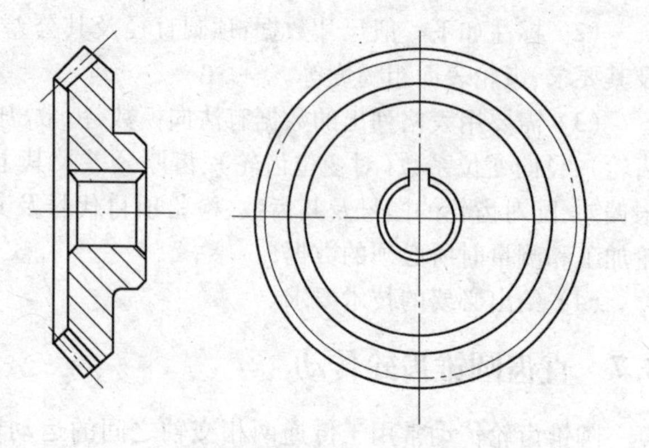

图 8－9　单个圆锥齿轮画法

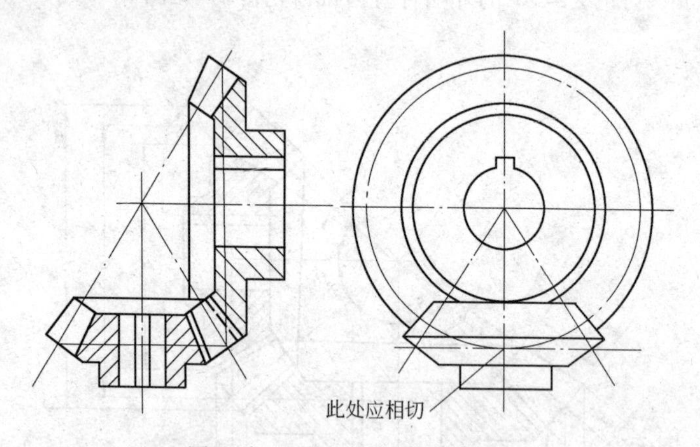

图 8－10　圆锥齿轮的啮合画法

8.8　齿轮传动的装配

8.8.1　圆柱齿轮的装配

圆柱齿轮传动的装配过程，一般是先把齿轮装在轴上，再把齿轮轴组件装入齿轮箱。

8.8.1.1　齿轮与轴的装配

齿轮与轴的连接形式有空套连接、滑移连接和固定连接三种。空套连接的齿轮与轴的配合性质为间隙配合，其装配精度主要取决于零件本身的加工精度，因此在装配前应仔细检查轴、孔的尺寸是否符合要求，以保证装配后的间隙适当；装配中还可将齿轮内孔与轴进行配研，通过对齿轮内孔的修刮使空套表面的研点均匀，从而保证齿轮与轴接触的均匀度。

滑移齿轮与轴之间仍为间隙配合，一般多采用花键连接，其装配精度也取决于零件本身的加工精度。装配前应检查轴和齿轮相关表面和尺寸是否合乎要求；对于内孔有花键的齿轮，其花键孔会因热处理而使直径缩小，可在装配前用花键拉刀修整花键孔，也可用涂色法修整其配合面，以达到技术要求；装配完成后应注意检查滑移齿轮的移动灵活程度，不允许有阻滞，同时用手扳动齿轮时，应无歪斜、晃动等现象发生。

固定连接的齿轮与轴的配合多为过渡配合（有少量的过盈）。对于过盈量不大的齿轮和轴在装配时，可用锤子敲击装入；当过盈量较大时可用热装或专用工具进行压装；在进行装配时，要尽量避免齿轮出现齿轮偏心、齿轮歪斜和齿轮端面未贴紧轴肩等情况。

对于精度要求较高的齿轮传动机构，齿轮装到轴上后，应进行径向圆跳动和端面圆跳动的检查。其检查方法如图8-11所示，将齿轮轴架在V形铁或两顶尖上，测量齿轮径向跳动量时，在齿轮齿间放一圆柱检验棒，将千分表测头触及圆柱检验棒上母线得出一个读数，然后转动齿轮，每隔3~4个轮齿测出一个读数，在齿轮旋转一周范围内，千分表读数的最大代数差即为齿轮的径向圆跳动误差；检查端面圆跳动量时，将千分表的测头触及齿轮端面上，在齿轮旋转一周范围内，千分表读数的最大代数差即为齿轮的端面圆跳动误差（测量时注意保证轴不发生轴向窜动）。

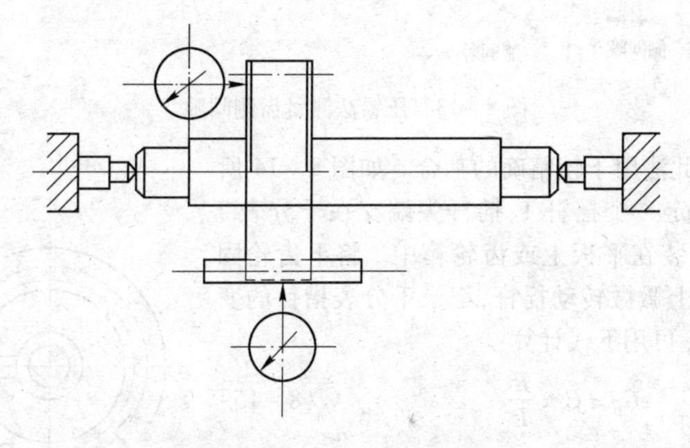

图8-11　齿轮跳动量检查

8.8.1.2　齿轮轴组件装入箱体

齿轮轴组件装入箱体是保证齿轮啮合质量的关键工序。因此在装配前，除对齿轮、轴及其他零件的精度进行认真检查外，对箱体的相关表面和尺寸也必须进行检查，检查的内容一般包括孔中心距、各孔轴线的平行度、轴线与基面的平行度、孔轴线与端面的垂直度以及孔轴线间的同轴度等。检查无误后，再将齿轮轴组件按图样要求装入齿轮箱内。

8.8.1.3　装配质量检查

齿轮组件装入箱体后其啮合质量主要通过齿轮副中心距偏差、齿侧间隙、接触精度等进行检查。

（1）测量中心距偏差值。中心距偏差可用内径千分尺测量。图8-12为内径千分尺及方水平测量中心距示意图。

（2）齿侧间隙检查。齿侧间隙的大小与齿轮模数、精度等级和中心距有关。齿侧间隙大小在齿轮圆周上应当均匀，以保证传动平稳没有冲击和噪声。在齿的长度上应相等，以保证齿轮间接触良好。

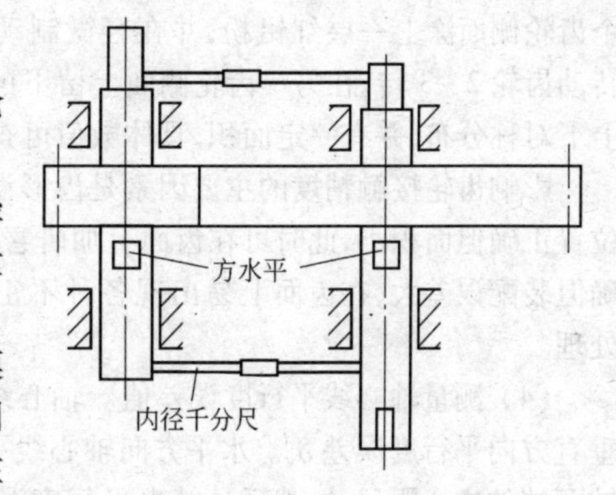

图8-12　齿轮中心距测量

齿侧间隙的检查方法有压铅法和千分表法两种。

1）压铅法。此法简单，测量结果比较准确，应用较多。具体测量方法是：在小齿轮齿宽方向上如图8-13所示，放置两根以上的铅丝，铅丝的直径根据间隙的大小选定，铅丝的长度以压上三个齿为好，并用干油沾在齿上。转动齿轮将铅丝压好后，用千分尺或精度为 0.02mm 的游标卡尺测量压扁的铅丝的厚度。在每条铅丝的压痕中，厚度小的是工作侧隙，厚度较大的是非工作侧隙，最厚的是齿顶间隙。轮齿的工作侧隙和非工作侧隙之和即为齿侧间隙。

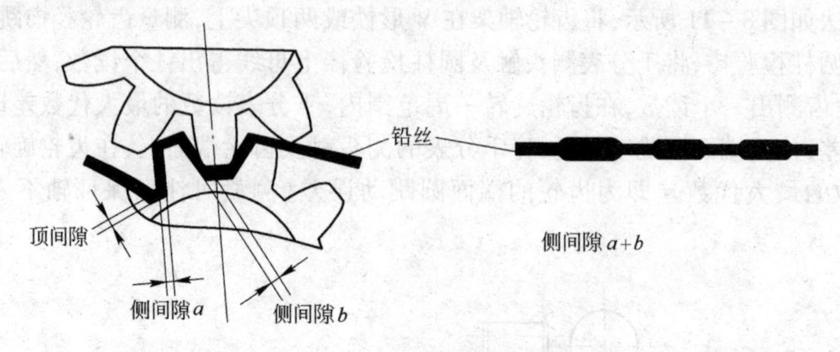

图 8－13　压铅法测量齿侧间隙

2）千分表法。此法用于较精确的啮合。如图 8－14 所示，在上齿轮轴上固定一个摇杆 1，摇杆尖端支在千分表 2 的测头上，千分表安装在平板上或齿轮箱中。将下齿轮固定，在上下两个方向上微微转动摇杆，记录千分表指针的变化值，则齿侧间隙 C_n 可用下式计算：

$$C_n = C \times \frac{R}{L} \quad (8-15)$$

式中　C——千分表上读数值；

R——上部齿轮节圆半径，mm；

L——两齿轮中心线至千分表测头之距，mm。

当测得的齿侧间隙超出规定值时，可通过改变齿轮轴位置和修配齿面来调整。

（3）齿轮接触精度的检验。评定齿轮接触精度的综合指标是接触斑点，即装配好的齿轮副在轻微制动下运转后齿侧面上分布的接触痕迹。可用涂色法检查。将齿轮副的一个齿轮侧面涂上一层红铅粉，并在轻微制动下，按工作方向转动齿轮 2～3 转，在另一齿轮侧面上留下的痕迹斑点。正常啮合的齿轮，接触斑点应在节圆处上下对称分布，并有一定面积，具体数值可查有关手册。

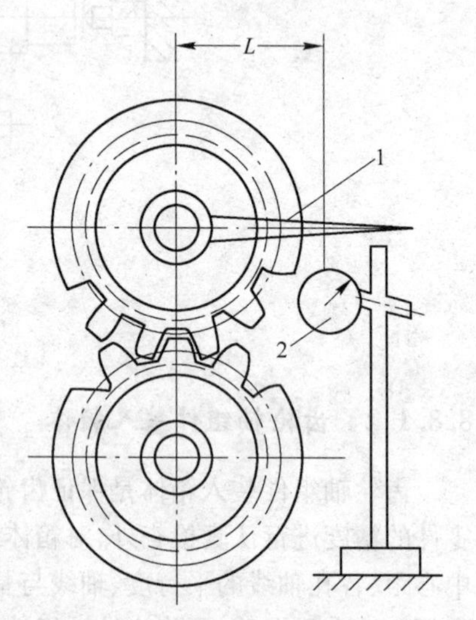

图 8－14　千分表法测量齿侧间隙

1—摇杆；2—千分表

影响齿轮接触精度的主要因素是齿形误差和装配精度。若齿形误差太大，会导致接触斑点位置正确但面积小，此时可在齿面上加研磨剂并转动两齿轮进行研磨以增加接触面积；若齿形正确但装配误差大，在齿面上易出现各种不正常的接触斑点，可在分析原因后采取相应措施进行处理。

（4）测量轴心线平行度误差值。轴心线平行度误差包括水平方向轴心线平行度误差 δ_x 和垂直方向平行度误差 δ_y。水平方向轴心线平行度误差 δ_x 的测量方法可先用内径千分尺测出两轴两端的中心距尺寸，然后计算出平行度误差。垂直方向平行度误差 δ_y 可用千分表法，也可用涂色法及压铅法。

8.8.2　圆锥齿轮的装配

圆锥齿轮的装配与圆柱齿轮的装配基本相同。所不同的是圆锥齿轮传动两轴线相交,交角一般为90°。装配时应注意轴线夹角的偏差、轴线不相交偏差和分度圆锥顶点偏移,以及啮合齿侧间隙和接触精度应符合规定要求。

圆锥齿轮传动轴线的几何位置一般由箱体加工所决定,轴线的轴向定位一般以圆锥齿轮的背锥作为基准,装配时使背锥面平齐,以保证两齿轮的正确位置。圆锥齿轮装配后要检查齿侧间隙和接触精度。齿侧间隙一般是检查法向侧隙,检查方法与圆柱齿轮相同。若侧隙不符合规定,可通过齿轮的轴向位置进行调整。接触精度也用涂色法进行检查,当载荷很小时,接触斑点的位置应在齿宽中部稍偏小端,接触长度约为齿长的2/3左右。载荷增大,斑点位置向齿轮的大端方向延伸,在齿高方向也有扩大。如装配不符合要求,应进行调整。

8.9　齿轮传动的维护

8.9.1　齿轮传动的润滑

齿轮传动的润滑方法,对开式传动主要有手工加油润滑、滴油润滑、油浴润滑和油雾润滑;对闭式传动主要有油浴润滑、循环润滑和油雾润滑。

将摩擦表面浸入润滑油池的润滑方法,称为油浴润滑。为不使搅油损失过大,最高适用圆周速度为12.5m/s。在油雾润滑中,开式传动通常采用间歇喷油,喷嘴指向大齿轮齿面。开式传动因为不密闭,故润滑油容易飞散流失,要求选择黏附性很强的高黏度润滑油;闭式传动根据齿面最大接触应力选择润滑油的品种。

8.9.2　齿轮传动状态的监测

(1) 齿轮磨损状况的估计。估计齿轮的磨损程度,可以采用测量间隔一段较长时间以后的齿侧隙游移量增大情况的方法。对于开式传动,齿轮数量较少时,可以直接用塞尺测量齿的侧隙值,并及时记录,便于同下次测量结果相比较。对于闭式传动,齿轮数量较多时,可以将齿轮箱的输出轴固定,来回转动带轮或输入轴,用千分表测量各级齿轮侧隙游移量的总和。相对初始状态时的变化量换算成角度值,根据主动齿轮节圆直径的大小将角度值换算成线性值,这样就可估计出齿轮副的磨损厚度。然后,按照传动比情况进行比例分配,就可以近似估计出单个齿轮的磨损情况。

(2) 轮齿表面的检查。检查轮齿表面可以及时发现各种失效形式,并监测其发展情况,以便采取合适的措施,防止突发性事故发生。例如,若发现轮齿在根部出现疲劳裂纹,应及时更换或修理,防止继续扩展而使轮齿断裂。

(3) 听诊法动态监测。普通机械中的齿轮副在正常运行时,低速下无明显声响,随着转速的提高而发出一定音频的轰鸣声,音色和谐纯正。听诊时可以听到“哗哗”的声音,没有噪声。

当轮齿严重均匀磨损时,虽然也是“哗哗”声,但声响强度大,音色要清亮一些。

当轮齿出现疲劳点蚀、齿面胶合、轮齿折断等不均匀性缺陷时,可以明显听到在“哗哗”声中带有周期性“呵罗”或“咯噔”声。

为了提高监测的可靠程度,可以采用电子听诊器录音对比法进行监测,对于重要的齿轮传动,还可以将电子听诊器采集的振动信息输入到示波器等记录显示仪器中进行对比判断。

8.9.3　齿轮损伤的更换与修复

齿面有严重疲劳点蚀现象，约占齿长30%、高度50%以上，或者齿面有严重明显的凹痕擦伤时，应更换新齿轮。

倒角损伤，不影响强度时，允许重新倒角。

在齿形磨损均匀的前提下，分度圆弦齿厚的磨损量，对于主传动齿轮，允许6%；对于进给齿轮，允许8%；对于辅助传动齿轮，允许10%。超过上述范围应予更换。

中、小模数的齿轮轮齿断裂时，应进行更换；大模数($m>6$mm)的齿轮轮齿损坏不超过两齿时，允许镶齿；补焊部分不超过轮齿长度的50%时，允许补焊。

思考题

8-1　齿轮传动的特点和类型？
8-2　渐开线直齿圆柱齿轮的基本参数有哪些？它们对齿轮传动有何影响？
8-3　什么是渐开线标准直齿圆柱齿轮？
8-4　一对渐开线直齿圆柱齿轮的正确啮合条件是什么？
8-5　斜齿圆柱齿轮传动有什么特点？
8-6　齿轮传动有哪些使用要求？
8-7　齿轮传动的主要失效形式有哪些？
8-8　圆锥齿轮传动的特点？其模数及各部分尺寸指的是哪一端？
8-9　试述圆柱齿轮齿侧间隙检查方法。
8-10　圆锥齿轮装配时应注意哪些问题？

9 蜗杆传动

蜗杆传动用于传递空间两交错轴之间的运动和动力，蜗杆与蜗轮两轴的交错角通常为90°。

9.1 蜗杆传动的类型、特点

9.1.1 蜗杆传动的类型

按照蜗杆形状的不同，可将蜗杆传动分为圆柱蜗杆传动（图9-1）、环面蜗杆传动（图9-2）和锥蜗杆传动（图9-3）3种类型。

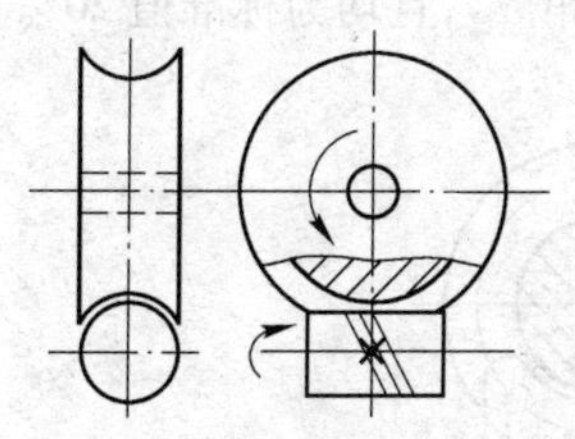

图9-1 圆柱蜗杆传动

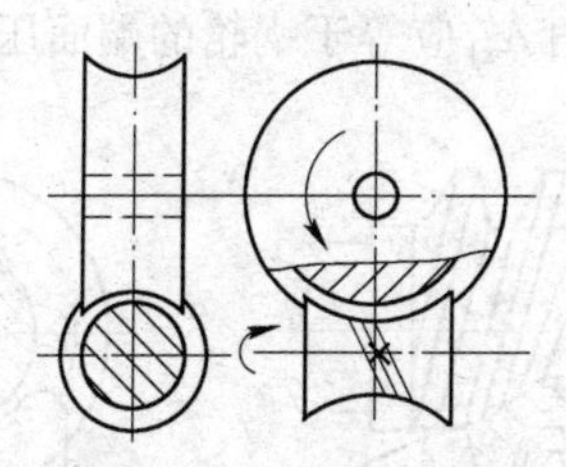

图9-2 环面蜗杆传动

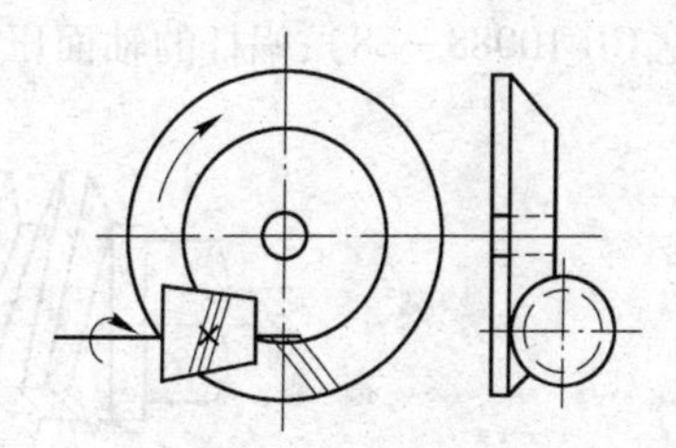

图9-3 锥蜗杆传动

（1）圆柱蜗杆传动。圆柱蜗杆传动按蜗杆齿廓曲线的不同，有5种类型：

1）阿基米德蜗杆（ZA）传动：蜗杆端面齿形为阿基米德螺旋线，轴面齿廓为直线；

2）渐开线蜗杆（ZI）传动：蜗杆端面齿形为渐开线；

3）法向直廓蜗杆（ZN）传动：蜗杆端面齿形为延伸渐开线，法面齿廓为直线；

4）锥面包络蜗杆（ZK）传动：蜗杆端面齿形近似于阿基米德螺旋线；

5）圆弧蜗杆（ZC）传动：蜗杆轴面齿形为圆弧。

上述5种蜗杆传动都有各自的特点，前4种属于普通圆柱蜗杆传动。国家标准推荐采用ZI蜗杆和ZK蜗杆，而ZA蜗杆是最简单、最基本的一种形式。

（2）环面蜗杆传动。环面蜗杆传动的主要特征是蜗杆包围蜗轮，齿廓接触面积大，易于润滑油膜形成，传动效率高，承载能力为普通圆柱蜗杆传动的2~4倍，但制造工艺复杂，适于大功率的传动。

（3）锥蜗杆传动。锥蜗杆传动的主要特征是啮合齿数多，重合度大，传动平稳，承载能力大。蜗轮可以采用淬火钢制造，因而节约了贵重金属。

9.1.2 蜗杆传动的特点

（1）传动比大。在蜗杆传动中，通常蜗杆为主动件，蜗轮为从动件，传动比为蜗轮齿数与蜗杆线数之比。由于 $z_2=32\sim80$，$z_1=1$、2、4、6，故蜗杆传动的传动比大，而且结构紧凑。

（2）传动平稳。因为蜗杆是一个与梯形螺纹相同或相似的连续螺杆，所以与蜗轮的啮合也是连续的，使得传动平稳，无噪声。

（3）可以自锁。如果蜗杆分度圆柱上的螺旋导程角很小时，蜗杆传动具有自锁性，即只能由蜗杆带动蜗轮,而蜗轮上无论作用多大的力都无法推动蜗杆转动,因此蜗杆传动常用于起重机械中。

(4) 效率较低。普通圆柱蜗杆传动在啮合处有较大的相对滑动速度,因而摩擦损耗大,发热和磨损严重,传动效率低。具有自锁性的蜗杆传动效率小于0.5。为了减摩耐磨,蜗轮常采用贵重的青铜材料制造,成本较高。

9.2　蜗杆传动的主要参数

9.2.1　模数、压力角和正确啮合条件

在蜗杆传动中,为了改善接触情况,蜗轮在齿宽方向上其齿顶面制成凹弧形,以包住蜗杆,见图9-4。图中通过蜗杆轴线并与蜗轮轴线垂直的平面称为中间平面。它对蜗杆为轴面,对蜗轮为端面。在中间平面内,蜗杆的齿廓为直线,蜗轮的齿廓为渐开线,故相当于齿条、齿轮传动。为了能正确啮合传动,在中间平面内,蜗杆的轴向模数 m_{x1} 应等于蜗轮的端面模数 m_{t2},且为标准值(见 GB 10088—88);蜗杆的轴面压力角 α_{x1} 应等于蜗轮的端面压力角 α_{t2},且均为标准值20°。即

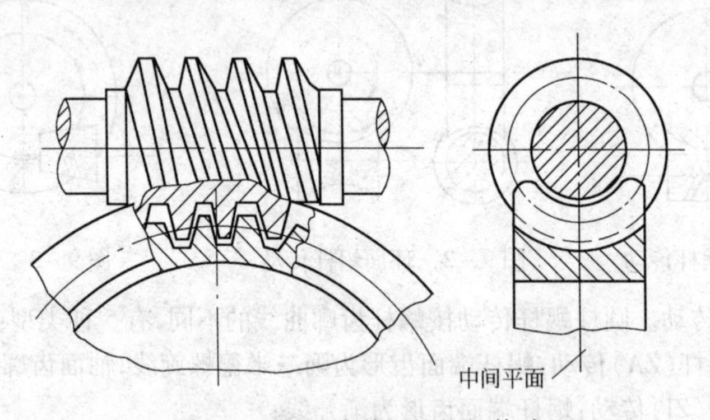

图9-4　阿基米德圆柱蜗杆传动

$$\left.\begin{aligned} m_{x1} &= m_{t2} = m \\ \alpha_{x1} &= \alpha_{t2} = \alpha = 20^\circ \end{aligned}\right\} \tag{9-1}$$

9.2.2　蜗杆线数、蜗轮齿数和传动比

普通圆柱蜗杆与梯形螺纹(杆)十分相似,也有左旋和右旋两种,并且也有单线和多线之分。蜗杆的线数 z_1(相当于齿数)越多,则传动效率越高,但加工越困难,所以通常取 $z_1=1$、2、4或6。蜗轮相应也有左旋和右旋两种,并且其旋向必须与蜗杆相同。通常为了加工方便,两者均取右旋。蜗轮的齿数 z_2 不宜太少,以免展成加工时发生根切;但齿数太多,蜗轮的直径过大,相应的蜗杆愈长、刚度愈差,所以 z_2 也不能太多,通常取 $z_2=29\sim82$。

设蜗杆的转速为 n_1,蜗轮的转速为 n_2,则在节点处应满足如下关系

$$\left.\begin{aligned} n_1 z_1 &= n_2 z_2 \\ i &= \frac{n_1}{n_2} = \frac{z_2}{z_1} \end{aligned}\right\} \tag{9-2}$$

一般 $i=4\sim5$ 时,取 $z_1=6$;$i=7\sim13$ 时,取 $z_1=4$;$i=14\sim27$ 时,取 $z_1=2$;$i=29\sim82$ 时,取 $z_1=1$。

9.2.3 蜗杆的直径系数和导程角

为了改善蜗杆与蜗轮的接触情况，通常按照展成加工原理用与蜗杆形状和尺寸相当的滚刀来加工蜗轮。这就是说，加工同一模数而与不同直径蜗杆相啮合的蜗轮时，需要不同直径的滚刀。因此为了减少滚刀的数量和便于滚刀的标准化，对每一模数的蜗杆只规定了1~4种分度圆直径（即相应只有1~4种滚刀），且取分度圆直径为模数的倍数，即

$$d_1 = mq \tag{9-3}$$

式中倍数值 q 称为蜗杆的直径系数。

图9-5所示为一普通圆柱蜗杆及其分度圆柱展开图。图中蜗杆的轴向齿距 $p_x = \pi m$，导程 $p_z = p_z z_1 = m\pi z_1$。因此可求得蜗杆的导程角为：

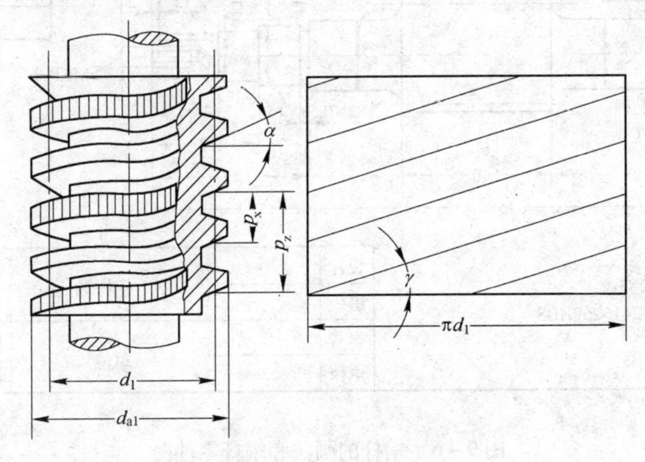

图9-5 蜗杆的导程角

$$\tan\gamma = \frac{p_z}{\pi d_1} = \frac{m\pi z_1}{\pi mq} = \frac{z_1}{q} \tag{9-4}$$

根据蜗杆传动的合槽条件，蜗轮的螺旋角 β_2 应等于蜗杆的导程角 γ，即：$\beta_2 = \gamma$，且两者的旋向也应相同。

9.2.4 蜗杆分度圆直径 d_1、蜗轮分度圆直径 d_2 和中心距 a

蜗杆的分度圆直径 $d_1 = mq$。需要特别注意的是 $d_1 \neq mz_1$。

蜗轮的分度圆直径为

$$d_2 = mz_2 \tag{9-5}$$

因此，在标准安装下蜗杆传动的中心距为

$$a = \frac{1}{2}(d_1 + d_2) = \frac{1}{2}m(z_2 + q) \tag{9-6}$$

9.3 蜗杆、蜗轮的画法及其零件图

9.3.1 蜗杆画法和零件图

蜗杆（轴）的画法与齿轮（轴）的画法相似。齿顶线（齿顶圆）用粗实线绘制；分度线（分度圆）用点划线绘制；齿根线（齿根圆）用细实线绘制，也可省略不画。需要表示齿形时，可在图形

中用粗实线画出一个或两个齿,或用适当比例的局部放大图表示,见图9－6;它也是蜗杆的零件图。

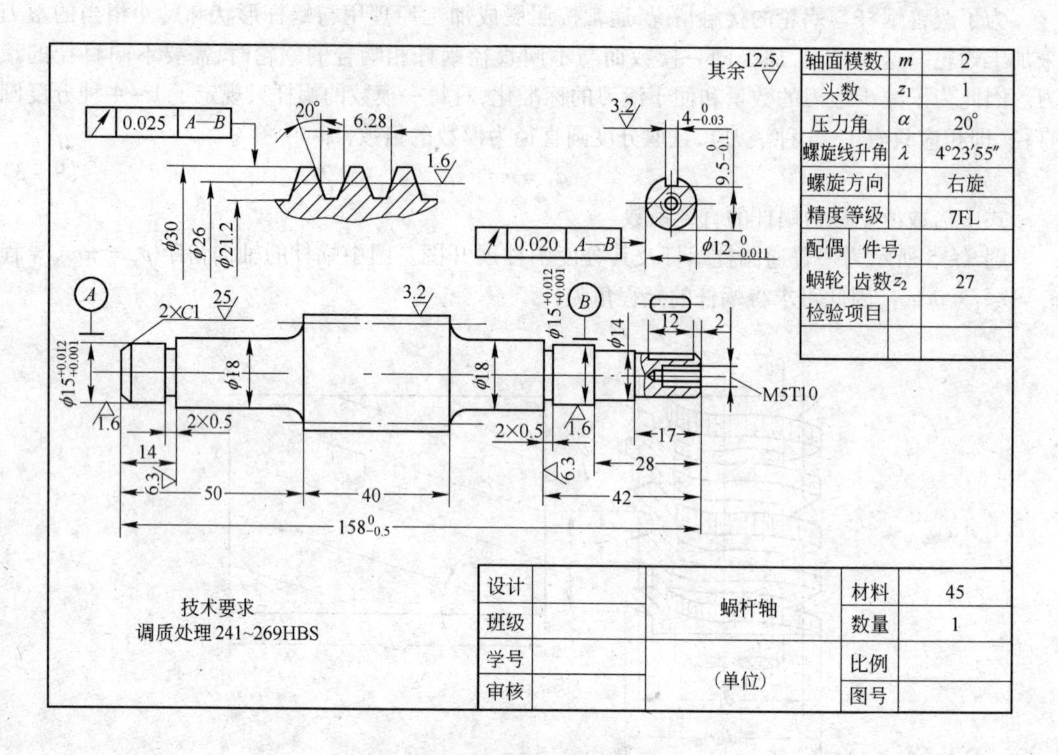

图9－6　蜗杆的画法和蜗杆零件图

9.3.2　蜗轮的画法

蜗轮的画法也与圆柱齿轮画法相似。其非圆视图一般画成剖视图,轮齿部分作不剖处理。并且因为它的轮齿呈弧形包着蜗杆,所以相应的齿顶线、分度线和齿根线也均画成弧线。在端视图中只需画出齿顶圆(粗实线)和分度圆(点划线),而齿根圆一般省略不画。或者只用一个视图和一个局部视图表示,见图9－7。它也是蜗轮的零件图。

9.3.3　蜗杆、蜗轮啮合画法

蜗杆、蜗轮的啮合画法也与圆柱齿轮啮合画法相似,见图9－8。其中图9－8a为外形视图画法,主视图中蜗轮的啮合区部分的投影全部省略不画。图9－8b为剖视图画法。在主视图中,啮合区内蜗轮只画出齿根线,其余省略不画;左视图中,蜗杆齿顶线与蜗轮齿顶圆相割的部分一般省略不画。

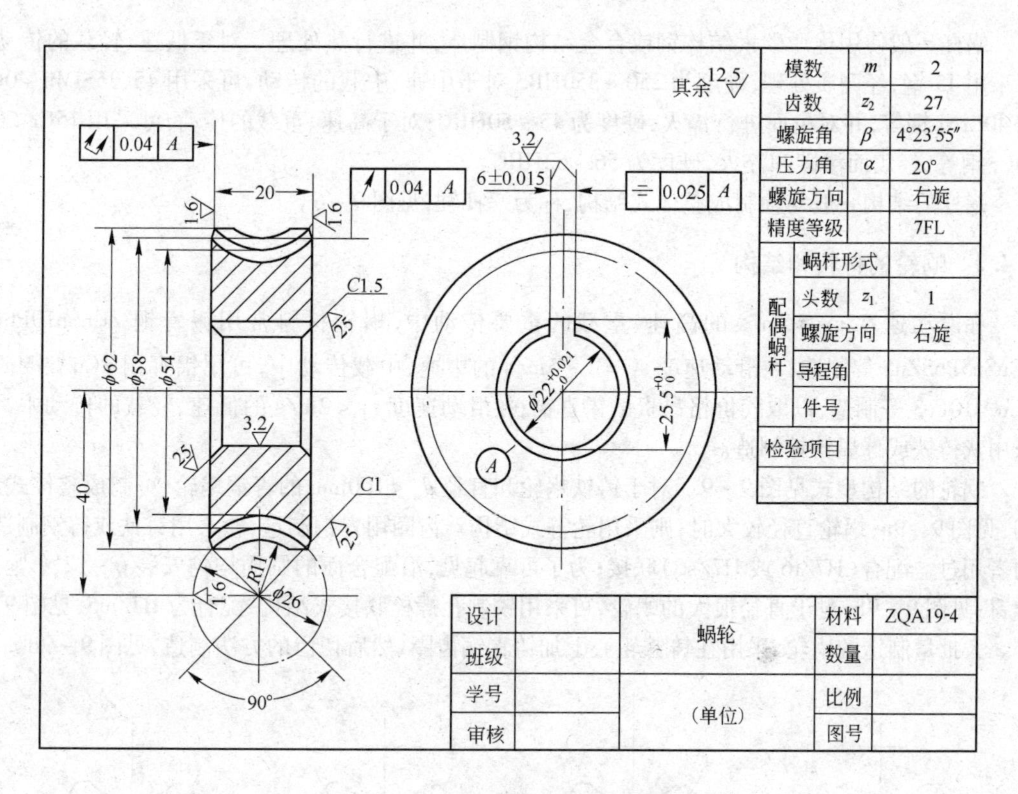

图 9-7 蜗轮的画法和蜗轮的零件图

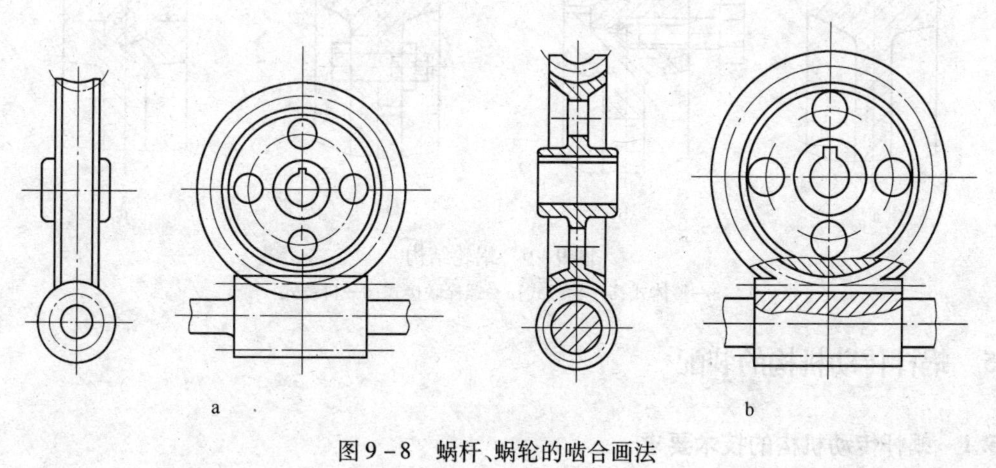

图 9-8 蜗杆、蜗轮的啮合画法

9.4 蜗杆、蜗轮的材料和结构

9.4.1 蜗杆的材料和结构

蜗杆传动轮齿的失效形式和齿轮相似,有齿面点蚀、磨损、胶合和轮齿折断等。与齿轮传动不同的是蜗杆传动中齿面之间有较大的相对滑动速度,因而发热大、磨损快、更容易产生胶合和磨损失效。因此对蜗杆、蜗轮的材料选择不仅要求有足够的强度,更重要的是材料的搭配应具有良好的减摩性能和抗胶合能力。通常采用钢制蜗杆和青铜蜗轮就能很好的满足这一要求。

蜗杆一般使用优质碳素结构钢或合金结构钢制造，并进行热处理。对于低速、轻载的传动，可采用45钢，经调质处理，硬度为250～350HBS对于中速、中载的传动，可采用45、35SiMn、40Cr和40CrNi钢等，并对齿面进行淬火，硬度为45～50HRC；对于高速、重载的传动，可采用15Cr、20、20Cr钢等，经表面渗碳和淬火，硬度为56～62HRC。

蜗杆的结构一般与轴制成整体式结构，称为蜗杆轴，见图9－6。

9.4.2　蜗轮的材料和结构

在滑动速度 $v_1 \geqslant 5\mathrm{m/s}$ 的高速、重载的重要传动中，蜗轮材料常用锡青铜ZCuSn10Pb1、ZCuSn5Pb5Zn5等制造；在滑动速度 $v_1 = 2 \sim 5\mathrm{m/s}$ 的中速、中载传动中，可用铝青铜ZCuAl9Mn2、ZCuAl10Fe3等制造，以取代价格昂贵的锡青铜；在滑动速度 $v_1 < 2\mathrm{m/s}$ 的低速、轻载的传动中，可采用灰铸铁或球墨铸铁制造。

蜗轮的结构型式见图9－9。对于铸铁蜗轮和直径 $d_a < 100\mathrm{mm}$ 的青铜蜗轮，可制成整体式结构，见图9－9a；蜗轮直径较大时，则采用轮箍式结构。齿圈用青铜制造，轮心用铸铁或铸钢制造，两者用过盈配合（H7/r6或H7/s6）联接；为了可靠起见，沿配合面的圆周均匀安装6～12个紧定螺钉，见图9－9b；对于直径很大的蜗轮，可采用铰制孔螺栓联接式结构，配合为H7/m6，见图9－9c。大批量制造的蜗轮，采用在铸铁轮心上加铸青铜齿圈、然后切齿的方法制造，见图9－9d。

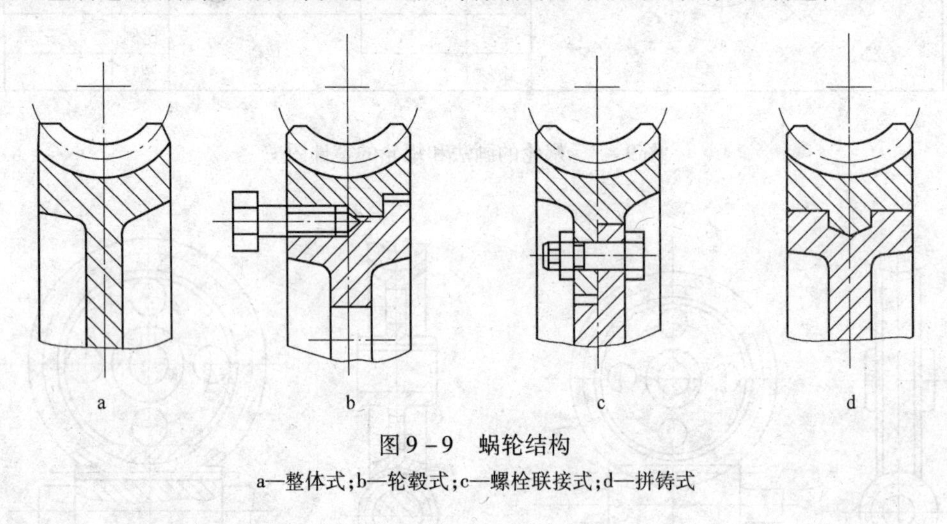

图9－9　蜗轮结构

a—整体式；b—轮毂式；c—螺栓联接式；d—拼铸式

9.5　蜗杆传动机构的装配

9.5.1　蜗杆传动机构的技术要求

对蜗杆传动机构的主要技术要求是：保证蜗杆轴心线与蜗轮轴心线互相垂直；蜗杆的轴心线应在蜗轮轮齿的对称平面内，中心距要正确；有适当的啮合侧隙和正确的接触斑点。

9.5.2　蜗杆传动机构的装配过程

蜗杆传动机构的装配顺序，应根据结构的情况而定。一般是先装蜗轮，后装蜗杆，但也有相反的。对组合式蜗轮应将齿圈压装在轮毂上，并用螺钉加以紧固，然后将蜗轮装在轴上。其安装与检验方法与圆柱齿轮相同。最后把装好的蜗轮和轴一起装入箱体，再装蜗杆。

蜗杆的轴心线的位置是由箱体孔所确定的。因此，要使蜗杆的轴心线落在蜗轮轮齿对称平面内,就要改变调整垫片厚度的方法来调整蜗轮的轴向位置。

9.5.3　蜗杆传动机构装配质量的检查

蜗杆传动机构装配质量的检查主要包括以下几个方面:

(1) 蜗轮与蜗杆轴心线垂直度检查,通常用摇杆和千分表检查;

(2) 蜗轮与蜗杆中心距检查,通常用内径千分尺测量;

(3) 蜗杆轴心线与蜗轮中间平面之间偏移量的检查,通常用样板法和挂线法检查,如图9-10所示;

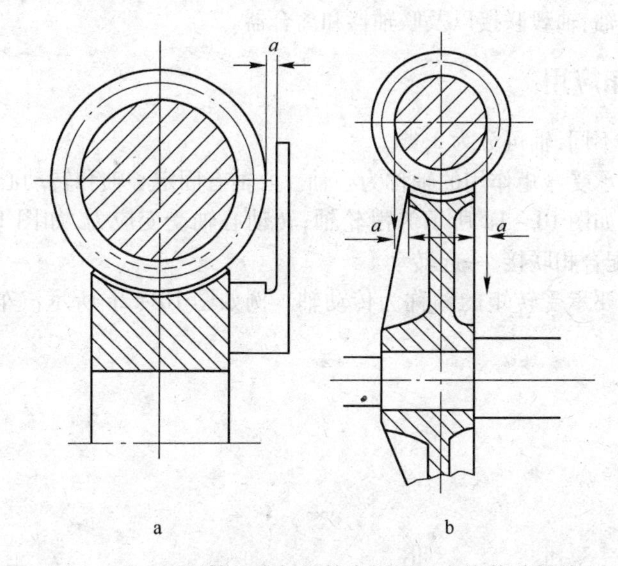

图9-10　蜗杆轴心线与蜗轮中间平面之间偏移量的

a—样板法;b—挂线法

(4) 蜗轮与蜗杆啮合侧隙检查,可用塞尺、千分表检查,又分直接测量法和间接测量法;

(5) 蜗轮与蜗杆啮合接触面积误差的检查,将蜗轮、蜗杆装入箱体后,将红铅粉涂在蜗杆螺旋面上,转动蜗杆,用涂色法检查蜗杆与蜗轮的相互位置、接触面积和接触斑点等情况。正确的接触斑点位置应在中部稍偏于蜗杆旋出方向。

蜗杆蜗轮传动装配后出现的各种偏差,可以通过移动蜗轮中间平面的位置改变啮合接触位置来修正,也可刮削蜗轮轴瓦找正中心线偏差。装配后还应检查是否转动灵活。

思考题

9-1　蜗杆传动的特点?

9-2　蜗杆传动的正确啮合条件是什么?

9-3　将蜗杆的分度圆直径确定为标准值有什么优点?

9-4　常用的蜗杆、蜗轮材料有哪些?

9-5　蜗轮有哪些结构形式?

9-6　蜗杆传动机构装配质量应检查哪些方面?

10　轴及其联接

轴是组成机械的一个重要零件，其主要功能是支承回转零件（如齿轮、带轮等），传递运动和转矩。为保证传动的连续性，必须通过一定的方式将轴与回转零件以及轴与轴之间可靠地进行联接。本章主要介绍轴、轴毂联接以及联轴器和离合器。

10.1　轴的类型和应用

根据承受载荷的不同，轴可分为3类。

（1）心轴。主要承受弯矩作用的轴称为心轴。心轴有固定心轴和转动心轴两种。固定心轴不转动，只受静应力，如图10－1a所示为滑轮轴；转动心轴受变应力，如图10－1b所示机车轮轴，它与车轮以过盈配合相联接，一起转动。

（2）传动轴。主要承受转矩的轴称为传动轴。例如图10－2a所示汽车传动轴、图10－2b所示搅拌桨轴。

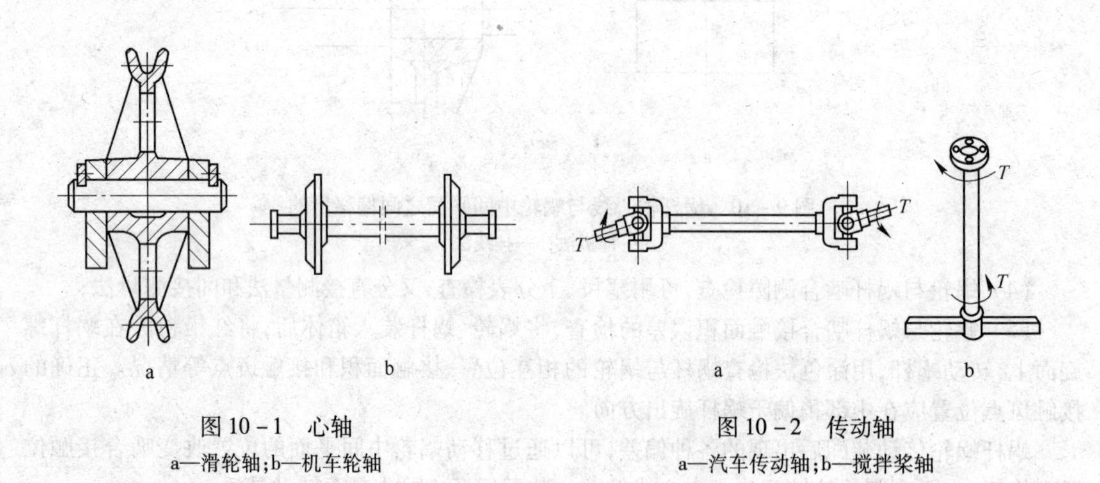

图10－1　心轴
a—滑轮轴；b—机车轮轴

图10－2　传动轴
a—汽车传动轴；b—搅拌桨轴

（3）转轴。同时承受弯矩和转矩作用的轴称为转轴。机械中大多数轴属于此类，例如图10－3所示安装齿轮的轴以及安装其他传动零件的轴等。

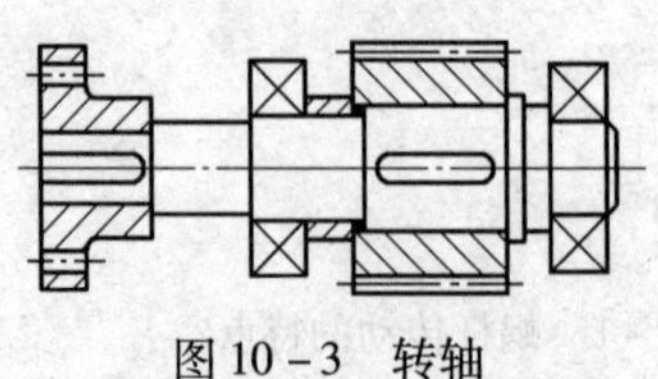

图10－3　转轴

根据轴线的几何形状，轴还可分为直轴、曲轴和软轴3类。图10－1、图10－2及图10－3所示的轴都是直轴，这是一般机械中最常用的轴。直轴按形状又可分为光轴、阶梯轴和空心轴。

图10－4所示的曲轴主要用于往复运动与旋转运动相互转换的机械中，如内燃机、冲床、往复泵等。图10－5所示的软轴具有良好的挠性，可以把回转运动灵活地传到任何空间位置，常用于医疗器械和电动手持小型机具（如铰孔机、刮削机等）。

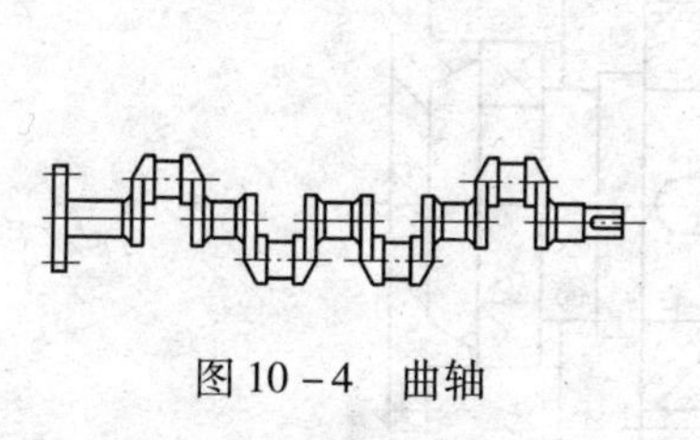
图 10-4 曲轴

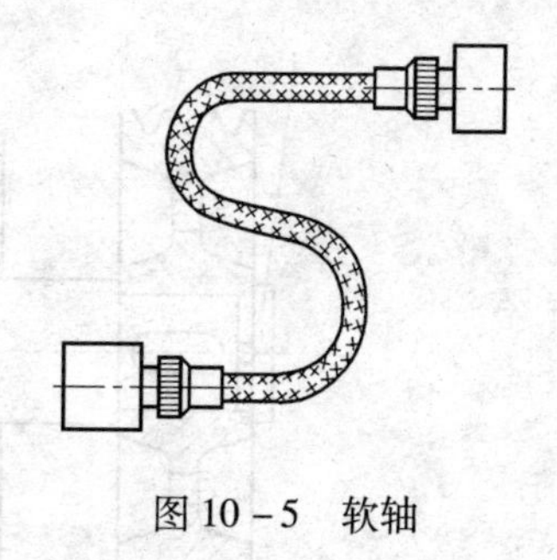
图 10-5 软轴

10.2 轴的材料和结构

10.2.1 轴的材料

轴的材料是决定轴承载能力的重要因素。因为轴受弯矩和转矩作用,多在变应力下工作,所以轴的材料应具有必要的强度和韧性,对应力集中的敏感性低,具有良好的工艺性和经济性。轴由滑动轴承支承时,应具有耐磨性;在腐蚀条件下工作时,应具有耐腐蚀性。

轴的材料主要采用优质碳素钢和合金钢。优质碳素钢价格低廉,对应力集中的敏感性低,并能通过热处理改善其综合机械性能,故应用很广,最常用的是 45 号钢。

合金钢具有较高的机械强度和优越的淬火性能,但其价格较贵,对应力集中比较敏感。常用于要求减轻重量,提高耐腐蚀性和轴颈耐磨性及在非常温条件下工作的轴。

形状复杂的轴,如曲轴、凸轮轴等,可采用球墨铸铁。它具有价格低廉、吸振性和耐磨性较好、对应力集中敏感性较低等优点,但强度比钢低,铸件质量较难控制。

10.2.2 轴的结构

轴在结构上应满足以下要求:轴的受力合理,有利于提高强度和刚度;轴上零件必须定位准确,固定可靠;轴上零件应便于装拆和调整;轴的加工工艺性好,应力集中小,重量轻。

10.2.2.1 轴的形状

在一般机械中,应用最多的是阶梯轴,因为阶梯轴基本符合等强度设计原则,便于轴上零件的固定及装拆,便于区分精度不同的加工面和减轻重量。

阶梯轴主要由轴头、轴颈和轴身组成,如图 10-6 所示。

(1) 轴头。与齿轮、联轴器等传动零件配合的轴段称为轴头,如图 10-6①、④段。

(2) 轴颈。与轴承配合的轴段称为轴颈,如图 10-6③、⑦段。

(3) 轴身。联接轴头与轴颈的轴段称为轴身,如图 10-6②、⑥段。

轴直径变化所形成的台阶称为轴肩,轴肩又有定位轴肩和非定位轴肩之分。两轴肩之间的距离很小,且呈环状的轴段称为轴环,如图 10-6⑤段。

10.2.2.2 轴上零件的装拆和固定

为了保证机械的正常工作,轴上的所有零件必须有准确的定位,可靠的固定和便于装拆。

(1) 轴向固定。轴向固定的目的是使轴上零件准确而可靠地处在规定的位置,防止轴向移动,并能承受轴向力。常用的轴向固定方式、特点及应用见表 10-1。

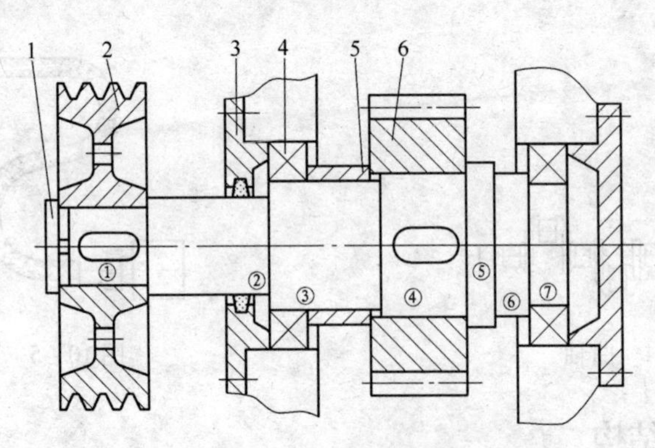

图 10－6 轴的结构形状

1—轴端挡圈;2—带轮;3—轴承盖;4—滚动轴承;5—套筒;6—齿轮

表 10－1 轴上零件常用的轴向固定方式、特点及应用

固定方式	简图	特点及应用
套 筒	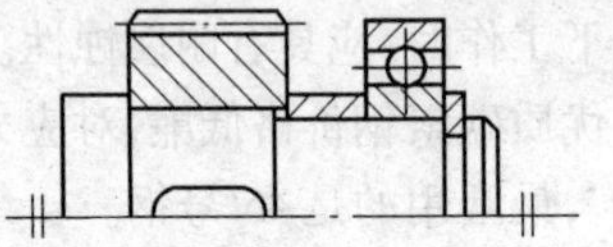	结构简单,固定可靠,承受轴向力大,多用于轴上两零件相距不远的场合
双圆螺母	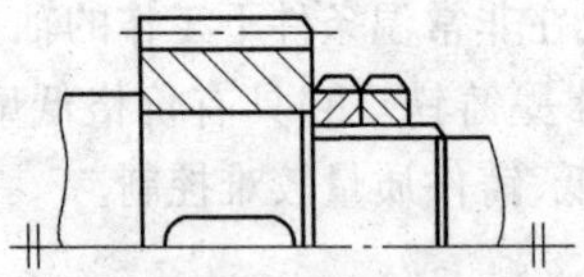	固定可靠,承受轴向力大。但轴上的细牙螺纹和退刀槽对轴的强度削弱大。一般用于两零件间距离较大不适宜用套筒固定的场合
圆螺母和止动垫圈	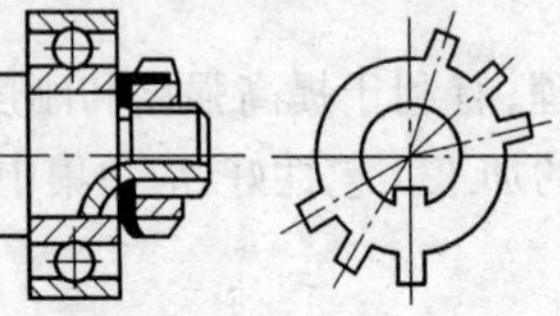	圆螺母起固定作用,止动垫圈用于防松,故固定可靠,承受轴向力大。但轴上的螺纹和退刀槽对轴的强度削弱大,主要用于固定轴端零件
弹 性 挡 圈	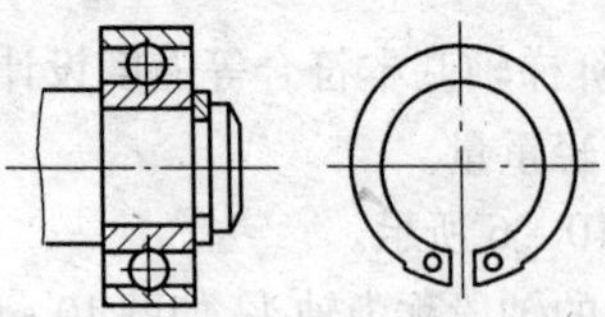	结构简单紧凑,但只能承受很小的轴向力。常用作滚动轴承(内圈或外圈)的轴向固定
轴 端 挡 圈	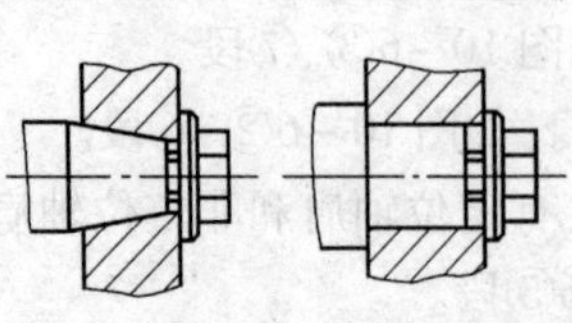	用于圆锥形轴端或圆柱形轴端上的零件需要轴向固定的场合。轴端零件拆装方便,固定可靠
紧 定 螺 钉	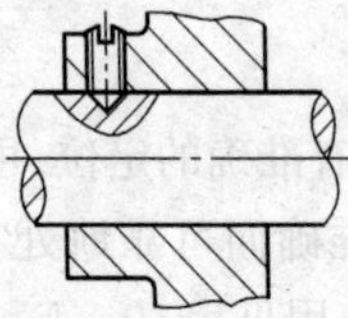	结构简单,只用于承受轴向力小或不承受轴向力的场合

续表 10-1

固定方式	简图	特点及应用
圆锥销		兼起轴向固定和周向固定作用,但对轴的强度削弱严重,只能用于传递小功率场合

(2) 周向固定。轴上零件周向固定的目的是为了传递运动和转矩。周向固定一般采用平键、花键、销联接和过盈配合等轴毂联接方法。

采用键联接作为轴上零件的周向固定,应用最广。平键和花键联接可传递较大的转矩,如图10－6中齿轮和带轮都用键来作周向固定;销联接传递的转矩较小;滚动轴承不传递转矩,可采用较小的过盈配合来作周向固定。

10.2.2.3 轴的结构工艺性

轴的结构除了要考虑与其他零件的联系外,还需考虑到自身在加工、装配等方面的工艺性。

(1) 加工工艺性。为了便于加工,在车制螺纹的轴段上应有螺纹退刀槽(图10－7),在需磨削的轴段应留出砂轮越程槽(图10－8)。

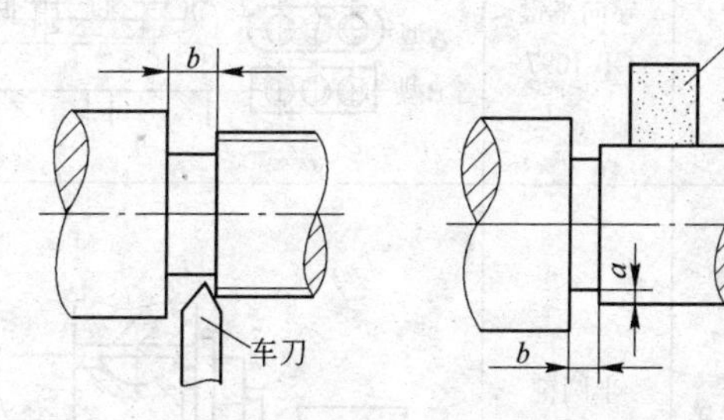

图10－7 螺纹退刀槽　　图10－8 砂轮越程槽

轴上直径相近处的圆角、倒角、键槽、退刀槽、砂轮越程槽等尺寸应尽可能一致,当轴上开有多个键槽时,应布置在同一母线上,以减少刀具规格和换刀次数,便于加工。

(2) 装配工艺性。为了便于装拆和去掉加工时的毛刺,轴端应有倒角。有较大过盈配合处的压入端应采用锥形结构,以使零件能顺利地压入。

轴的结构越简单,工艺性越好。因此在满足使用要求的前提下,轴的结构形状应尽量简化。

10.2.2.4 降低应力集中,提高轴的疲劳强度

轴的疲劳破坏常常是从应力集中处开始的,而应力集中又多产生在轴截面尺寸发生急剧变化的地方,所以要降低应力集中,就要尽量减缓轴截面尺寸的变化,设置过渡圆角,过渡圆角半径r不宜取得过小。

阶梯轴的台阶数增多,轴上应力集中源也相应增多,轴发生疲劳破坏的可能性也随之增大,所以在满足装配要求的前提下,轴上的台阶数应尽可能少些。

10.3 轴毂联接

轴毂联接是指轴上零件与轴之间的联接。常用的轴毂联接的形式有:键联接、花键联接、销联接和过盈配合等。

10.3.1　键联接

10.3.1.1　键和键联接的类型特点和应用

键联接在机械中应用极为广泛,键和键联接的类型特点和应用见表10－2。

表10－2　键和键联接的类型特点和应用

联接类型	键的类型	简图	特点	应用
平键联接	普通平键 GB 1096	A型 B型 C型	靠侧面传递转矩。对中性好,结构简单	应用最广,适用于高精度、高转速或承受变载、冲击的场合
	导向平键 GB 1097	A型 B型	用于动联接。导向平键用螺钉固定在轴的键槽中,轮毂可沿键作轴向移动	用于轴上零件轴向移动量不大的场合
半圆键联接	半圆键 GB 1099		半圆键与键槽配合较松,键能在轴槽内自由摆动以适应轴线弯曲引起的位置变化。但键槽较深,对轴的强度削弱大	一般用于轻载,适用于锥形轴端的联接
楔键联接	普通楔键 GB 1564	≥1:100 ≥1:100	上、下面是工作面,靠键楔紧产生的摩擦力传递转矩,能传递单向轴向力。楔键联接的对中性差	适用于对中性要求不高、载荷平稳、速度较低的场合

10.3.1.2　平键联接的公差与配合

由图10－9可见,平键联接是由键、轴槽和轮毂槽三部分组成,其结合尺寸有键宽、键槽宽(轴槽宽和轮毂槽宽)、键高、槽深和键长等参数。平键联接的断面尺寸已标准化,在GB 1095—90《平键　键和键槽的剖面尺寸》中作了规定,见表10－3。

键和键槽的宽度是配合尺寸,GB 1095—90对键宽规定一种公差带h9,对轴槽和轮毂槽各规定了三种公差带,构成三种配合。

在非配合尺寸中,轴槽深t和轮毂槽深t_1的公差带GB 1095—90有专门规定,见表10－3;键高h的公差带一般采用h11;键长的公差带采用h14;轴槽长度公差带采用H14。

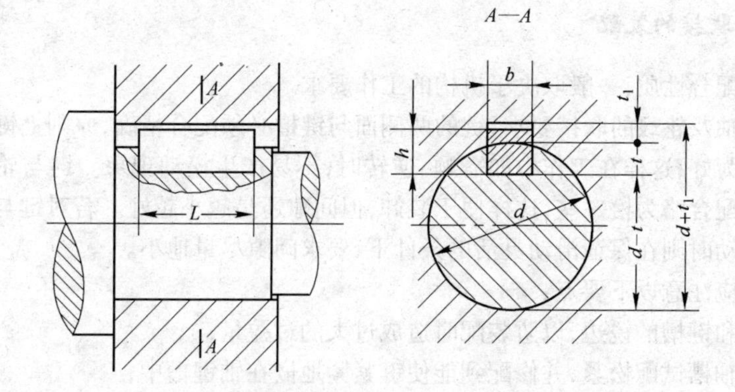

图 10-9 平键联接的几何参数

10.3.1.3 平键的标记

平键是标准件，平键的规格采用 $b\times L$ 标记，b 为宽度，L 为长度。

标记示例：

(1) 圆头普通平键(A 型)，$b=16\text{mm}$ $h=10\text{mm}$ $L=100\text{mm}$

键 16×100GB 1096(A 可省略不标)

(2) 平头普通平键(B 型)，$b=16\text{mm}$ $h=10\text{mm}$ $L=100\text{mm}$

键 B16×100GB 1096

表 10-3 平键 键和键槽的断面尺寸及公差(GB 1095—90)

轴	键	键槽								
		宽度 b 极限偏差					深度			
公称尺寸 d	公称尺寸 $b\times h$	较松键联接		一般键联接		较紧键联接	轴 t		毂 t_1	
		轴 H9	毂 D10	轴 N9	毂 Js9	轴和毂 P9	公称尺寸	极限偏差	公称尺寸	极限偏差
>22~30	8×7	+0.036 0	+0.098 +0.040	0 -0.036	±0.018	-0.015 -0.051	4.0	+0.2 0	3.3	+0.2 0
>30~38	10×8						5.0		3.3	
>38~44	12×8	+0.043 0	+0.120 +0.050	0 -0.043	±0.215	-0.018 -0.061	5.0		3.3	
>44~50	14×9						5.5		3.8	
>50~58	16×10						6.0		4.3	
>58~65	18×11						7.0		4.4	

注：1. 在工作图中轴槽深用 t 或 $(d-t)$ 标注，轮毂槽深用 $(d+t_1)$ 标注。

2. $(d-t)$ 和 $(d+t_1)$ 尺寸的极限偏差按相应的 t 和 t_1 的极限偏差选取，但 $(d-t)$ 极限偏差值取负号。

3. 轴槽、轮毂槽的两侧面粗糙度参数 Ra 值推荐为 1.6~3.2μm，底面的粗糙度参数 Ra 值为 6.3μm。

4. 轴槽及轮毂槽对轴及轮毂轴线的对称度公差一般可按 GB/T 1184—1996 中的 7~9 级选取。

10.3.1.4　平键联接的装配

键与键槽的配合性质,一般取决于机构的工作要求。

普通平键与轴及轮毂的联接要求,键的两侧面与键槽必须配合精确,原则上键与键槽的配合以紧密没有松动为好,这样在工作中如需顺、逆转时,不易产生松动现象。键与轮毂键槽的配合比键与轴键槽的配合略为松一些,这样便于装卸,但间隙还是越小越好。若对键与轮毂键槽或轴键槽间有相对滑动时则在保证滑动灵活的条件下,要求间隙尽量地小。

平键装配时应注意以下要点:

(1) 清理键和键槽的锐边,以防装配时造成过大的过盈量;

(2) 用键与轴槽试配松紧,并修配到能使键紧紧地嵌在轴键槽中;

(3) 锉配键长、键头与轴键槽留有 0.1mm 左右的间隙;

(4) 将键涂机油后压装在轴槽中,并与槽底接触,压装时可用铜棒敲击或虎钳垫铜皮后夹紧;

(5) 试配并安装轮毂件,键与键槽的非配合面应留有间隙,以求轴与轮毂件达到同心。装配后的轮毂件在轴上不能摇动,否则,容易引起冲击和振动。

10.3.2　花键联接

花键联接的主要特点是承载能力高,传递扭矩大,定心性及导向性好,适用于载荷较大和对定心精度要求较高的静联接和动联接。

10.3.2.1　键联接的类型和应用

(1) 矩形花键　侧边为直线,轮廓简单。加工简单,定心精度高,定心稳定性好。标准中规定了两个系列,轻系列用于载荷较轻的静联接,中系列用于中等载荷的联接。矩形花键应用广泛,如飞机、汽车、农用机械及一般机械传动。

(2) 渐开线花键　齿廓为渐开线,受载时能起自动定心作用,使各齿受力均匀。强度高,寿命长。用于载荷较大、定心精度要求较高以及尺寸较大的联接。

10.3.2.2　矩形花键的公差与配合

矩形花键的主要尺寸有三个:即大径 D、小径 d、键宽(键槽宽)B。为了保证花键联接的配合精度,同时避免制造困难,花键三个结合面中只能选取一个为主来保证内、外花键的配合精度,因此花键联接有三种定心方式:大径 D 定心、小径 d 定心和键侧和键槽侧 B 定心。

GB 1144—87 规定采用小径 d 定心,并规定了内、外花键定心小径、非定心大径和键宽(键槽宽)的尺寸公差带。

10.3.2.3　矩形花键的标注

矩形花键的标注次序是 $N \times d \times D \times B$,$N$ 是键数。例如:花键键数为 6,小径为 23H7/f7,大径为 26H10/a11,键宽(键槽宽)为 6H11/d10,标注如下:

对花键副(即在装配图上),标注配合代号

$$6 \times 23\,\frac{\mathrm{H7}}{\mathrm{f7}} \times 26\,\frac{\mathrm{H10}}{\mathrm{a11}} \times 6\,\frac{\mathrm{H11}}{\mathrm{a10}}$$

对内、外花键(即在零件图上),标注尺寸公差带代号

内花键　6×23H7×26H10×6H11

外花键　6×23f7×26a11×6d10

10.3.2.4　花键装配要点

花键联接有两种类型,即轮箍件在轴上固定和轮箍件在轴上滑动。对于前者配合后允许有少量过盈,装配时可用铜棒轻轻打入,但不得过紧,否则会拉伤配合表面;过盈较大时,可将轮箍件加热(80～120℃)后进行装配。在多数情况下轮箍件与花键轴为动配合,在轴上应滑动自如,没有阻滞现象,但也不能过松,即用手摇动轮箍件时,感觉不到有间隙。

10.3.3　销联接

10.3.3.1　销联接

销联接主要用来固定零件之间的相对位置,也用于轴与毂的联接或其他零件间的联接,能传递较小的载荷,还可以作为安全装置中的过载剪断元件,当机件超负荷时,销子被切断,以保护其他机件。

销的种类较多,应用广泛。销按其形状不同可分为圆柱销和圆锥销。

圆柱销用过盈量固定在孔中。国家标准中规定有若干不同直径的圆柱销,使用时,应根据不同的配合要求选用。圆柱销不宜多次装卸,否则将降低配合的精度。

圆锥销具有1:50的锥度,装卸方便。一般多用作定位,并可多次装卸而不会影响定位的精度。圆锥销的规格是用小头直径和长度表示的。

10.3.3.2　销联接的装配

(1) 圆柱销的装配要点。用圆柱销定位时,必须有一定量过盈,并且两联接件的孔应在装配时一同钻、铰,使孔壁粗糙度 $R_a \leqslant 1.6$,以保证联接的质量;在装圆柱销时,应在销子上涂油后,用铜棒把销子打入孔中。

(2) 圆锥销的装配要点。圆锥销装配时,两联接件的销孔也应一同钻、铰;钻孔时按小头直径选用钻头,铰刀的锥度应为1:50;铰孔后的尺寸,应以销子自由地插入孔内的长度占销子的长度的80%～85%为宜。用锤敲入后,销子的大头可稍微露出被联接件的表面或使之一样平。为便于取出销子,可采用大头端带螺纹的圆锥销。

10.3.4　过盈配合

这种联接能承受较大的轴向力、扭矩及动载荷,因而应用广泛。例如齿轮、联轴节、飞轮、皮带轮、链轮等与轴的联接,轴承与轴承套的联接等等。由于它是一种固定联接,因此它要求有正确的相互位置和紧固性,还要求装配时不损伤机件的强度和精度,装入简便和迅速。过盈配合的装配方法有:压装配合、热装配合、冷装配合装配等。

(1) 常温下的压装配合。常温下的压装配合适用于过盈量较小的几种静配合,它的操作方便简单,动作迅速,是最常用的一种方法。根据施力方式不同,压装配合分为锤击法和压入法两种,锤击法主要用于配合面要求较低,长度较短,采用过渡配合的联接件;压入法加力均匀,方向好控制,生产效率高,主要用于过盈配合。较小过盈量配合的小尺寸联接件可用螺旋式或杠杆式压入工具压入,大过盈量用压力机压入。

(2) 热装配合。热装的基本原理是:通过加热包容件(孔),使其直径膨胀增大到一定数值,再将配合的被包容件(轴)自由地送入孔中;孔冷却后,轴就被紧紧地抱住,其间产生很大的联接强度,达到压配配合的要求。

(3) 冷装配合。当套件太大压入的零件太小时,采用加热套件不方便,甚至无法加热;或有些套件不准加热时,则可采用把被低压入的零件冷温冷却使其尺寸缩小,然后迅速将此零件装入到套件中去,这种方法叫冷装配合。

10.4　联轴器与离合器

联轴器与离合器是机械中的常用部件,均用于轴与轴之间的联接,使两轴一起转动并传递转矩。联轴器与离合器的区别是:联轴器只有在机器停止运转后,才能将其拆卸,使两轴分离;离合器可在机器运转过程中随时使两轴分离或接合。联轴器和离合器大多数已经标准化或系列化,本节介绍几种常用的联轴器与离合器。

10.4.1　联轴器

常用联轴器可分为两大类:刚性联轴器和挠性联轴器。

10.4.1.1　刚性联轴器

刚性联轴器有套筒联轴器、凸缘联轴器等,其中最常用的是凸缘联轴器。

凸缘联轴器是利用螺栓联接两半联轴器的凸缘以实现两轴联接的联轴器,见图10－10。两个半联轴器分别装在两轴的轴端,并用键与轴联接。

凸缘联接器有两种结构类型:GY型见图10－10a,采用铰制孔用螺栓联接,利用铰制孔螺栓与铰制孔之间的配合来实现对中要求,并依靠螺栓受剪切和联接受挤压来传递转矩;GYD型见图10－10b,采用普通螺栓联接,两半联轴器制有凸肩或凹槽,通过凸肩与凹槽的配合来实现两轴对中,当拧紧螺栓后,由两半联轴器接触面间产生的摩擦力来传递转矩,装拆时需作轴向移动。

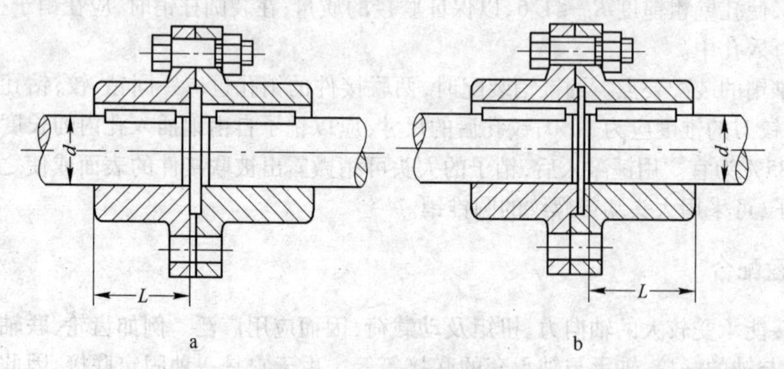

图10－10　凸缘联轴器
a—GY型;b—GYD型

凸缘联轴器结构简单、安装方便,成本低,且可传递较大的转矩。但它属于固定式刚性联轴器,不具有补偿两轴相对位移的能力,也无缓冲、减振能力,因此只适用于两轴的对中性好且载荷平稳的场合。

10.4.1.2　挠性联轴器

用联轴器联接的两轴,由于制造安装误差、承载后的变形、温度变化等原因,会造成两轴的轴线产生位移，为适应两轴轴线产生的位移，应选用挠性联轴器。

挠性联轴器可分为无弹性元件的挠性联轴器和有弹性元件的挠性联轴器两大类。

（1）无弹性元件的挠性联轴器。这类联轴器利用本身结构的相对移动量来补偿两轴的对中误差。常用的有十字滑块联轴器、万向联轴器和齿式联轴器等。

1）十字滑块联轴器。如图10－11，十字滑块联轴器由两个在端面上开有凹槽的半联轴器1、3和一个两面带有凸牙的中间盘2所组成。因凸牙可在凹槽中滑动，故可补偿安装及运转时两轴间的相对位移。

这种联轴器结构简单，尺寸小，允许的径向位移量 $y \leqslant 0.04d$（d 为轴径），允许的角位移 $\alpha \leqslant 30'$。但其不耐冲击、易磨损，所以，适用于低速、轴的刚度较大，且无剧烈冲击的场合。

为了减少滑动面间的摩擦和磨损，凹槽和凸牙的工作面间要注入润滑油。

2）万向联轴器。万向联轴器用于两轴相交某一角度的传动，两轴的角度偏移可达40°～50°。万向联轴器由两个叉形接头和十字销组成，叉形接头和十字销是铰接的，如图10－12所示。

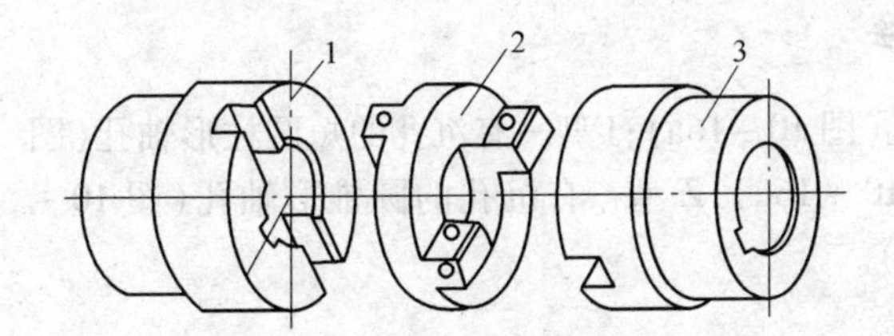

图10－11　十字滑块联轴器
1、3—半联轴器；2—中间盘

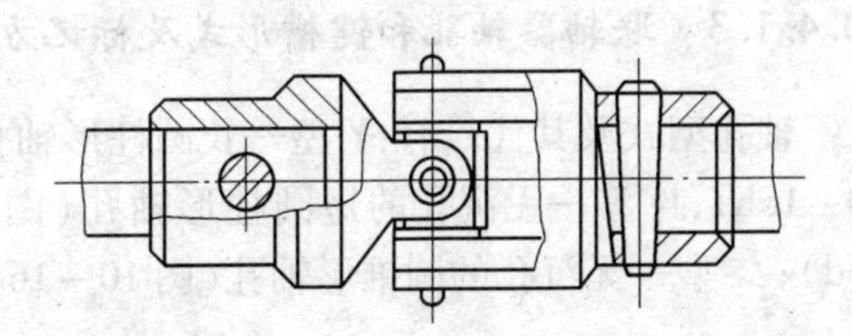
图10－12　万向联轴器

单万向联轴器的主要缺点是：当主动轴作等角速度转动时，从动轴的角速度在一定范围内作周期性变化，因而在传动中将产生附加动载荷，使传动不平稳。为了消除这一缺点，常将这种联轴器在一定条件下成对使用，使主动轴与从动轴同步转动。

万向联轴器结构紧凑，维护方便，能补偿较大的综合位移，且传递转矩较大，所以广泛应用于汽车、拖拉机及金属切削机床中。

3）齿式联轴器。齿式联轴器具有良好的补偿性，允许有综合位移。它由带有外齿的两个内套筒和带有内齿的两个外套筒所组成，如图10－13所示。

齿式联轴器可在高速重载下可靠地工作，常用于正反转变化多，起动频繁的场合。已在起重机、轧钢机等重型机械中广泛应用，但制造成本较高。

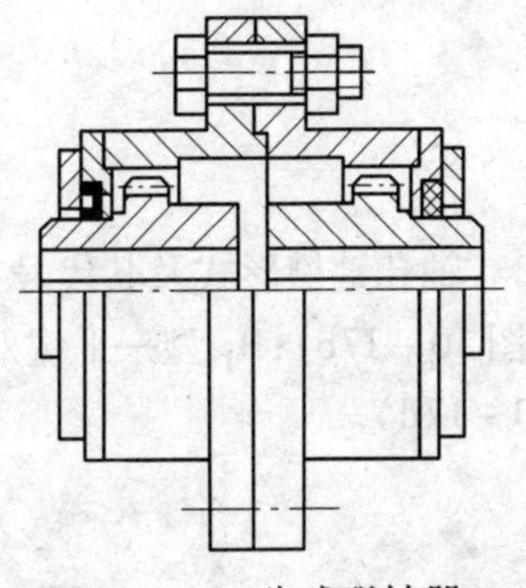
图10－13　齿式联轴器

（2）有弹性元件的挠性联轴器。有弹性元件的挠性联轴器靠弹性元件的弹性变形来补偿两轴轴线的相对位移，而且可以缓冲减振。常用的有弹性套柱销联轴器、弹性柱销联轴器和轮胎式联轴器等。

1）弹性套柱销联轴器。图10－14所示的弹性套柱销联轴器在结构上和凸缘联轴器很相似，只是用带有橡胶弹性套的柱销代替了联接螺栓。

这种联轴器容易制造，装拆方便，成本较低，不用润滑，但弹性套易磨损，寿命较短。适用于载荷平稳，需经常正、反转，启动频繁，转速较高，传递中、小转矩的轴。如多用在电动机的输出轴与工作机械的联接上。

2）弹性柱销联轴器。如图10－15所示的弹性柱销联轴器比弹性套柱销联轴器结构简单，制造容易,维修方便。弹性柱销用尼龙材料制成,有一定弹性而且耐磨性更好,但尼龙对温度敏感,所以要限制使用温度。

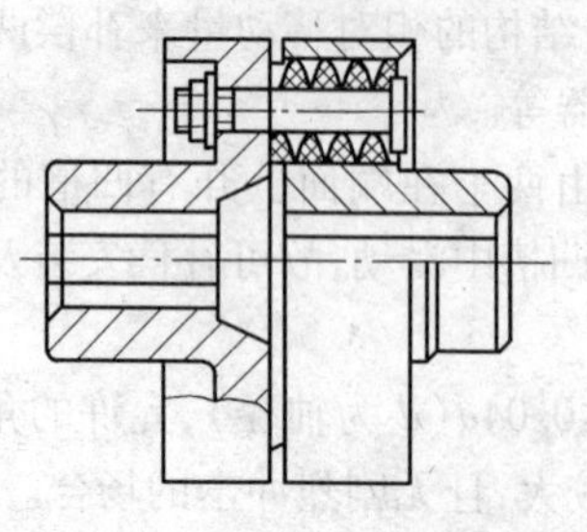

图 10 - 14 弹性套柱销联轴器

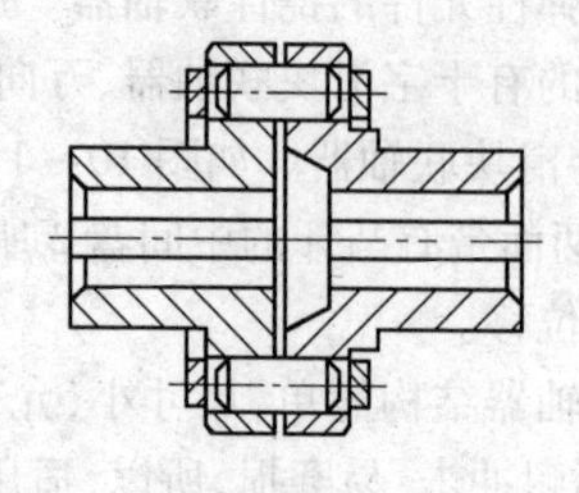

图 10 - 15 弹性柱销联轴器

弹性柱销联轴器适用于轴向窜动量较大,正反转启动频繁的传动。

10.4.1.3 联轴器轴孔和键槽形式及标记方法

轴孔型式及其代号有:Y 型—长圆柱形轴孔(图 10 - 16a);J 型—有沉孔的短圆柱形轴孔(图 10 - 16b);J_1 型—无沉孔的短圆柱形轴孔(图 10 - 16c);Z 型—有沉孔的圆锥形轴孔(图 10 - 16d);Z_1 型—无沉孔的圆锥形轴孔(图 10 - 16e)。

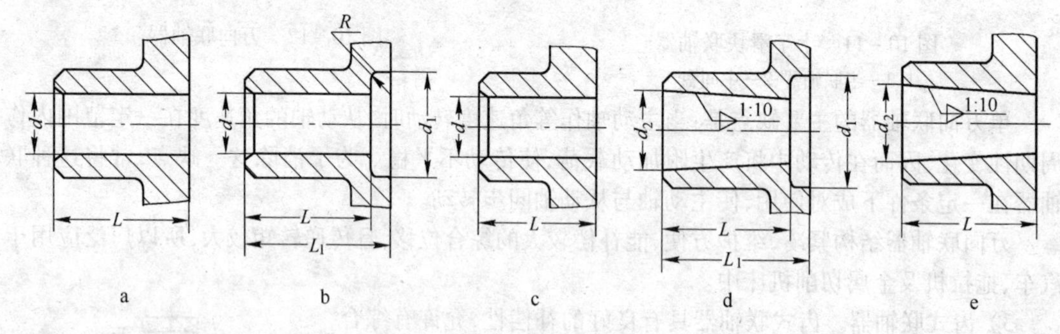

图 10 - 16 联轴器的轴孔型式

a—Y 型;b—J 型;c—J_1 型;d—Z 型;e—Z_1 型

轴孔键槽形式及其代号有:A 型—平键单键槽(图 10 - 17a);B 型—平键双键槽,120°布置(图 10 - 17b);B_1 型—平键双键槽,180°布置(图 10 - 17c);C 型—圆锥形轴孔平键单键槽(图 10 - 17d)。

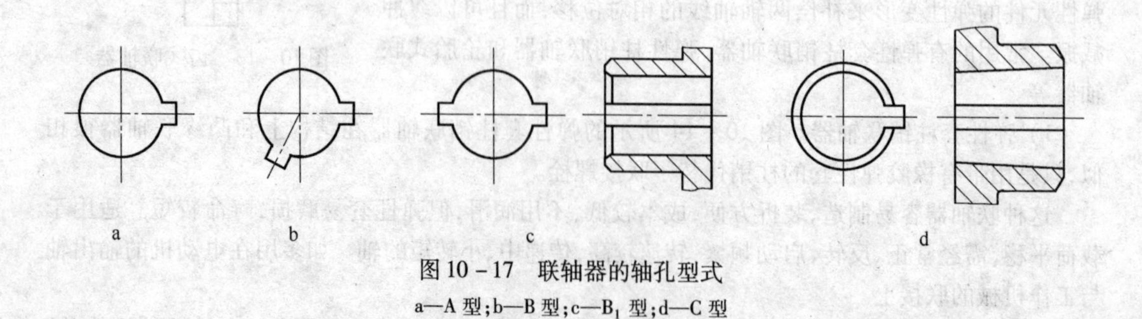

图 10 - 17 联轴器的轴孔型式

a—A 型;b—B 型;c—B_1 型;d—C 型

联轴器的标记如下：

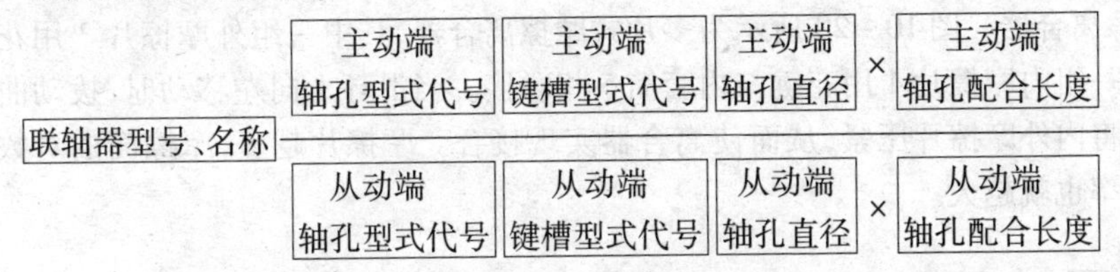

其中分子表示主动端的轴孔和键槽型式等，分母表示从动端的轴孔和键槽型式等。Y 型轴孔、A 型键槽的代号，标记中可以省略。联轴器两端轴孔和键槽的型式与尺寸相同时，只标记一端，另一端省略。

10.4.2 离合器

对离合器的要求是工作可靠，接合平稳，分离迅速而彻底；动作准确，调节和维修方便，操作方便省力，结构简单等。按控制方法不同，离合器可分为操纵式和自控式两类。常用的操纵式离合器有：牙嵌式离合器和摩擦式离合器等；自控式离合器有：安全离合器、超越离合器等。自控式离合器能根据机器运转参数（如转矩；转速或转向）的变化，而自动完成接合或分离动作。

10.4.2.1 牙嵌式离合器

如图 10－18 所示为牙嵌式离合器的典型结构图。它是由端面带牙的两半离合器 1、2 组成，通过啮合的齿来传递转矩。其中半离合器 1 固装在主动轴上，半离合器 2 利用导向平键或花键安装在从动轴上，对中环 3 固定在主动轴端的半离合器上，从动轴可在对中环内自由转动。工作时利用操纵杆带动滑环 4 使半离合器 2 作轴向移动，从而实现离合器的分离和接合。

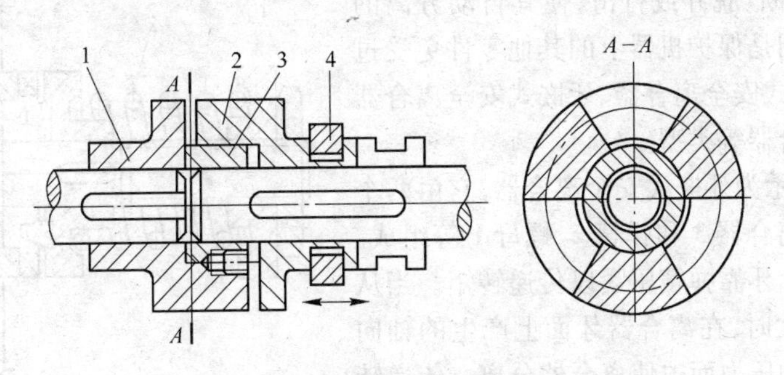

图 10－18 牙嵌式离合器

1、2—半离合器；3—对中环；4—滑环

离合器的牙型有三角形、矩形、梯形、锯齿形等。牙嵌式离合器结构简单，尺寸小，工作时无滑动，并能传递较大的转矩，故应用较多。其缺点是运转中接合时有冲击和噪声，必须在两轴转速差很小或停车时进行接合和分离。

10.4.2.2 摩擦式离合器

摩擦式离合器是靠工作面上所产生的摩擦力矩来传递转矩的。按其结构形式可将摩擦离合器分为圆盘式、圆锥式等。圆盘式摩擦离合器又可分为单片式和多片式两种。

（1）单片式摩擦离合器。图 10－19 所示为单片式摩擦离合器。工作时，操纵滑环 4 将摩擦片 3 与摩擦片 2 压紧，实现接合，主动轴 1 上的转矩即通过两片接触面间的摩擦力传到从动轴 5

上。单片式摩擦离合器结构简单，散热性好，但传递的转矩不大。

（2）多片式摩擦离合器。图 10－20 所示为多片式摩擦离合器，其中一组外摩擦片 3 用花键与外套筒 2 相联接，一组内摩擦片 4 用花键与内套筒 5 相联接。当滑环 1 向左移动时，拨动曲臂压杆 6 逆时针转动，将内外摩擦片压紧，从而使离合器实现接合。摩擦片越多，摩擦面的对数就越多，则所传递的功率也就越大。

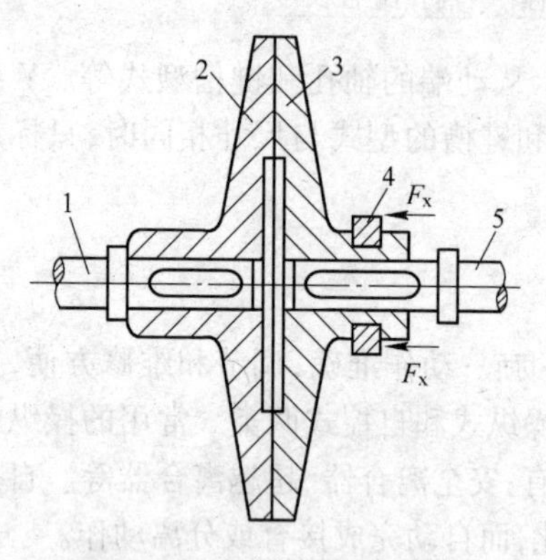

图 10－19　单片式摩擦离合器

1—主动轴；2、3—摩擦片；4—滑环；5—从动轴

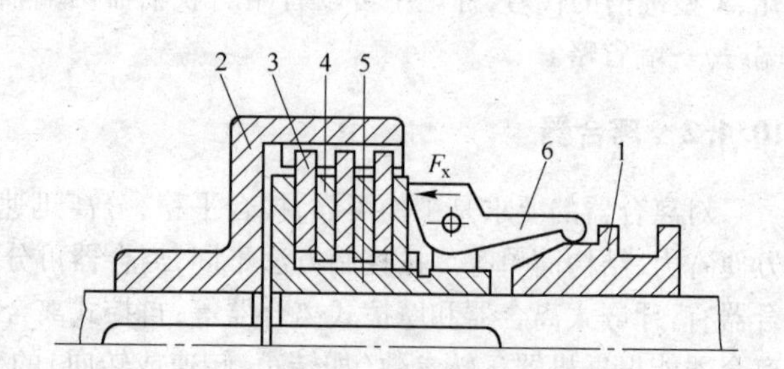

图 10－20　多片式摩擦离合器

1—滑环；2—外套筒；3—外摩擦片；4—内摩擦片；5—内套筒；6—压杆

10.4.2.3　安全离合器

安全离合器是一种当工作转矩超过某一极限值时，通过元件的剪断、脱开或打滑，使其自动分离的离合器。它的功用是保护机器上的其他零件免受过载而损坏，有剪切式安全离合器、牙嵌式安全离合器及滚珠式安全离合器等类型。

图 10－21 所示为牙嵌式安全离合器，它由两个端面上带牙的半离合器 3 和弹簧 2、螺母 1 等组成。两半离合器的端面牙靠弹簧压紧以传递转矩。当从动轴上的载荷过大时，在离合器牙面上产生的轴向分力将超过弹簧的压力而迫使离合器分离。传递转矩的大小可通过螺母调节弹簧的压力来实现。

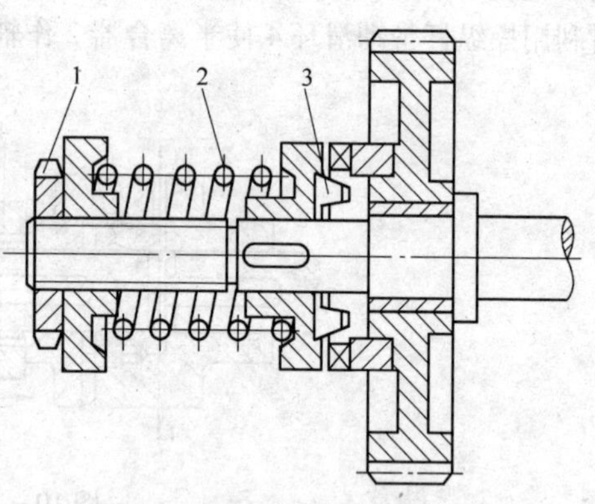

图 10－21　牙嵌式安全离合器

1—螺母；2—弹簧；3—半离合器

10.4.2.4　超越离合器

超越离合器又称定向离合器，只能传递单向转矩，反向时就自动分离。图 10－22 所示为滚柱式超越离合器，它由星轮 1、外圈 2、滚柱 3 和弹簧 4 组成。若星轮 1 为主动件，当它作顺时针方向转动时，因滚柱被楔紧而使离合器处于接合状态；当它作逆时针转动时，因滚柱被放松而使离合器处于分离状态。若外圈 2 为主动件时，则情况刚好相反，即外圈逆时针转动时，离合器接合；当外圈顺时针转动时，离合器又处于分离状态。

滚柱式超越离合器尺寸小，接合和分离平稳、无噪声，可在高速运转中接合，故它广泛应用于金属切削机床、汽车、摩托车和各种起重设备的传动装置中。

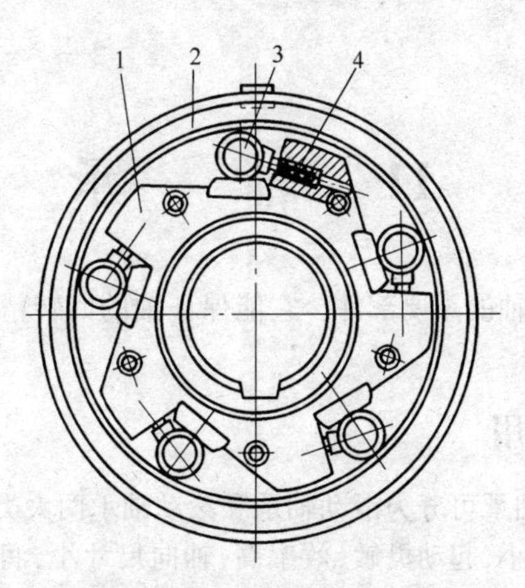

图 10-22 滚柱式超越离合器

1—星轮;2—外圈;3—滚柱;4—弹簧

思考题

10-1 轴在机器中的功用是什么？轴按承载情况分为哪几类？

10-2 转轴制成阶梯状,是考虑了什么要求？

10-3 轴上零件的轴向固定和周向固定常采用什么方法？

10-4 平键联接装配时有哪些注意事项？

10-5 简述花键联接的特点和类型。

10-6 销联接的作用？适用什么场合？

10-7 联轴器可分为哪几类？

10-8 万向联轴器的结构特点是什么？

10-9 常用的弹性联轴器有哪几种？

10-10 试述牙嵌式离合器的结构特点和应用场合。

10-11 超越离合器有何使用特点？

11 轴　　承

轴承是机器中用来支承轴的重要部件。它能保证轴的回转精度,减少回转轴与支承之间的摩擦和磨损。

11.1　轴承的分类及应用

根据摩擦性质的不同,轴承可分为滑动轴承和滚动轴承两大类。

滚动轴承具有摩擦力矩小,起动灵敏,效率高,轴向尺寸小,润滑及维修方便等优点;其主要缺点是:承受冲击载荷能力较差,高速运转时易产生振动和噪声,径向尺寸较大,使用寿命也较低。

滑动轴承与滚动轴承比较,其主要特点是工作平稳,噪声较低,工作可靠,润滑油膜具有缓冲和吸振能力,且径向尺寸小,可制成剖分结构;但启动摩擦阻力大,维护要求高。滑动轴承主要应用于:

(1) 要求转速特高的轴承;

(2) 对轴的支承位置要求特别精确的轴承;

(3) 重型或承受巨大的冲击和振动载荷的轴承;

(4) 径向空间尺寸受到限制的轴承;

(5) 根据装配要求必须制成剖分式的轴承(如曲轴的轴承);

(6) 在特殊工作条件下(如在水中或腐蚀性介质中)工作的轴承。

11.2　滑动轴承的类型、材料和轴瓦结构

11.2.1　滑动轴承的类型

滑动轴承一般由轴瓦和轴承座组成。工作时,轴瓦与轴颈之间的相对滑动产生滑动摩擦。按照使用润滑剂的情况可分为液体润滑轴承、半液体润滑轴承、固体润滑轴承、气体润滑轴承等。所谓液体润滑轴承是指轴(颈)和轴承的摩擦表面被液体润滑剂形成的油膜完全隔开而不直接接触的滑动轴承。根据润滑油膜形成原理的不同,又可分为液体动压轴承和液体静压轴承。所谓液体动压轴承,是指在当设备启动时,润滑油的黏性使轴颈对润滑油具有携带作用,润滑油被轴颈表面由轴承衬楔形间隙的宽空隙带到狭空隙,润滑油在狭空隙处集结而产生压力,在轴颈与轴承衬下部形成油楔。当油楔产生的压力平衡轴的载荷时,便把轴浮起,形成油膜,即实现液体摩擦。所谓液体静压滑动轴承,是通过一套高压供油系统和节流器,在轴还处于静止状态时,就能平衡负载把轴颈浮起形成液体润滑。它的优点是可以由低速到高速、由轻载到重载、由小型到大型机械设备上采用;油膜刚性好,运转精度高,工作平稳,启动、制动时液体润滑状态不会遭到破坏,故寿命长;摩擦系数小,机械效率高;轴承材料和加工工艺要求比液体动压滑动轴承高。同时,密封装置质量要求严格,结构比较复杂。

所谓半液体润滑轴承是指轴(颈)与轴承的摩擦表面被液体润滑剂形成的油膜部分地隔开的滑动轴承。

根据承受载荷的方向,滑动轴承又可分为径向滑动轴承和止推滑动轴承两类。径向滑动轴承用于承受径向力,止推滑动轴承则用于承受轴向力。

径向滑动轴承的结构形式有整体式、剖分式和调心式等,止推滑动轴承的结构形式有实心式、空心式和多环式等。

11.2.1.1　径向滑动轴承

(1) 整体式滑动轴承。图 11－1 是一种常见的整体式滑动轴承,用螺栓与机架联接。轴承座的孔内压有用耐磨材料制成的轴瓦(也称轴套),并采用较紧的配合,一般为 H8/s7。为了进行润滑,在轴承座顶部加工有螺纹孔,用来安装润滑油杯,在轴套的对应部位相应加工有油孔和油槽。整体式滑动轴承也可以在机架上直接加工出轴承孔,再压入轴套来实现。

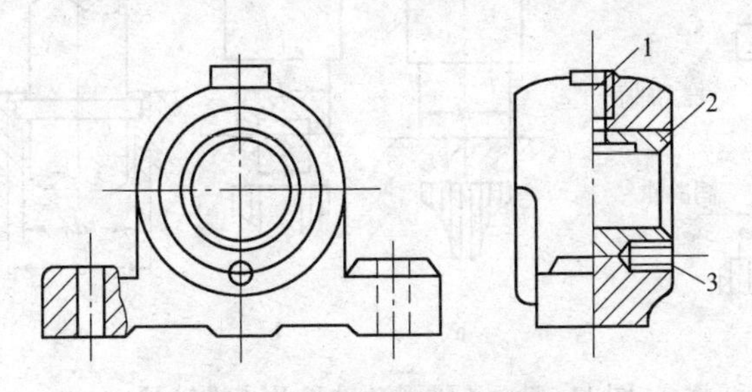

图 11－1　整体式滑动轴承
1—油孔;2—轴瓦;3—紧定螺钉

这类轴承具有结构简单、制造方便、价格低廉和刚度较大等优点;但轴瓦磨损后出现的间隙无法调整,只能更换,装拆时必须作轴向移动,不太方便。因而只适用于低速、轻载和间歇工作的场合。

(2) 剖分式滑动轴承。剖分式滑动轴承的结构如图 11－2 所示。它由轴承座 5、轴承盖 3、轴瓦 4、螺栓 2 等组成。多数轴承的剖分面是水平的(图 11－2a),也有 45°斜开的(图 11－2b)。选用时应保证轴承所受径向载荷的方向在垂直于剖分面的轴承中心线左右各 35°范围以内。

剖分式滑动轴承装拆方便,轴瓦磨损后间隙可以调整,应用广泛。

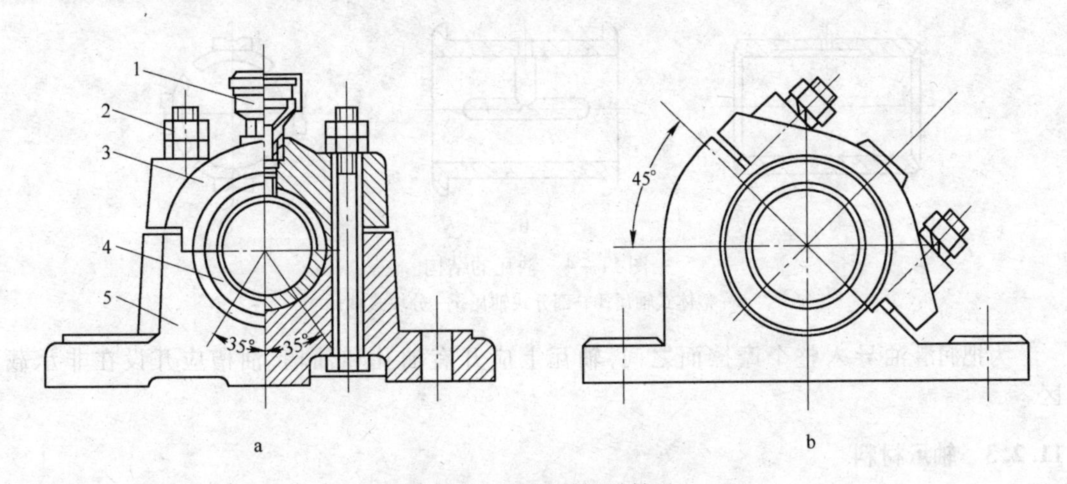

图 11－2　剖分式滑动轴承
a—水平剖分式;b—45°倾斜剖分式
1—油杯;2—螺栓;3—轴承盖;4—轴瓦;5—轴承座

11.2.1.2 止推滑动轴承

止推滑动轴承如图 11－3 所示，轴颈的结构形式有实心、空心、环形、多环形四种。图 11－3 中 d 为轴颈或轴环的外径，d_0 为轴颈或轴环的内径。由于支承面上各点的线速度不同，离中心越远的点，相对滑动速度越大，则磨损越快，从而使实心轴颈端面上的压力分布极不均匀，靠近中心处的压强极高。因此一般机器中多采用空心轴颈和环形轴颈。多环轴颈不仅能承受双向轴向载荷，且承载能力较大。

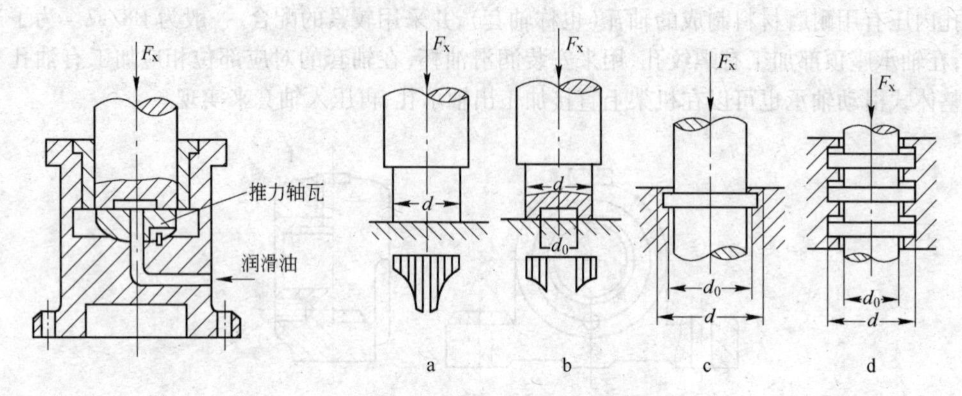

图 11－3 止推滑动轴承及止推轴颈

a—实心；b—空心；c—环形；d—多环

11.2.2 轴瓦结构

轴瓦是直接与轴颈接触的部分，它的工作面既是承载表面又是摩擦表面，故轴瓦是滑动轴承中最重要的零件，它的结构形式和性能将直接影响轴承的寿命、效率和承载能力。

轴瓦的结构如图 11－4 所示，有整体式、剖分式和分块式轴瓦三种。整体式轴瓦（轴套）用于整体式滑动轴承；剖分式轴瓦用于剖分式滑动轴承；为了便于运输、装配和调整，大型滑动轴承一般采用分块式轴瓦。

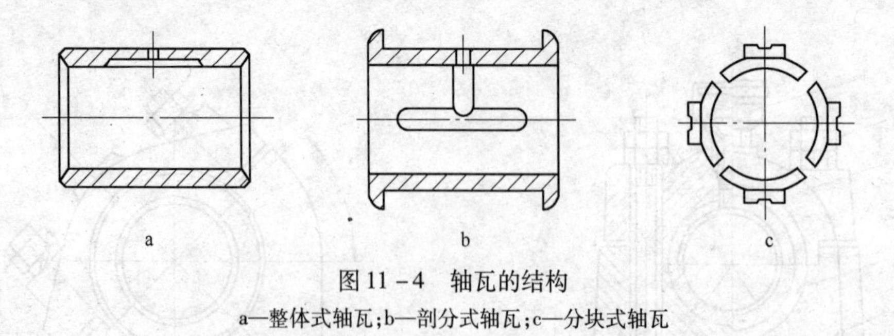

图 11－4 轴瓦的结构

a—整体式轴瓦；b—剖分式轴瓦；c—分块式轴瓦

为把润滑油导入整个摩擦面之间，轴瓦上应开有油孔和油槽，油槽应开设在非承载区。

11.2.3 轴承材料

根据滑动轴承的工作情况，要求轴承材料应具有良好的减摩性、耐磨性和抗胶合性，足够的强度，易跑合，易加工等性能。

轴承材料有金属材料、粉末冶金材料和非金属材料几类。

(1) 金属材料。

1) 铸造轴承合金。包括铸造锡基轴承合金、铸造铅基轴承合金、铸造铜基轴承合金、铸造铝基轴承合金等四种。

2) 铸铁。主要有锑铸铁、锡铸铁等。铸铁减振性良好,耐磨性、切削性也较好,价格低,但质脆,跑合性差。宜用于轻载、低速和无冲击的场合。

(2) 粉末冶金材料。粉末冶金材料是用铁或铜的粉末与石墨的粉末混合,经高压成型和烧结而成的多孔性材料。这种材料制造的成形轴承,可在材料孔隙中吸贮大量润滑油,具有自润滑作用,故又称为含油轴承。粉末冶金材料的价格低廉,耐磨性好,但韧性差。适用于载荷平稳、低速、加油困难或要求清洁的机械(如食品、纺织等机械)上。

(3) 非金属材料。常用的非金属材料有塑料、橡胶和木材等,其中塑料用得最多,如酚醛塑料、聚酰胺(尼龙)和聚四氟乙烯等。塑料的优点是耐磨、耐腐蚀、摩擦因数小,具有良好的吸振和自润滑性能;缺点是承载能力低,热变形大,导热性和尺寸稳定性差。

11.3　滑动轴承的润滑

滑动轴承一般都需要使用润滑剂进行润滑,主要是为了降低摩擦、减少磨损和表面损坏,同时还可以起到冷却、吸振、防尘、防锈等作用。

11.3.1　润滑材料

常用的润滑材料有润滑油、润滑脂、石墨和二硫化钼,还有用空气作润滑剂的。最常用的是润滑油。

润滑油最主要的性能指标是黏度,它也是选择润滑油的主要依据。黏度是流体抵抗变形的能力,它是反映流体内摩擦性能的指标。黏度越大,油膜强度越高,承载能力越大,但流动性差,内摩擦力大。一般在低速、重载的工作条件下,选择黏度高的润滑油;高速轻载的工作条件下,应采用黏度低的润滑油。

具体选择润滑油时,通常先按轴承的平均压强和滑动速度选择润滑油的运动黏度,然后再根据使用场合和使用要求来选择润滑油的品种和具体牌号。

润滑脂是由矿物油或合成油与皂或其他稠化剂混合而成的稳定半固体(或固体)润滑剂。目前应用最多的是在矿物油中分别加入钙、钠、锂等碱金属皂类而制成的钙基、钠基和锂基润滑脂。润滑脂的主要性能指标是稠度和滴点,此外还有抗水性、机械稳定性和防锈性等。所谓稠度是指润滑脂在外力作用下抵抗变形的能力,它用锥入度(针入度)来定量表示。锥入度是指用质量为15g的标准圆锥体在25℃的恒温下,由脂表面经5s后沉入脂内的深度(以0.1mm为单位)。锥入度越小,表示稠度越大,则脂的承载能力大,密封性好,但摩擦阻力大,不适用于高速轴承。所谓滴点是在规定的加热条件下润滑脂从标准量杯的孔口滴下第一滴时的温度。它标志着润滑脂的耐热性能,选用时应使脂的滴点比轴承工作温度高15~20℃。

通常钙基润滑脂的耐热性较差,而抗水性较好;钠基润滑脂则耐热性较好,而抗水性较差;锂基润滑脂的耐热性和抗水性均较好,但价格较贵。

润滑脂比较黏稠,油膜强度高,承载能力大,且容易密封而不易流失,故更换周期长;但润滑脂的摩擦阻力大,润滑效果不如润滑油好,因此一般只用于要求不高的低速轴承或难以经常供油的轴承。

11.3.2　润滑方法和润滑装置

对于滑动轴承的润滑，除了正确选择润滑剂外，还应选择适当的润滑方法和润滑装置；通常可根据轴承的载荷系数 k 值来确定，其经验公式如下

$$k=\sqrt{pv^3}=\sqrt{\frac{F}{Bd}v^3} \tag{11-1}$$

式中　p——轴承的压强，MPa；

v——轴颈的圆周速度，m/s；

F——轴承的载荷，N；

d——轴承的直径，mm；

B——轴承的宽度，mm。

k 值愈大，表示轴承的载荷愈大，速度愈高，则发热量愈多、磨损愈快，因此相应的润滑要求也愈高。不同 k 值时推荐的润滑方法和润滑装置见表 11－1。

表 11－1　滑动轴承润滑方法的选择

载荷系数 k	润滑剂	润滑方法	润滑装置	适用场合
$k \leqslant 2$	润滑脂	手动供脂间歇润滑	旋盖式油杯，见图 11－5	低速轻载不重要的滑动轴承
	润滑油	手动供油间歇润滑	压注油杯，见图 11－6；旋套式油杯，见图 11－7	
$k=2\sim16$	润滑油	滴油润滑	油绳润滑的 A 型弹簧盖油杯，见图 11－9；针阀式油杯，见图 11－8	中低速、轻中载滑动轴承
$k=16\sim32$	润滑油	油环润滑	油环润滑，见图 11－10	中速、中载滑动轴承
	润滑油	飞溅润滑	依靠运动件飞溅	
	润滑油	压力循环润滑	油泵供油系统	
$k \geqslant 32$	润滑油	压力循环润滑	油泵供油系统	高速、重载重要滑动轴承

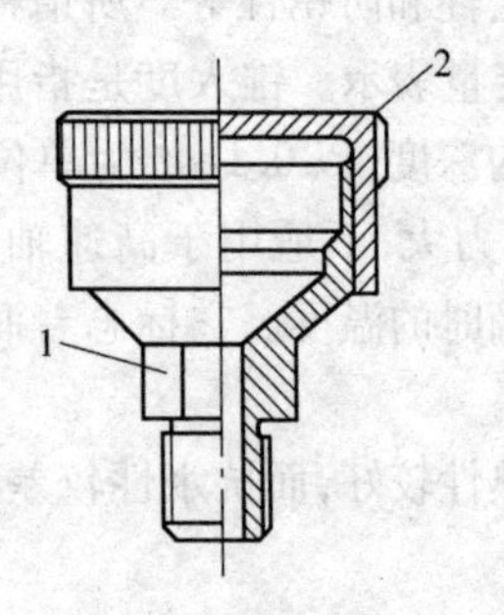

图 11－5　旋盖式油杯

1—杯体；2—杯盖

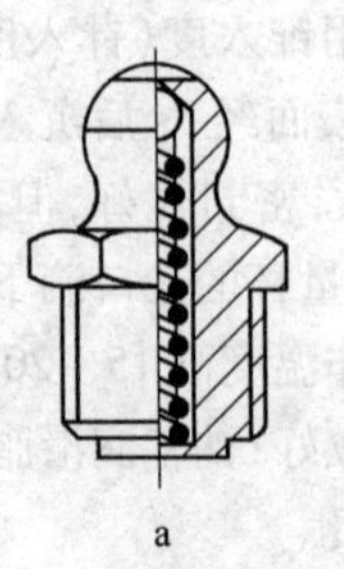

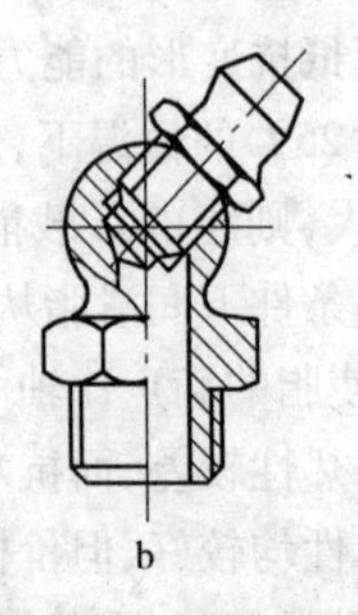

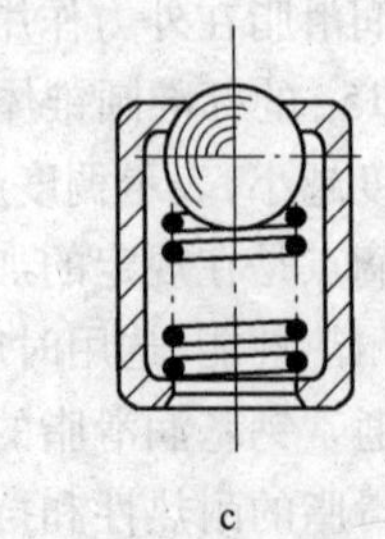

图 11－6　压注油杯

a—直通式；b—接头式；c—压配式

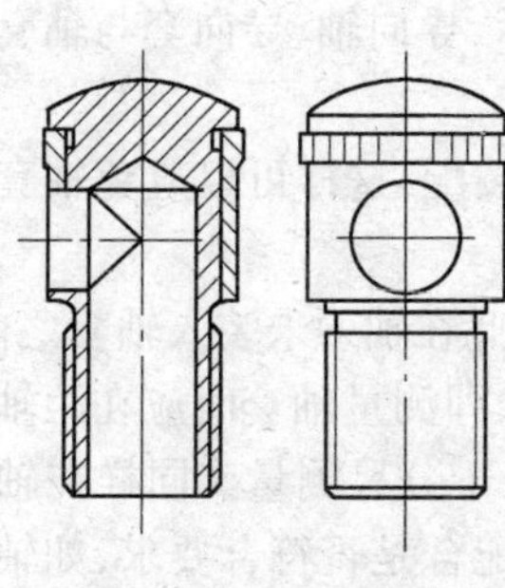

图 11-7 旋套式油杯

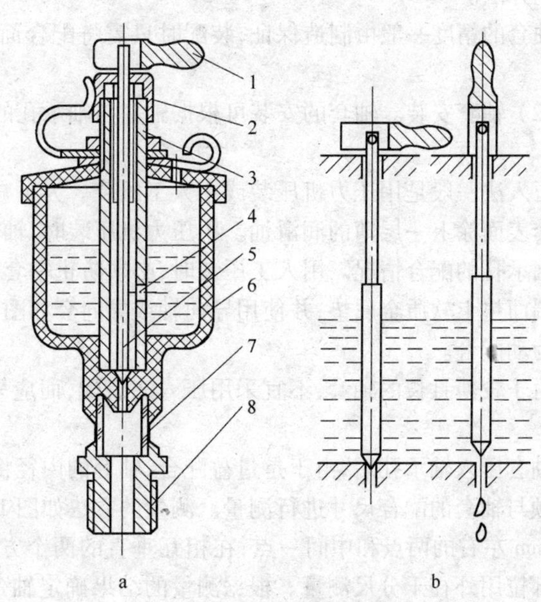

图 11-8 针阀式油杯

a—结构图；b—工作原理图

1—手柄；2—调节螺母；3—弹簧；4—油孔；

5—针阀；6—杯体；7—观察窗口；8—螺纹

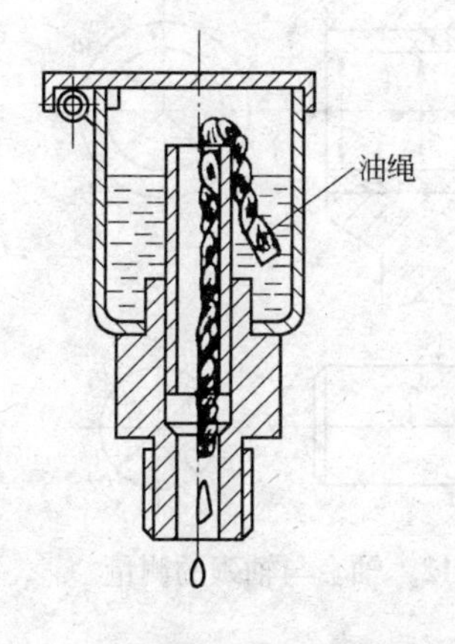

图 11-9 油绳润滑的 A 型弹簧盖油杯

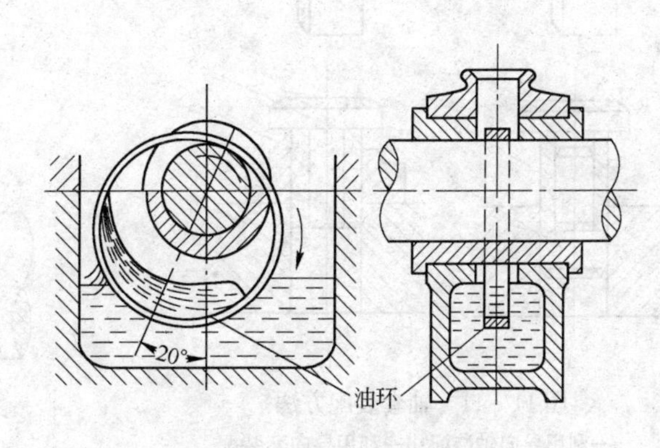

图 11-10 油环润滑

11.4 滑动轴承的装配与维护

11.4.1 滑动轴承的装配

11.4.1.1 整体式滑动轴承的装配

整体式滑动轴承的装配过程主要包括轴套与轴承孔的清洗、检查、轴套安装等步骤。

(1) 轴套与轴承孔的清洗检查。轴套与轴承孔用煤油或清洗剂清洗干净后，应检查轴套与轴承孔的表面情况以及配合过盈量是否符合要求，然后再根据尺寸以及过盈量的大小选择轴套的装配方法。

轴套的精度一般由制造保证,装配时只需将配合面的毛刺用刮刀或油石清除。必要时才作刮配。

(2) 轴套安装。轴套的安装可根据轴套与轴承孔的尺寸以及过盈量的大小选用压入法或温差法。

压入法一般是用压力机压装或用人工压装。为了减少摩擦阻力,使轴套顺利装入,压装前可在轴套表面涂上一层薄的润滑油。用压力机压装时,轴套的压入速度不宜太快,并要随时检查轴套与轴承孔的配合情况。用人工压装时,必须防止轴套损坏。不得用锤头直接敲打轴套,应在轴套上端面垫上软质金属垫,并使用导向轴或导向套如图 11 - 11 所示,导向轴、导向套与轴套的配合应为动配合。

对于较薄且长的轴套,不宜采用压入法装配,而应采用温差法装配,这样可以避免轴套的损坏。

轴套压入轴承孔后,由于是过盈配合,轴套的内径将会减小,因此在轴颈未装入轴套之前,应对轴颈与轴套的配合尺寸进行测量。测量的方法如图 11 - 12 所示,即测量轴套时应在距轴套端面 10mm 左右的两点和中间一点,在相互垂直的两个方向上用内径千分尺测量。同样在轴颈相应的部位用外径千分尺测量。根据测量的结果确定轴颈与轴套的配合是否符合要求,如轴套内径小于规定的尺寸,可用铰刀或刮刀进行刮修。

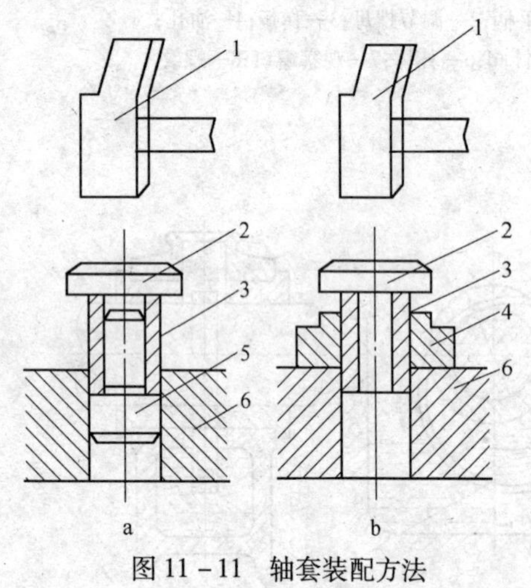

图 11 - 11　轴套装配方法

a—利用导向轴装配;b—利用导向套装配

1—手锤;2—软垫;3—轴套;

4—导向套;5—导向轴;6—轴承孔

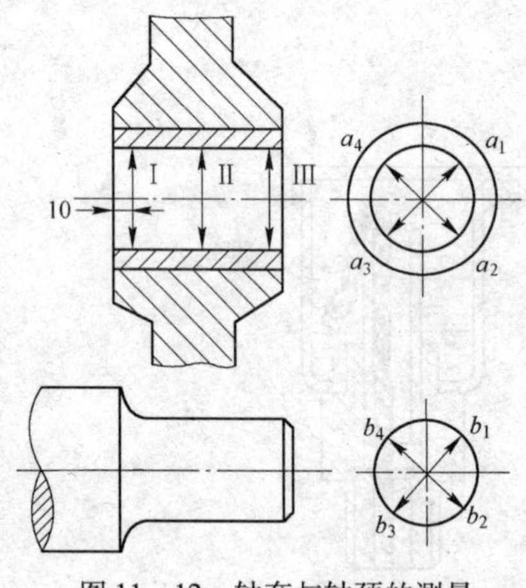

图 11 - 12　轴套与轴颈的测量

11.4.1.2　剖分式滑动轴承的装配

剖分式滑动轴承装配工艺的要点如下:

(1) 技术文件已有要求按技术文件进行装配。

(2) 通用装配工艺要求。

1) 轴瓦与轴承座、盖的装配。上、下轴瓦与轴承座、盖装配时,应使轴瓦背与座孔贴实,如贴合不良,则对原轴瓦以座孔为基准修刮其背部。但对薄轴瓦则不能修刮,可另行选配。为了达到配合的紧密性,轴瓦的剖分面应比轴承体剖分面高出一些,其值一般为 0. 01 ~ 0. 05mm。轴瓦装入时,在对合面上要垫上木板,用手锤轻轻敲入,以避免将对合面敲毛,影响装配质量。

2）为了使轴瓦与轴颈的接触良好,需要用对合轴瓦与其相配的轴进行配刮。刮削前,要检查轴瓦的油槽、油孔是否已经加工好,否则不能进行刮研。配刮时,在上、下轴瓦上涂红丹粉,然后用螺栓把轴承盖、配刮轴、轴瓦等都装好,并轻轻紧固。同时要转动配刮轴进行研点,螺母旋紧的程度,可以随着刮削的次数,减薄垫片的厚度来调节,当螺母均匀紧固后,配刮轴能够轻轻地转动且无间隙。

10.4.2 滑动轴承的维护

滑动轴承除正常的磨损外,由于装配、调整、润滑、密封、外部条件劣化等原因,使滑动轴承出现不同程度的研伤、划道、咬焊、锈蚀等,严重时甚至发生咬住,轴瓦熔化等恶性事故。所以,滑动轴承列入设备点检制中重点检测点之一。

引起滑动轴承故障的主要原因有:

(1) 材料性质。轴的金属材料材质要有一定的硬度,使轴颈表面具备良好的韧性和耐磨性。轴承衬材料要选择正确,特别是在设备检修工作中需要更换轴承衬时,一定要认真选择适用的材料,使其主要化学成分等于或略优于原有轴承衬材料。从而避免急剧磨损事故的发生。

(2) 轴颈表面与轴瓦表面之间接触点的面积大小。轴瓦表面在调整刮研工作中,同轴之间接触的点面要符合有关规定的要求,使单位面积负荷在允许的范围之内。以避免轴承温度异常,烧坏轴瓦事故的发生。

(3) 润滑情况。滑动轴承在正常运行中,轴颈被油膜浮起,设备的载荷由润滑油分子的内部摩擦力承担。构成液体摩擦必须具备如下条件:

1）轴承衬接触点必须符合规定的要求。

2）工作表面有一定的圆周速度。

3）在工作表面上经常有适当压力的润滑油,润滑油的成分必须符合要求。

4）装配正确,调整合理。

5）轴承的入口油温不低于20℃。

液体摩擦,如被破坏后,轴颈与轴承衬就会加剧磨损,造成不应有的事故发生。杜绝滑动轴承故障的措施:

(1) 遵守规定的润滑制度;

(2) 履行设备点检制度;

(3) 遵守维修、装配或安装规程(或操作标准);

(4) 认真按化学成分选择轴承材料,不可以劣充优;

(5) 按图纸要求进行机加工,装配按质量标准进行;

(6) 轴瓦的油孔、油槽开得正确无误等。

11.5 滚动轴承的类型及选择

11.5.1 滚动轴承的基本结构和材料

滚动轴承的基本结构如图 11－13 所示,由内圈、外圈、滚动体和保持架组成。内圈与轴颈配合,外圈与轴承座孔或机座孔配合。工作时,常见的是内圈随轴一起转动,外圈固定不动。一般内、外圈设有凹槽滚道,滚动体沿其滚动。因此,滚动轴承是滚动体与内、外圈滚道之间的滚动摩擦,不会损坏轴颈。保持架的作用是使滚动体隔开,以避免滚动体之间的摩擦与磨损。

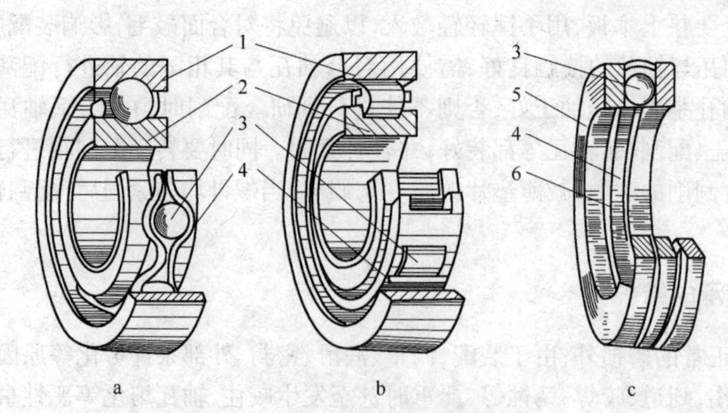

图 11－13　滚动轴承的基本结构

a—深沟球轴承；b—圆柱滚子轴承；c—推力球轴承

1—内圈；2—外圈；3—滚动体；4—保持架；5—轴圈；6—座圈

常见的滚动体有球、圆柱滚子、球面滚子、圆锥滚子及滚针等。

滚动轴承的内、外圈及滚动体均用强度高、耐磨性好的含铬合金钢制造，例如 GCr9，GCr15 或 GCr15SiMn 等。工作表面经过磨削和抛光，经过淬火后，表面硬度可达到 60～65HRC。保持架常用低碳钢冲压后铆接或焊接而成，也可用有色金属和工程塑料制作。

11.5.2　滚动轴承的类型

按滚动体的形状，滚动轴承可分为球轴承和滚子轴承两大类。球轴承制造工艺简单，极限转速高，价廉，但承载能力较低；滚子轴承承载能力、耐冲击能力和轴承刚性都较高，但极限转速较低，价格比球轴承高。

按承载方向，滚动轴承可分为向心轴承和推力轴承两大类。滚动体与外圈滚道接触点处的法线与轴承径向平面之间的夹角，称为公称接触角 α，如图 11－14 所示。

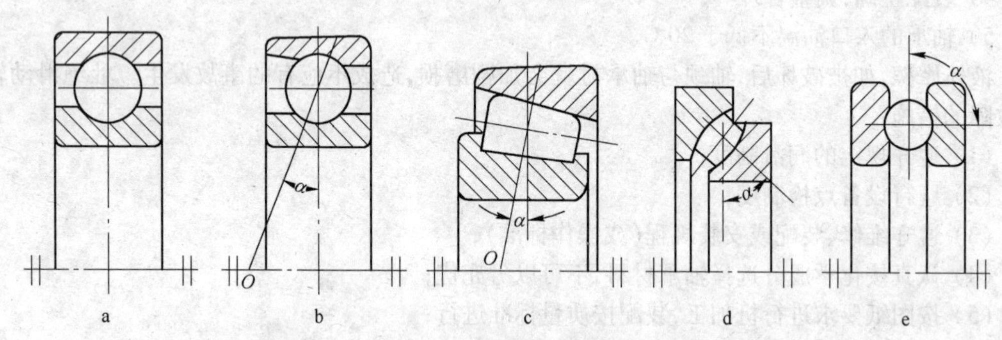

图 11－14　滚动轴承的接触角

a—$\alpha=0°$；b—$0°<\alpha\leqslant45°$；c—$0°<\alpha\leqslant45°$；d—$45°<\alpha<90°$；e—$\alpha=90°$

α 是滚动轴承的一个重要参数。α 越大，轴承承受轴向载荷的能力越大。向心轴承包括径向接触轴承（$\alpha=0°$）和向心角接触轴承（$0°<\alpha<45°$）；推力轴承包括推力角接触轴承（$0°<\alpha<45°$）和轴向接触轴承（$\alpha=90°$）。

按滚动轴承工作时能否调心分为调心轴承和刚性轴承。调心轴承滚道表面制成球面，能适应两滚道轴心线间的角偏差和角运动的轴承，从而可顺应轴的偏斜；刚性轴承能抵抗滚道间轴心线不准位的轴承，即不能调心的轴承。

按滚动体的列数分类，轴承可分为单列轴承、双列轴承和多列轴承。

此外，尚有一般轴承与无保持架轴承、无内圈轴承、无外圈轴承或无套圈（内外圈的统称）轴承；普通轴承与组合轴承；通用轴承与专用轴承等。表 11－2 列举了滚动轴承的基本类型及特性。

表 11－2 滚动轴承的基本类型、主要性能及应用

轴承类型	类型代号	简图	承载方向	主要特点及应用
双列角接触球轴承	0		F_r F_a F_a	具有相当于一对角接触球轴承背靠背安装的特性
调心球轴承	1		F_r F_a F_a	主要承受径向负荷，也可承受不大的轴向负荷；能自动调心，允许角偏差小于 2°～3°；适用于多支点传动轴、刚性小的轴等
调心滚子轴承	2		F_r F_a F_a	与调心球轴承特性基本相同，但具有较大的承载能力。常用于其他种类轴承不能胜任的重载情况
圆锥滚子轴承	3		F_r F_a	可同时承受径向载荷和单向轴向载荷，承载能力高；内、外圈可以分离，轴向和径向间隙易调整。常用于斜齿轮轴、锥齿轮轴等，一般成对使用
推力球轴承 5100	5		F_a	只能承受轴向载荷，5100 用于承受单向轴向载荷，5200 用于承受双向轴向载荷；不宜在高速下工作
双向推力球轴承 5200	5		F_a F_a	
深沟球轴承	6		F_r F_a F_a	主要承受径向载荷，也可承受一定的轴向载荷；极限转速较高，当量摩擦因数最小；承受冲击能力差。适用于刚性较大的轴
角接触球轴承	7		F_r F_a	可承受径向和单向轴向载荷；接触角愈大，承受轴向载荷的能力愈大，通常成对使用；适用于刚性较大、跨距较小的轴

续表 11－2

轴承类型	类型代号	简 图	承载方向	主要特点及应用
圆柱滚子轴承（外圈无挡边）	N		F_r	内外圈可以分离，内外圈允许有少量轴向移动；能承受较大的冲击载荷；承载能力比深沟球轴承大；适用于刚性较大、对中性良好的轴

11.5.3 滚动轴承的代号

国家标准中规定了滚动轴承的代号。滚动轴承代号由基本代号、前置代号和后置代号三部分组成，用数字和字母等表示。滚动轴承代号通常都压印在轴承外圈的端面上。排列顺序如下：

前置代号	类型代号	尺寸系列代号	内径代号	后置代号
	基 本 代 号			

11.5.3.1 基本代号

基本代号表示轴承的基本类型、结构和尺寸，是轴承代号的基础。它由轴承类型代号、尺寸系列代号（由直径系列代号和宽度系列代号组合而成）和内径代号构成。一般为五位数字或字母加四位数字。

（1）内径代号。右起第一、二位数字为内径代号，表示轴承内径尺寸的大小，其含义见表 11－3。

表 11－3 轴承的内径代号

内径代号	查手册	00	01	02	03	查手册			04～96	查手册
轴承内径/mm	<10	10	12	15	17	22	28	32	代号数字×5	≥500

（2）尺寸系列代号。右起第三、四位数字表示轴承的直径系列代号和宽（高）度系列代号。组合排列时，宽（高）度系列在前，直径系列在后。

对滚动轴承的每一个标准内径，对应都有一个外径（包括宽度）的递增系列（因而承载能力也相应增加），称为直径系列。用数字 7、8、9、0、1、2、3、4、5 表示，外径和宽度依次增大。其中常用的为 0、1、2、3、4 依次称为超轻系列、特轻系列、轻系列、中系列和重系列。

对每一轴承内径和直径系列的轴承，都有一个宽度的递增系列，称为宽度系列。即对于相同内径和外径的同类轴承，还有几种不同的宽度。对推力轴承，则为高度系列代号，是指轴承高度的变化。宽度系列用数字 8、0、1、2、3、4、5、6 表示，宽度依次增加，其中常用的为 0（窄系列）、1（正常系列）、2（宽系列）、3（特宽系列）。

对推力球轴承，1 表示单向，2 表示双向。

当宽度系列为 0 系列时：对多数轴承可省略。例如：轻窄系列深沟球轴承的宽度系列代号为 0，可不标，故某一轻窄系列深沟球轴承的代号为 6200，而不是 60200。

（3）类型代号。右起第五位数字或字母表示轴承的类型。常用滚动轴承的类型代号、名称和主要特点及应用见表 11－2。

11.5.3.2 前置代号

轴承的前置代号用于表示轴承的分部件，用字母表示。如：用L表示可分离轴承的可分离套圈，K表示轴承的滚动体与保持架组件等。

11.5.3.3 后置代号

轴承的后置代号是用字母和数字等表示轴承的结构、公差及材料的特殊要求等。后置代号的内容很多，下面介绍几个常用的代号。

(1) 内部结构代号。表示同一类型轴承的不同内部结构，用字母紧跟着基本代号表示。角接触球轴承有三种结构，70000C($\alpha=15°$)，70000AC($\alpha=25°$)，70000B($\alpha=40°$)。

(2) 公差等级代号。滚动轴承的公差等级分为2、4、5、6x、6和0共6个级别，依次由高级到低级。0级为普通级，在轴承代号中不标出，其余代号分别为/P2、/P4、/P5、/P6x和/P6。其中，6x级仅适用于圆锥滚子轴承。

(3) 游隙代号。滚动轴承径向游隙系列分为1组、2组、0组、3组、4组和5组共6个组别，径向游隙依次由小到大。0组游隙是基本游隙组别，在代号中不标出，其余的游隙组别在轴承代号中分别用/C1、/C2、/C3、/C4、/C5表示。

当公差代号与游隙代号需同时表示时，可进行简化，取公差等级代号加上游隙组号(去掉游隙代号中的"C")组合表示。例如P63表示公差等级6级，3组游隙。

例11-1 说明下列滚动轴承代号的含义：6308，7211C/P5，N2318/C3，32207/P6x2，51307。

解： 各滚动轴承代号含义如下。

6308表示内径为40mm，中窄系列深沟球轴承，0级公差，0组游隙。

7211C/P5表示内径为55mm，轻窄系列角接触球轴承，$\alpha=15°$，5级公差，0组游隙。

N2318/C3表示内径为90mm，中宽系列圆柱滚子轴承，0级公差，3组游隙。

32207/P6x2表示内径为35mm，轻宽系列圆锥滚子轴承，6x级公差，2组游隙。

51309表示内径为45mm，中系列单向推力球轴承，0级公差，0组游隙。

11.5.4 滚动轴承类型的选择

根据各种类型滚动轴承的特点，在选用轴承时应从载荷的大小、性质、方向，转速的高低，结构尺寸的限制，刚度要求和经济性等方面考虑。选择时可参考以下几项原则。

(1) 轴承的受载情况

1) 当载荷小而平稳时，应优先选用球轴承；载荷大、有冲击时，可选用滚子轴承。

2) 轴承受纯径向载荷时，应选用径向接触轴承，如深沟球轴承，圆柱滚子轴承；当轴承受纯轴向载荷时，可选用轴向接触轴承，如推力球轴承。

3) 当轴承同时承受径向和轴向载荷时，可选用角接触球轴承或圆锥滚子轴承。若轴向载荷比径向载荷小得多时，可选用深沟球轴承。若轴向载荷很大时，可选用向心球轴承和推力轴承的组合结构，以分别承受径向和轴向载荷。

(2) 轴承的转速。球轴承的极限转速比滚子轴承高，故轻载高速下应优先选用球轴承。推力轴承的极限转速很低，不宜用于高速；受轴向载荷作用的高速轴，可选用角接触球轴承。

在内径相同的情况下，外径越小，则滚动体就越小，运转时产生的离心力也就越小，故高速时，宜选用特轻系列或轻窄系列的轴承。

(3) 对轴承的特殊要求。当轴承座孔直径受到限制而径向载荷又很大时，可选用滚针轴承；

对于跨距较大,轴的刚度较差,或两轴承座孔的同轴度不好时,则要求轴承的内、外圈允许一定的角位移,故应选用调心球轴承或调心滚子轴承。

当支承刚度要求较高时,可选用圆柱滚子轴承或圆锥滚子轴承,因其刚性比球轴承要好。对于需经常拆卸或装拆困难的场合,可选用内、外圈能分离的轴承等。

(4) 经济性。球轴承比滚子轴承价格便宜,公差等级高的轴承价格也高。因此在满足工作要求的情况下,应尽量选用普通结构的球轴承。

11.6 滚动轴承的公差与配合

因为滚动轴承是一种标准部件,因此与滚动轴承(内孔)配合的轴颈直径选取基孔制中轴的公差带,并规定有17种公差带,见图11-15a;与滚动轴承(外径)配合的外壳孔孔径选取基轴制中孔的公差带,并规定有16种公差带,见图11-15b。

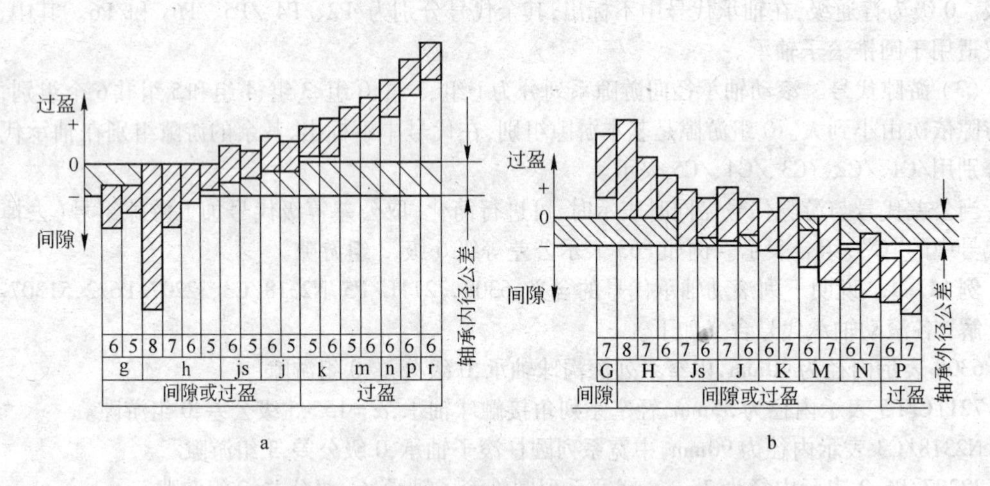

图11-15 滚动轴承与轴和外壳孔配合常用公差带

a—与轴配合常用公差带;b—与外壳孔配合常用公差带

需要说明的是滚动轴承的内孔虽然是基准孔,但其公差带却在零线以下,而普通圆柱公差标准中的基准孔的公差带则在零线以上,因此轴承内孔与轴的配合比普通圆柱公差标准中基孔制的同名配合要紧得多。轴承外圈的基准轴的公差带在零线之下,这样外圈与座孔的配合与一般孔轴配合的同名配合基本上保持相似的配合公差,但轴承内外圈的公差数值与一般孔轴配合的标准公差值是不等的。

在装配图上,轴承的配合不必注出配合代号,其中轴承内孔与轴的配合只注轴的公差带代号;轴承外径与外壳孔的配合只注外壳孔的公差带代号,如图11-16所示。

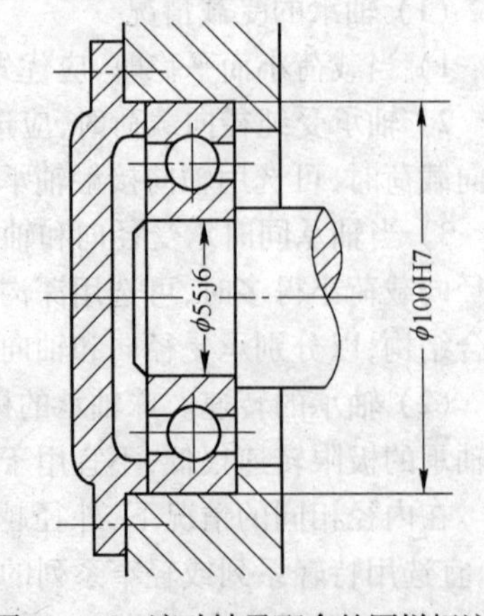

图11-16 滚动轴承配合的图样标注

滚动轴承配合的选择与很多因素有关,主要考虑载荷的类型、大小,工作温度和轴承的旋转精度等。一般,转动圈常采用过盈配合,固定圈常采用间隙配合或过渡配合;转速高、载荷及振动大、旋转精度要求高时,应采用紧一些的配合;游动的套圈和经常拆卸的轴承,则宜采用松一些的配合。具体选择滚动轴承的配合时,可按GB/T 275—93来选择。

另外,轴颈与外壳孔表面的圆柱度公差、轴肩及外壳孔肩的端面圆跳动、配合面的表面粗糙度按 GB/T 275—95 中的规定选取。

11.7　滚动轴承的画法

滚动轴承的结构比较复杂，难以按真实投影画出，因此国家标准“图样画法”（GB 4458.1—84）中规定了装配图中滚动轴承的简化画法、示意画法和图示符号。图 18－20 所示为深沟球轴承的画法，其他各类轴承的画法见 GB 4458.1—84。

（1）在装配图中需较详细地表达滚动轴承的主要结构时，可采用简化画法，见图 11－17a。

（2）在装配图中只需简单地表达滚动轴承的主要结构时，可采用示意画法，见图 11－17b。

以上两种画法中，滚动轴承的主要轮廓尺寸：外径 D、内径 d 和宽度 B（或高度 H）等均应按实际尺寸绘制。

（3）在只需要用符号表示滚动轴承的场合，如在机床的传动系统图中，可采用图示符号，见图 11－17c。

（4）在同一张图样中应采用同一种画法，且图样中必须按规定注出滚动轴承的代号。

（5）同一轴上相同型号的轴承，在不致引起误解时，可只完整地画出一个。

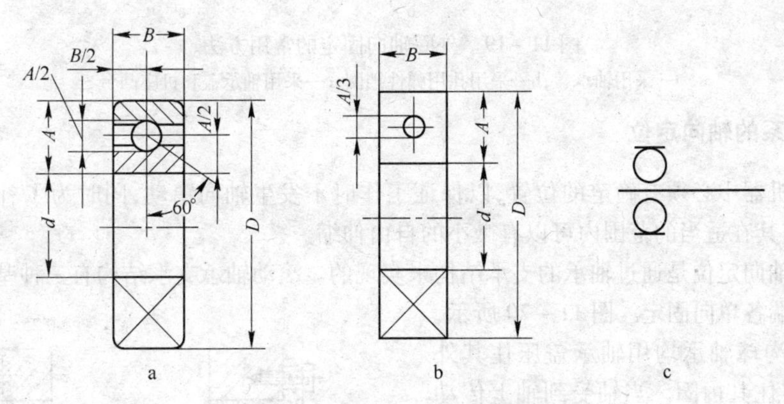

图 11－17　滚动轴承的画法
a—简化画法；b—示意画法；c—图示符号

11.8　轴系的组合结构分析

为了保证轴系在机器中的正常工作，除了合理地选择轴承类型和尺寸外，还必须综合考虑轴系的固定，轴承组合结构的调整，轴承的装拆、润滑和密封等问题。

11.8.1　滚动轴承的轴向固定

为了保证轴和轴上零件的轴向位置固定并能承受轴向力，滚动轴承内圈与轴之间以及外圈与轴承座孔之间，均应有可靠的轴向固定。

轴承的轴向固定方式很多，内圈轴向固定的常用方法如图 11－18 所示，一端用轴肩固定，另一端可用轴用弹性挡圈（图 11－18a）、轴端挡圈（图 11－18b）、圆螺母和止动垫圈（图 11－18c）等方法固定。

外圈轴向固定的常用方法如图 11－19 所示，用轴承盖（图 11－19a）、孔用弹性挡圈（图 11－19b）、轴承盖和机座凸台（图 11－19c）等方法固定。

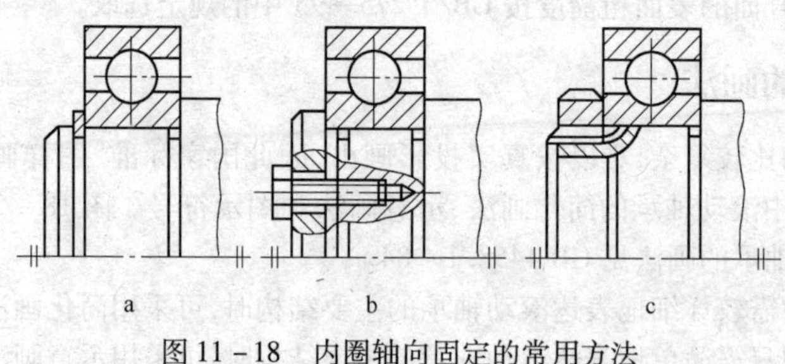

图 11－18　内圈轴向固定的常用方法

a—采用轴用弹性挡圈；b—采用轴端挡圈；c—采用圆螺母和止动垫圈

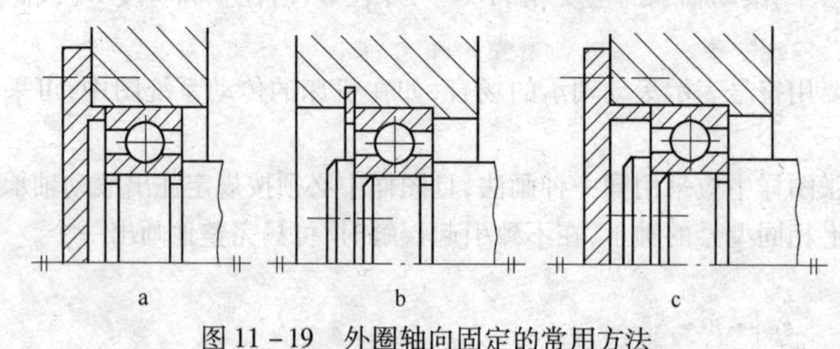

图 11－19　外圈轴向固定的常用方法

a—采用轴承盖；b—采用孔用弹性挡圈；c—采用轴承盖和机座凸台

11.8.2　轴系的轴向定位

轴系在机器中必须有确定的位置，以保证工作时不发生轴向窜动，同时为了补偿轴的热伸长，还应允许其在适当的范围内可以有微小的自由伸缩。

轴系的轴向定位是通过轴承的支承结构来实现的。滚动轴承支承结构有三种基本形式。

（1）两端各单向固定。图 11－20 所示，其两端的深沟球轴承均用轴承盖压住其外圈，轴肩则顶住其内圈。当轴受到轴上传动件传来的向左的轴向力时，轴通过其左轴肩顶住左轴承的内圈，并通过滚动体把力传给外圈，外圈传给左轴承盖，再通过联接螺钉传到机座，从而使轴得到向左的轴向固定。此时左轴承在承受径向力的同时还承受向左的轴向力，限制轴系向左移动，而右轴承则只承受径向力。同理当轴受到向右的轴向力时，情况与上述相反，右轴承可承受向右的轴向力，限制轴系向右移动。这样两端轴承各限制轴的一个方向的轴向移动，两个轴承就限制了轴的双向移动，即保证了轴系正确的轴向位置。

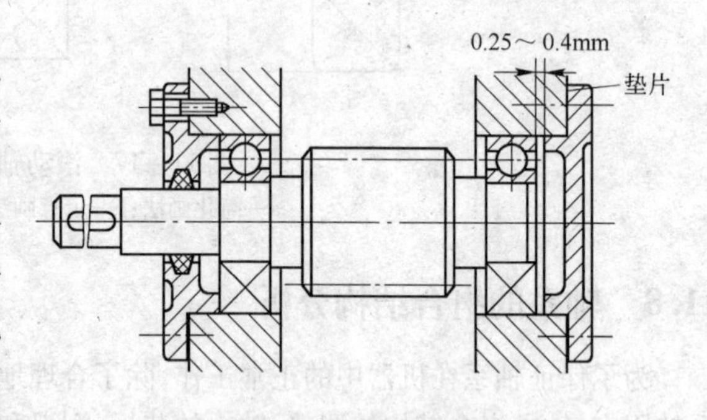

图 11－20　两端各单向固定

上面的结构不管轴承受到哪个方向的轴向力，都不会使轴和轴承内圈之间产生互相分离的趋势，所以轴承内圈只需用轴肩定位而不必在另一侧固定。

当轴系工作温度升高时，轴要伸长，由于深沟球轴承的轴向游隙是不能调整的，因此需要在轴承的外圈（图中为右轴承）和轴承盖之间留有 0.2～0.4mm 的间隙，以便轴的自由伸长。该间隙可在装配时用右轴承盖与机座间的调整垫片来调整。由于该间隙很小，所以实际画图时，一般不予画出。

这种固定方式结构简单，安装调整容易，适用于工作温度变化不大和较短的轴。

（2）一端双向固定、一端游动。如图 11－21 所示，其左轴承的外圈双向固定在机座上，内圈双向固定在轴上。当轴受到向左或向右的轴向力时,均可将力由轴承内圈通过滚动体传给外圈并传到机座上,从而实现轴的双向固定,即轴的左端为固定端;而右轴承内圈与轴双向固定,而外圈双向均不固定,所以右轴承只能承受径向力,而轴向则可以自由游动(外圈与机座孔间为间隙配合),即轴的右端为游动端。这种结构由于在左轴承处轴系已经得到了双向固定,轴系工作时不可能产生轴向窜动,所以右轴承和右轴承盖之间可以留出足够大的空隙(一般为3~8mm),以供轴右端的自由伸缩。这种固定方式结构比较复杂,但工作稳定性好,适用于工作温度变化较大的长轴。

由于上述结构中右轴承只需承受径向力,因此右轴承也可采用径向接触轴承——外圈(或内圈)无挡边的圆柱滚子轴承,见图11-21b。此时轴承内、外圈均需作双向固定,当轴受热伸长时,内圈连同滚动体可以沿外圈内表面自由游动。

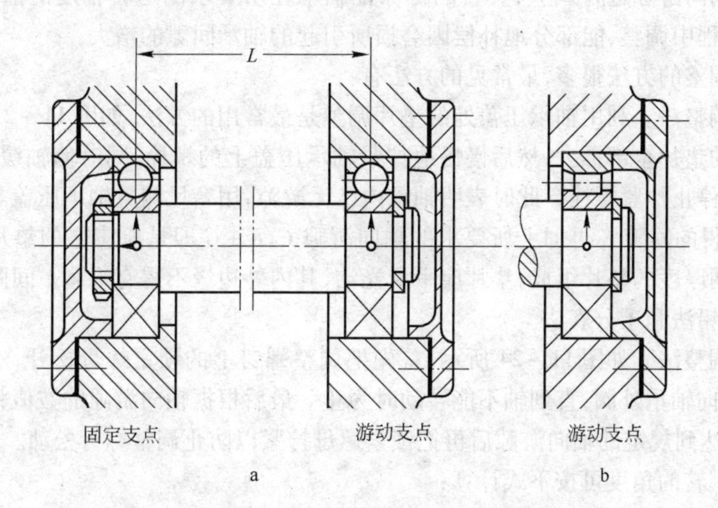

图11-21　一端双向固定、一端游动

a—右轴承用深沟球轴承;b—右轴承用圆柱滚子轴承

(3)两端游动支承。图11-22所示人字齿轮高速轴,当低速轴的位置固定以后,由于轮齿两侧螺旋角不易做到完全对称,为了防止轮齿卡死或两侧受力不均,应采用轴系能左右微量轴向游动的结构。此图中两个支承都采用外圈无挡边的圆柱滚子轴承,轴承的内、外圈各边都固定,轴可在轴承外圈的内表面作轴向移动。

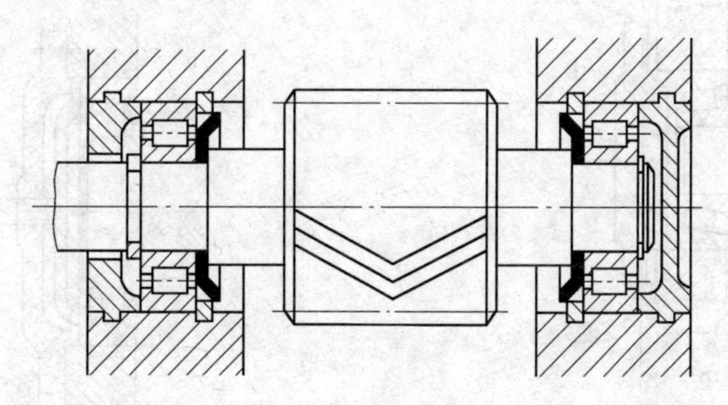

图11-22　两端游动支承

11.8.3　滚动轴承组合结构的调整

为了保证轴上零件处于正确的位置,轴系部件应能进行必要的调整。滚动轴承组合结构的调整，包括轴承游隙的调整和轴系轴向位置的调整。

滚动轴承的游隙有两种，一种是径向游隙，即内外圈之间在直径方向上产生的最大相对游动量。另一种是轴向游隙，即内外圈之间在轴线方向上产生的最大相对游动量。滚动轴承游隙的功用是弥补制造和装配偏差、受热膨胀，保证滚动体的正常运转，延长其使用寿命。

按轴承结构和游隙调整方式的不同，轴承可分为非调整式和调整式两类。向心球轴承、向心圆柱滚子轴承、向心球面球轴承和向心球面滚子轴承等属于非调整式轴承，此类轴承在制造时已按不同组级留出规定范围的径向游隙，可根据不同使用条件适当选用，装配时一般不再调整。圆锥滚子轴承、向心推力球轴承和推力轴承等属于调整式轴承，此类轴承在装配及应用中必须根据使用情况对其轴向游隙进行调整，其目的是保证轴承在所要求的运转精度的前提下灵活运转。此外，在使用过程中调整，能部分地补偿因磨损所引起的轴承间隙的增大。

轴承游隙调整的方法很多，最常见的方法有：

(1) 垫片调整法。利用轴承压盖处的垫片调整是最常用的方法，如图 11－23 所示。首先把轴承压盖原有的垫片全部拆去，然后慢慢地拧紧轴承压盖上的螺栓，同时使轴缓慢地转动，当轴不能转动时，就停止拧紧螺栓。此时表明轴承内已无游隙，用塞尺测量轴承压盖与箱体端面间的间隙 K，将所测得的间隙 K 再加上所要求的轴向游隙 C，$K+C$ 即是所应垫的垫片厚度。一套垫片应由多种不同厚度的垫片组成，垫片应平滑光洁，其内外边缘不得有毛刺。间隙测量除用塞尺法外，也可用压铅法和千分表法。

(2) 螺钉调整法。如图 11－24 所示，首先把调整螺钉上的锁紧螺母松开，然后拧紧调整螺钉，使止推盘压向轴承外圈，直到轴不能转动时为止。最后根据轴向游隙的数值将调整螺钉倒转一定的角度 α，达到规定的轴向游隙后再把锁紧螺母拧紧以防止调整螺钉松动。

调整螺钉倒转的角度可按下式计算：

$$\alpha = \frac{c}{t} \times 360° \qquad (11-2)$$

式中　c——规定的轴向游隙；

t——螺栓的螺距。

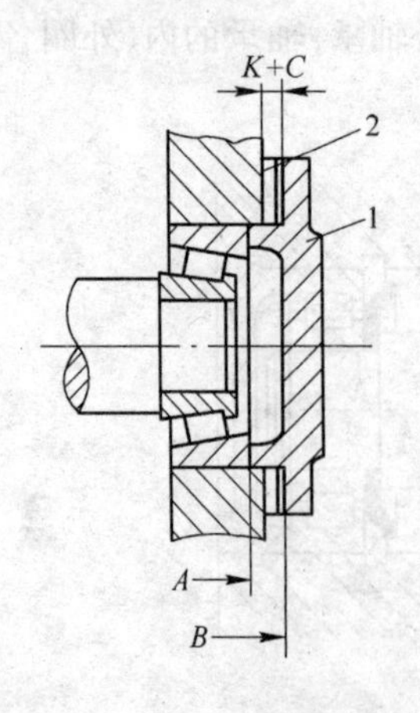

图 11－23　垫片调整法

1—压盖；2—垫片

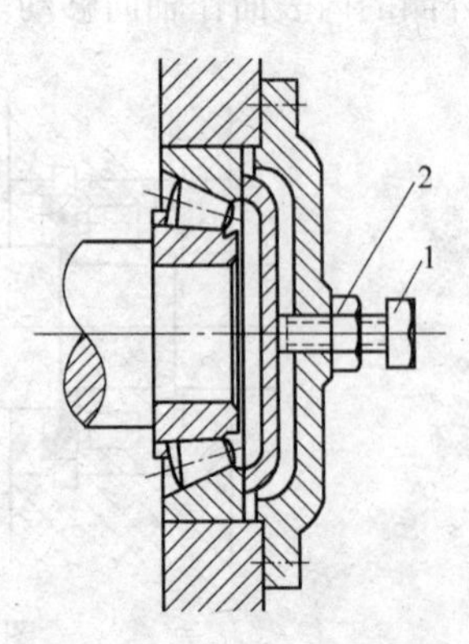

图 11－24　螺钉调整法

1—调整螺钉；2—锁紧螺母

(3) 止推环调整法。如图 11－25 所示，首先把具有外螺纹的止推环 1 拧紧，直到轴不能转动时为止，然后根据轴向游隙的数值；将止推环倒转一定的角度（倒转的角度可参见螺钉调整法），最后用止动片 2 予以固定。

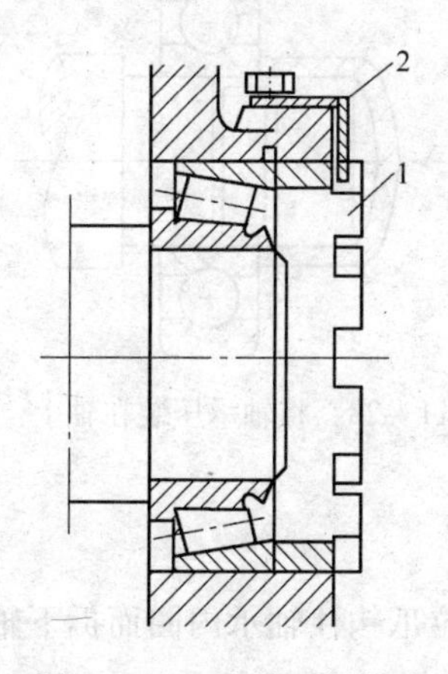

图 11－25 止推环调整法

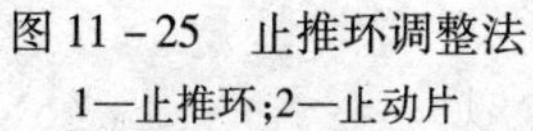
1—止推环；2—止动片

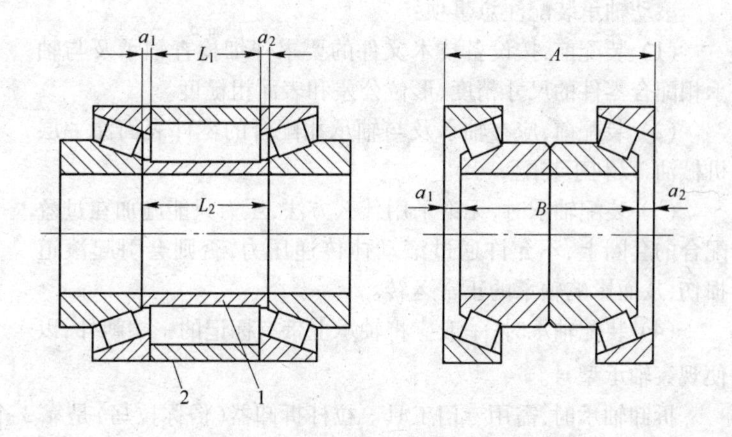

图 11－26 用内、外套调整轴承轴向游隙

1—内套；2—外套

（4）内外套调整法。当同一根轴上装有两个圆锥滚子轴承时，其轴向间隙常用内外套进行调整，如图 11－26 所示。这种调整法是在轴承尚未装到轴上时进行的，内外套的长度是根据轴承的轴向间隙确定的。具体算法是：

当两个轴承的轴向间隙为零（图 11－26a）时，内外套长度为：

$$L_1 = L_2 - (a_1 + a_2)$$

式中 L_1——外套的长度，mm；

L_2——内套的长度，mm；

a_1、a_2——轴向间隙为零时轴承内外圈的轴向位移值，mm。

当两个轴承调换位置互相靠紧轴向间隙为零（图 11－26b）时，测量尺寸 A、B

$$A - B = a_1 + a_2$$

所以 $$L_1 = L_2 - (A - B)$$

为了使两个轴承各有轴向间隙 C，内外套的长度应有下列关系：

$$L_1 = L_2 - (A - B) - 2C$$

轴系位置调整是为了使轴上零件有准确的工作位置。如图 11－27 所示的小锥齿轮轴的轴承组合结构，轴承装在轴承套杯内，为使两锥齿轮的齿顶相重合，通过加减垫片的厚度来调整轴承套杯的轴向位置，即可调整锥齿轮的轴向位置。

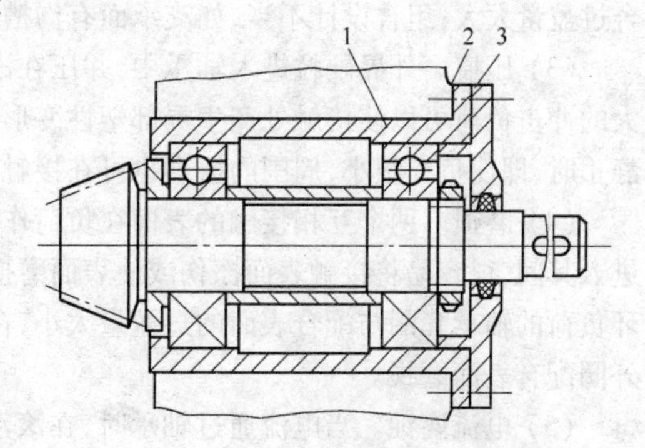

图 11－27 小锥齿轮轴的轴承组合结构

1—轴承套杯；2—垫片组一；3—垫片组二

11.8.4 滚动轴承的装拆

在轴系的组合结构中，应考虑到轴承的安装和拆卸。不正确的安装和拆卸会降低轴承的寿命。

由于轴承内圈与轴颈的配合比较紧，安装中小型轴承时，可用手锤通过装配套管在内圈上加力打入，如图 11－28 所示，对尺寸较大的轴承，可在压力机上压入或把轴承放入温度不超过 80～

90℃的热油中加热,然后套到轴颈上。

滚动轴承装配注意事项:

(1) 装配前,按设备技术文件的要求仔细检查轴承及与轴承相配合零件的尺寸精度、形位公差和表面粗糙度。

(2) 装配前,应在轴承及与轴承相配合的零件表面涂一层机械油,以利于装配。

(3) 装配轴承时,无论采用什么方法,压力只能施加在过盈配合的套圈上,不允许通过滚动体传递压力,否则会引起滚道损伤,从而影响轴承的正常运转。

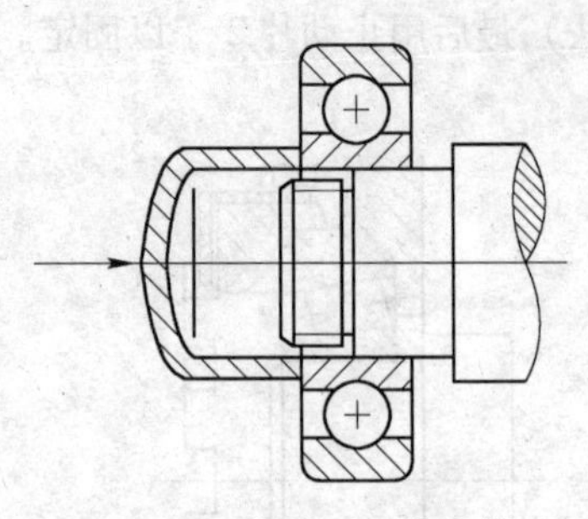

图 11－28　将轴承压装在轴上

(4) 装配轴承时,一般应将轴承上带有标记的一端朝外,以便观察轴承型号。

拆卸轴承时,需用专门工具。拉杆拆卸器(俗称拉马)是靠3个拉爪钩住轴承内圈而拆下轴承的。为此,应使轴承内圈定位轴肩上要留出足够的高度。

11.9　滚动轴承的异常磨损和故障

11.9.1　滚动轴承的异常磨损

(1) 疲劳剥落。在滚动轴承的滚道或滚动体表面,由于反复承受交变负荷的作用使表层金属因疲劳成片状剥落,形成凹坑,若继续运转,则将形成大面积的剥落区域,维修的任务就是防止早期疲劳剥落。出现早期剥落的原因主要是由于安装不当,即轴承座孔与轴的中心线倾斜,使轴承局部区域承受较大的负荷所致。

(2) 裂纹和断裂。形成套圈裂纹和断裂的原因大致有以下几种:材料缺陷和热处理不当;配合过盈量太大;组合设计不当,如支承面有沟槽或压紧方式引起的应力集中等。

(3) 压痕。外界硬粒进入轴承中,并压在滚动体与滚道之间时,可在滚动表面形成压痕,过大的冲击负荷可以使接触处产生局部塑性变形而形成凹坑。此凹坑均匀分布在滚道上。当轴承静止时,即使负荷很小,周围的振动也可在接触处形成凹坑。

(4) 磨损。两个互相接触的表面在负荷作用下相对滑动时,若润滑不充分,不合理或有微粒进入其间,很容易将接触表面擦伤或使表面磨损。轴承磨损后,使游隙增大,精度降低,若承受循环负荷的轴承套圈与配合表面的过盈量太小,在运行中轴承可能产生相对移动或爬行,使内圈或外圈配合表面磨损。

(5) 电流腐蚀。当电流通过轴承时,在滚动体与滚道接触处,由于有很薄的油膜,将产生电火花。小的电火花将使接触表面局部退火并出现小坑或在腐蚀后出现边缘为黑色的亮点,数量足够多时,将形成如洗衣搓板的形状,大的电火花将使火花周围金属熔化,在接触表面形成较大的凹坑。

(6) 锈蚀。水分、蒸汽或潮湿环境以及润滑剂选用不当等,均可引起锈蚀。

(7) 保持架损坏。由于润滑剂缺少,使保持架与滚动体或套圈接触处产生磨损、碰撞,甚至导致保持架断裂。

11.9.2　滚动轴承异常运转的原因和消除措施

滚动轴承异常运转的原因和消除措施见表 11－4。

表 11－4 滚动轴承异常运转的原因和消除措施

异常运转状态			原 因	措 施
温度异常上升			轴承间隙过小	更换轴承，改正过盈量
			轴承圈的爬行	更换轴承，改正过盈量
			异常的负荷	坚持运行规程，排除异常负荷
			安装时定心不正	更换、修正定心
			轴承的损伤	更换轴承
			润滑剂过多或过少	减少或补充润滑剂
			润滑剂的质量不合要求	更换适宜的润滑剂
			润滑方法不当	改变润滑方法
			油封间隙调整偏小	重新组装，调整间隙
			断油	补充油并查明原因给予排除
			迷宫环密封等零件接触	重新组装，修正零件
轴承异常噪声	规则音	得 音	伤痕、打痕、压痕	更换轴承并注意使用要求
		松动音	由电蚀产生的伤痕	更换轴承或修理
		打击音	内外圈破裂	更换轴承
		咯咯音	滚道面剥离	更换轴承
	金 属 高 音		轴承间隙过大	更换轴承
			润滑剂不足	补充润滑剂
	不 规 则 音		侵入异物	更换润滑剂
			与其他传动部分接触	重新组装、修正零件
			滚动体的伤痕、剥离	更换轴承
			保持架磨损、破损	更换轴承
振 动 增 大			侵入异物	更换润滑剂
			间隙过大	更换轴承
			滚道面、滚动体损伤	更换轴承

思考题

11－1 轴承分哪几种？什么情况下选择滑动轴承？

11－2 简述整体式滑动轴承的结构特点和应用场合。

11－3 轴瓦的结构有哪几种？

11－4 对滑动轴承的材料有什么基本要求？常用的滑动轴承的材料有哪些？

11－5 滑动轴承润滑的目的是什么？常用的润滑材料有哪些？

11－6 整体式滑动轴承的装配要点有哪些？

11－7 写出下列滚动轴承的代号。

(1) 内径 $d=50$mm 中宽系列圆锥滚子轴承 6x 级精度 0 组游隙

(2) 内径 $d=45$mm 轻窄系列深沟球轴承 0 级精度 3 组游隙

(3) 内径 $d=100$mm 中窄系列角接触球轴承($\alpha=15°$) 5 级精度 2 组游隙

11－8 选择滚动轴承时应考虑哪些因素？

11－9 滚动轴承内、外圈轴向如何固定？

11－10 滚动轴承装配的注意事项是什么？

11－11 滚动轴承的异常磨损有哪些情况？

12　螺纹联接及螺旋传动

在工程实际中，常常利用带有螺纹的零件构成一种可拆联接或传递运动和动力，前者称为螺纹联接，后者称为螺旋传动。

12.1　螺纹

紧固件螺栓、螺柱、螺钉、螺母(垫圈)等都是通过螺纹(副)来实现紧固联接的，在圆柱或圆锥表面上，沿着螺旋线所形成的具有规定牙型的连续凸起(螺纹两侧面间的实体部分，又称牙)，称为螺纹。

12.1.1　螺纹的基本参数及分类

12.1.1.1　螺纹的基本参数

通常内、外螺纹总是旋合在一起成对使用的，这种内、外螺纹相互旋合形成的联接称为螺纹副，主要参数如下(见图12-1，图12-2a、b)：

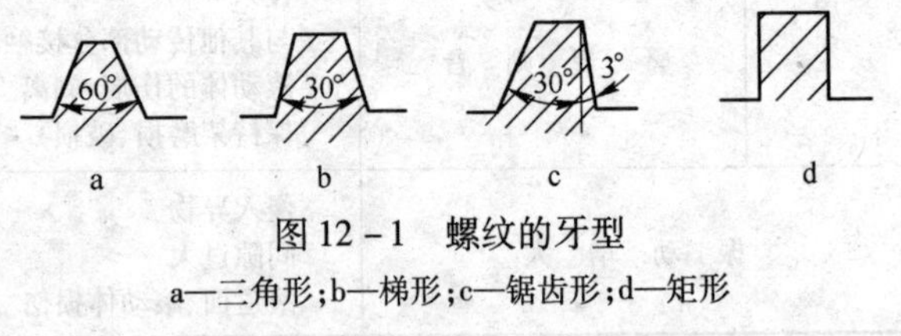

图12-1　螺纹的牙型

a—三角形；b—梯形；c—锯齿形；d—矩形

(1) 牙型角。在通过螺纹轴线的断面上，螺纹的轮廓形状称为牙型。常见的螺纹牙型有三角形、梯形、锯齿形和矩形等。在螺纹牙型上，两相邻牙侧间的夹角称为牙型角，用α表示。

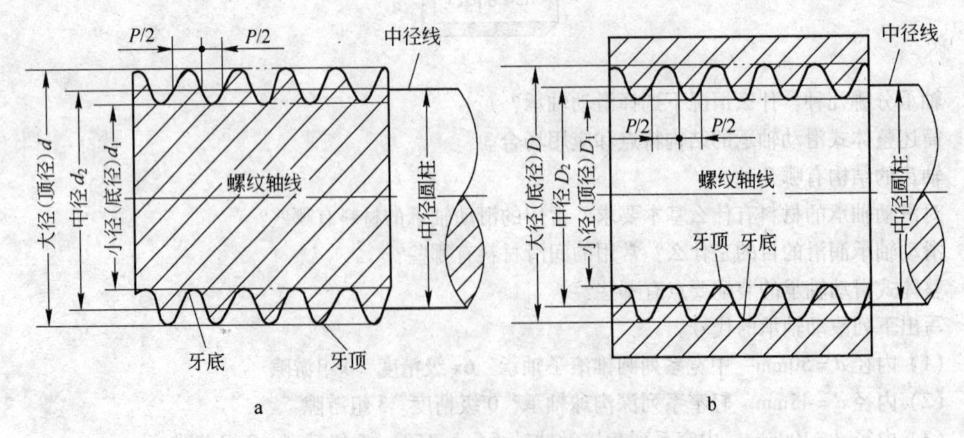

图12-2　圆柱螺纹的主要参数

a—外螺纹；b—内螺纹

(2) 大径。与外螺纹牙顶或内螺纹牙底相切的假想圆柱(或圆锥)的直径，即螺纹的最大直径。内、外螺纹的大径分别用D和d表示。

（3）小径。与外螺纹牙底或内螺纹牙顶相切的假想圆柱（或圆锥）的直径，即螺纹的最小直径。内、外螺纹的小径分别用 D_1 和 d_1 表示。

（4）顶径。与外螺纹或内螺纹牙顶相切的假想圆柱（或圆锥）的直径，即外螺纹的大径或内螺纹的小径。

（5）底径。与外螺纹或内螺纹牙底相切的假想圆柱（或圆锥）的直径，即外螺纹的小径或内螺纹的大径。

（6）中径。一个假想圆柱（或圆锥）的直径，该圆柱（或圆锥）的母线通过牙型上沟槽和凸起宽度相等的地方。内、外螺纹的中径分别用 D_2 和 d_2 表示。该假想圆柱（或圆锥）称为中径圆柱（或中径圆锥），其母线称为中径线，其轴线称为螺纹轴线。

（7）公称直径。代表螺纹尺寸的直径，通常是指螺纹的大径，而管螺纹则用尺寸代号表示。

（8）线数。形成螺纹时所沿螺旋线的条数称为螺纹线数，用 n 表示，分单线螺纹和多线螺纹。

（9）螺距与导程。螺纹相邻两牙在中径线上对应两点间的轴向距离称为螺距，用 P 表示。而同一条螺旋线上的相邻两牙在中径线上对应两点间的轴向距离称为导程，用 P_h 表示。

（10）旋向。顺时针旋转时旋入的螺纹称为右旋螺纹；逆时针旋转时旋入的螺纹称为左旋螺纹。

12.1.1.2　螺纹的分类

螺纹有内螺纹和外螺纹之分，两者旋合组成螺纹副。螺纹又分为米制和英制（螺距以每英寸牙数表示）两类，我国除部分管螺纹保留英制外，都采用国际上通行的米制螺纹。

常用螺纹的主要类型有普通螺纹、管螺纹、矩形螺纹、梯形螺纹和锯齿形螺纹，其中普通螺纹和管螺纹都属于三角形螺纹，普通螺纹多用于紧固联接，管螺纹用于紧密联接。而矩形螺纹、梯形螺纹和锯齿形螺纹主要用于传动。除矩形螺纹外，其他螺纹都已标准化。按照螺旋线的旋向，螺纹分为左旋和右旋。一般采用右旋螺纹，有特殊要求时才采用左旋螺纹，如车床横向进给丝杆等。按照螺旋线的数目，螺纹还可分为单线螺纹和等距排列的多线螺纹，联接螺纹一般用单线，传动螺纹多用 2 线或 3 线，为制造方便，螺纹一般不超过 4 线。

普通螺纹的牙型角 $\alpha = 60°$，同一公称直径可以有多种螺距的螺纹，其中螺距最大的称为粗牙螺纹，其余都称为细牙螺纹。细牙螺纹的升角小、小径大、自锁性能好、强度高，但不耐磨、易滑扣，多用于薄壁或细小零件，受动载荷的联接、微调机构的调整。

管螺纹除了非螺纹密封的 $\alpha = 55°$ 的圆柱管螺纹外，还有用螺纹密封的 $\alpha = 55°$ 的圆锥管螺纹和 $\alpha = 60°$ 圆锥管螺纹。管螺纹的公称直径是指管子的内径。圆柱管螺纹广泛应用于水、煤气、润滑管路系统中。圆锥管螺纹不用填料即能保证紧密性而且旋合迅速，适用于对密封要求较高的管路联接中。

因为矩形螺纹和梯形螺纹的牙型角分别为 0°和 30°，锯齿形螺纹工作面的牙侧角为 3°，非工作面的牙侧角为 30°，所以可减少摩擦和提高传动效率。但是矩形螺纹的强度低、同轴性差、且难以精确切制，在工程上已逐渐被梯形螺纹所替代。

12.1.2　普通螺纹的画法及标记

12.1.2.1　内、外螺纹画法

图 12－3、图 12－4 内、外螺纹画法。

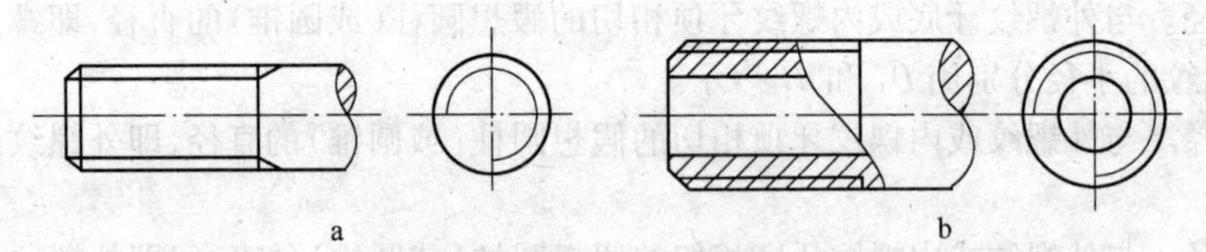

图 12－3　外螺纹画法

a—端部带倒角外螺纹的画法；b—外螺纹采用局部剖时的画法

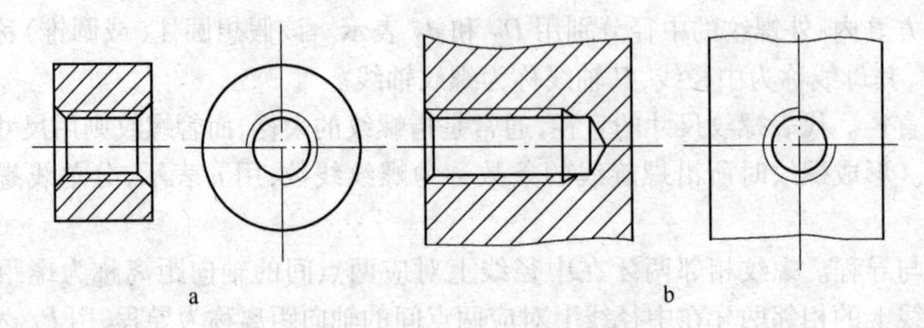

图 12－4　内螺纹画法

a—穿通螺纹孔的画法；b—不穿螺纹孔的画法

（1）螺纹的顶径用粗实线表示。

（2）螺纹的底径用细实线表示，在端视图中，表示底径的细实线圆只画约 3/4 圈，且倒角的投影圆省略不画。

（3）螺纹的终止线用粗实线表示。

（4）在剖视或断面图中，断面线都必须画到顶径（粗实线）处。

12.1.2.2　内、外螺纹的联接画法

以剖视表示内、外螺纹联接时，其旋合部分应按外螺纹的画法绘制，其余部分仍按各自的画法表示，见图 12－5。

需要注意：

（1）内、外螺纹的大径线应对齐，小径线也应对齐。

（2）图 12－5a 的左视图中按内螺纹画出，而图 12－5b 的左视图（*A*—*A* 剖视）中按外螺纹画出。

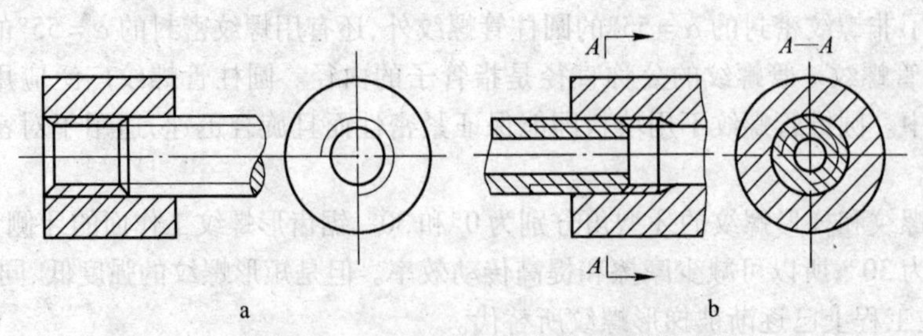

图 12－5　内、外螺纹的联接画法

a—按内螺纹画出；b—按外螺纹画出

12.1.2.3　普通螺纹的公差与配合

国家标准规定，内螺纹的公差带有 G 和 H 两种，外螺纹的公差带有 e、f、g、h 四种。H 和 h 的

基本偏差为零,G 的基本偏差为正值,e、f、g 的基本偏差为负值。内外螺纹的配合最好选用 G/h、H/g 或 H/h。

内螺纹的小径和中径,外螺纹的大径和中径,应根据精度和旋合长度的不同选用不同的公差等级。螺纹常用的公差等级为 4 ~ 8 级,4 ~ 6 级用于精密螺纹和要求配合变动小的场合,7 级用于一般场合,7 ~ 8 级用于对精度要求不高的场合。螺纹的旋合长度有长、短、中之分,分别用 L、S、N 表示。旋合长度长的,稳定性好且有足够的联接强度,但加工精度难以保证,螺距累积误差大,故其公差等级宜比旋合长度短的低一级。

12.1.2.4　普通螺纹的标记

内容和形式为:螺纹代号—螺纹公差带代号—旋合长度代号

(1) 螺纹代号。粗牙普通螺纹用字母“M”及“公称直径”表示,如 M24。细牙普通螺纹用字母“M”及“公称直径 × 螺距”表示,如 M24 × 1.5。当螺纹为左旋时,在螺纹代号之后加“LH”字样,如 M24 × 1.5LH。

(2) 螺纹公差带代号。螺纹的公差带代号包括中径公差带代号和顶径公差带代号。公差带代号由表示其大小的公差等级数字和表示其位置的字母(内螺纹用大写,外螺纹用小写)所组成。如果螺纹的中径公差带和顶径公差带代号不相同,则分别注出,如 M20 × 2LH—5g6g,如果两者相同,则只标注一个代号,如 M10 × 1—6H。内、外螺纹装配在一起,其公差带用斜线分开,左边表示内螺纹公差带代号,右边表示外螺纹公差带代号,如 M20 × 2LH—6H/5g6g。

(3) 旋合长度代号。在一般情况下,不标注螺纹旋合长度,其螺纹公差带按中等旋合长度 N 确定。必要时在螺纹公差带代号之后加注旋合长度代号 S 或 L,如 M10 - 5g6g - S、M10 - 7H - L。

在图样中,普通螺纹的标记应标注在螺纹大径的尺寸处,而螺纹长度应单独另行标注。

12.2　螺纹联接与螺纹联接件

12.2.1　螺纹联接的主要形式

(1) 螺栓联接。这种联接加工简单,拆装方便,只需在两被联接件上钻出通孔,然后从孔中穿入螺栓,再套上垫圈,拧紧螺母即实现了联接,因而应用很广,主要适用于两零件被联接处厚度不大、而受力较大,且需经常装拆的场合。通常由螺栓、垫圈和螺母三种零件构成,具体形式及尺寸、装配图画法见图 12 - 6。

(2) 双头螺柱联接。当被联接的机座零件厚度太大,不宜制成通孔时,或被联接零件不能用螺栓联接时,可采用双头螺柱联接,双头螺柱联接由螺柱、垫圈和螺母构成,螺柱的两头均制有螺纹。联接时,将螺柱的旋入端(一般为螺纹较短一端)全部旋入零件螺孔中,再套上另一被联接件,然后放上垫圈,拧紧螺母,实现联接,装配图画法见图 12 - 7。

(3) 螺钉联接。如图 12 - 8 所示,这种联接的特点是螺钉直接拧入被联接件的螺纹孔,不用螺母,在结构上比双头螺柱联接简单、紧凑。其用途与双头螺柱联接相似,但如经常拆装时,易使螺纹孔磨损,可能导致被联接件报废,故多用于受力不大,或不需要经常拆装的场合。

(4) 紧定螺钉联接。紧定螺钉联接是利用拧入零件螺纹孔中的螺钉末端顶住另一零件的表面(见图 12 - 9a)或顶入相应的凹坑中(见图 12 - 9b),以固定两个零件的相对位置,并可传递不大的力或转矩。

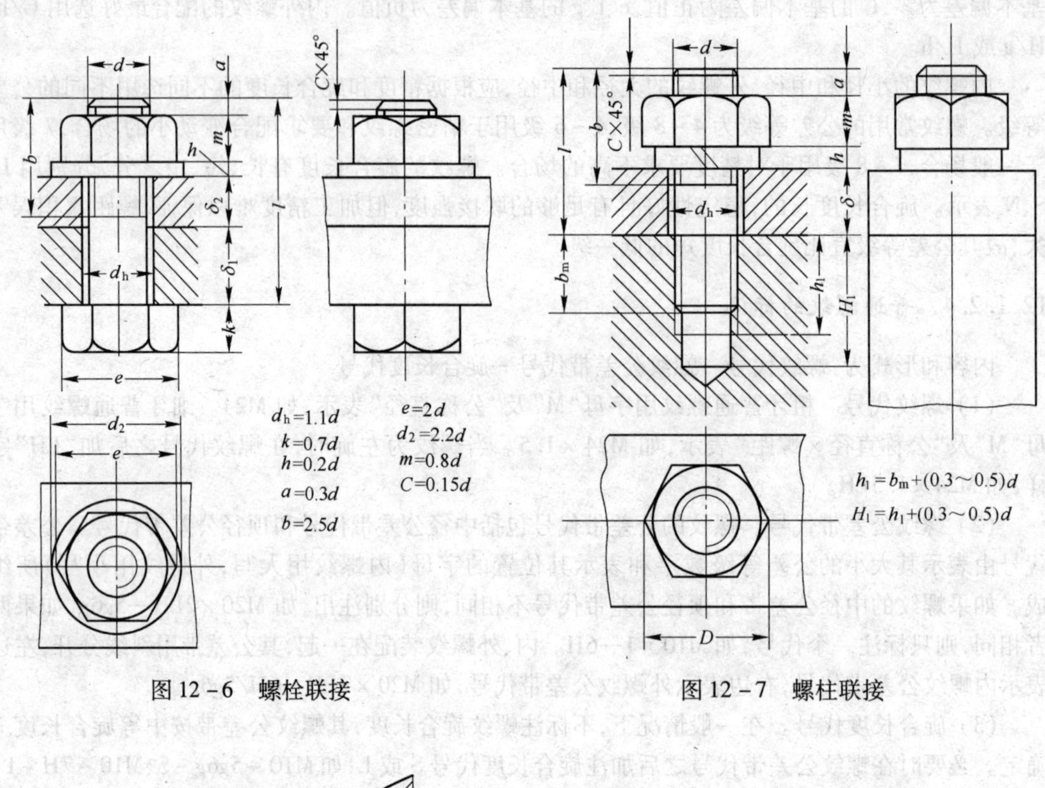

图 12－6　螺栓联接　　　　图 12－7　螺柱联接

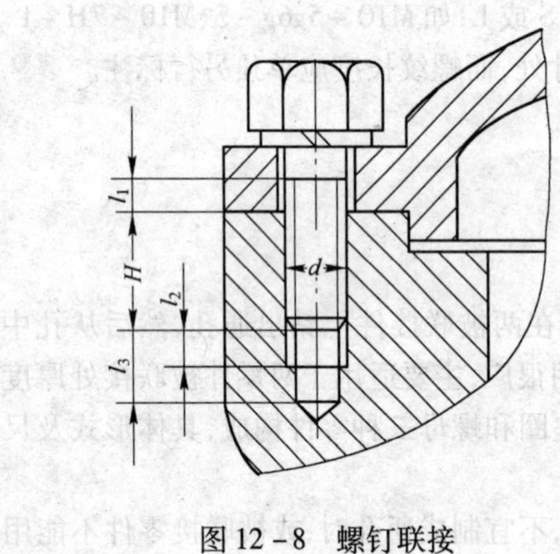

图 12－8　螺钉联接

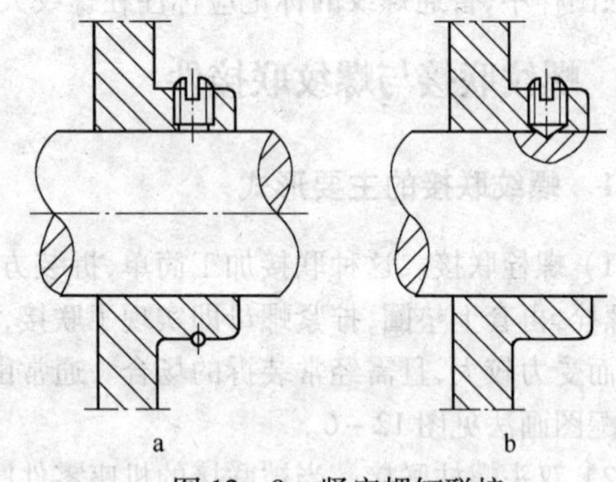

图 12－9　紧定螺钉联接

a—螺钉末端顶住零件表面；b—螺钉末端顶入相应凹坑中

12.2.2　标准螺纹联接件

螺纹联接件的品种很多，基本上都是商品性的标准件，经合理选择其规格、型号后，可直接购买。国家标准规定，螺纹联接件分为 A、B、C 三个精度等级，A 级精度最高，B 级精度次之，常用的标准螺纹联接件多选用 C 级精度，常用的标准螺纹联接件的图例、结构特点及应用见表 12－1。

表12－1　常用的标准螺纹联接件的图例、结构特点及应用

类型	图　　例	结构特点及应用
六角头螺栓	15°～30°　r　辗制末端　d_0　d　d　e　l_s　l_g　(b)　s　k　l	种类很多，应用最广，分为A,B,C三级，通用机械制造中多用C级。螺栓杆部可制出一段螺纹或全螺纹，螺纹可用粗牙或细牙(A,B)级
双头螺柱	A型　C×45°　C×45°　d　b　b_m　l　B型　C×45°　C×45°　d　b　b_m　l	螺柱两端都有螺纹，两端螺纹可相同或不同，螺柱可带退刀槽或制成全螺纹，螺柱的一端常用于旋入铸铁或有色金属的螺孔中，旋入后即不拆卸；另一端则用于安装螺母以固定其他零件
螺钉	90°	紧定螺钉末端形状，常用的有锥端、平端和圆柱端。锥端用于被紧定件硬度低不常拆卸的场合。平端常用于紧定硬度较高的平面或经常拆卸的场合。柱端压入轴上的凹坑中，适用于紧定空心轴上的零件，按厚度分为标准和薄两种
六角螺母	d	螺母的制造精度与螺栓对应，分A,B,C三级，分别与同级螺栓配用
圆螺母	30°　C×45°　120°　D　C　d　D_1　t　b　H　30°　30°　15°　D　d_0　30°　30°　b	圆螺母常与止退垫圈配用，装配时，垫圈内舌嵌入轴槽内，外舌嵌入螺母槽内，即可防螺母松脱，常作滚动轴承轴向固定用
垫圈	平垫圈　斜垫圈	垫圈放在螺母与被联接件之间用以保护支承面。平垫圈按加工精度分A,C两级。用于同一螺纹直径的垫圈又分4种大小，特大的用于铁木结构，斜垫圈用于倾斜的支承面

12.2.3　螺纹联接的装配

12.2.3.1　螺纹联接的预紧与防松

（1）螺纹联接的预紧。正确地拧紧螺栓或螺帽，使螺纹联接有一定的预紧力和在预紧力作用下联接件的弹性变形，是保证螺纹联接可靠性和紧密性的主要因素。预紧力太小，在工作载荷的作用下会使螺纹联接失去紧固性和严密性；预紧力过大，则会使螺纹联接零件所受的力超过其强度所允许的数值，将使螺纹联接损坏。

受轴向载荷螺纹联接的预紧力可按下式确定：

$$P_0 = K_0 P \tag{12-1}$$

式中　P——工作载荷；

K_0——预紧系数。

预紧系数 K_0 根据联接情况和重要程度由表 12－2 选取。

表 12－2　预紧力 K_0 值

联接情况		K_0 值	联接情况		K_0 值
紧固	静载荷	1.2～2.0	紧密	软垫	1.5～2.5
	变载荷	2.0～4.0		金属成型垫	2.5～3.5
				金属平垫	3.0～4.5

为了达到正确的预紧目的，可采用以下几种方法控制预紧力：

1）用专门的装配工具，如测力扳手、定力矩扳手等。

2）测量螺栓伸长量。螺栓伸长量可按下式计算：

$$\lambda_0 = \frac{P_0 L}{E_1 A_1} \tag{12-2}$$

式中　λ_0——螺栓伸长量，mm；

P_0——预紧力，kN；

L——螺栓有效长度，mm；

E_1——螺栓材料的弹性模数，kN/mm^2；

A_1——螺栓的截面积，mm^2。

3）测量螺帽的旋转角度。从螺帽开始与零件表面贴合时起，一边旋紧螺帽，一边测量旋转的角度。其值按下式计算：

$$\alpha = P_0 \frac{360}{t}\left(\frac{L}{E_1 A_1} + \frac{L_1}{E_1 A_2}\right) \tag{12-3}$$

式中　α——旋紧的角度，(°)；

P_0——预紧力，kN；

t——螺距，mm；

L——螺栓的有效长度，mm；

L_1——被联接零件的高度，mm；

E_1、E_2——螺栓材料和被联接零件材料的弹性模数，kN/mm^2；

A_1、A_2——螺栓和被联接零件的截面面积，mm^2。

（2）螺纹联接的防松。螺纹联接一般都具有自锁性，在工作温度变化不大、承受静载荷时，不会自行松动；但在冲击、振动或交变载荷作用下以及工作温度变化很大时，自锁性就所受到破坏，为保证可靠的联接，必须采取有效的防松措施。

防松装置按其工作原理可分为机械防松装置和摩擦防松装置。常见的防松方法见表12－3。

表12－3　螺纹联接的防松办法

分类	锁紧方法及应用	装配注意事项
增大摩擦力	靠弹簧垫圈压紧后产生的弹力增大螺纹间的摩擦力。结构简单，但由于弹力不够不十分可靠，多用于不太重要的联接 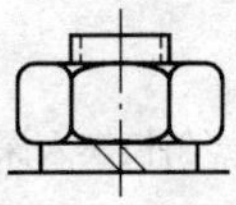	1. 左旋与右旋螺纹不能用斜口方向相同的弹簧垫圈，斜口方向为防止松动的方向 2. 拆卸后，使用过的弹簧垫圈应当更换 3. 弹簧垫圈不允许用普通垫圈代替
	利用双螺母拧紧后的对顶作用产生附加摩擦力。用于低速重载或较平稳的场合，振动大的机器中不够可靠 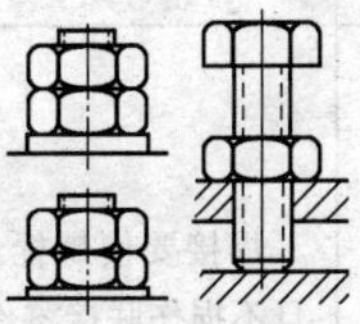	在高速、振动大的机器中必须经常进行检查和紧固
机械方法	花螺帽配以开口销。防松可靠，但螺栓上销孔不易与螺母最佳位置的槽口吻合，装配较难。用于变载、振动易松动处 	开口销必须与孔径选配，不能用铁丝代替，在拆卸修理时，应更换开口销
	普通螺母配开口销，为便于装配，销孔待螺母拧紧后配钻。适用于单件生产的重要联接 	开口销必须与孔径选配，不能用铁丝代替，在拆卸修理时，应更换开口销
	用带有两个或几个凸耳的垫圈装在螺母下边。装配时，一个凸耳放入螺栓的缺口中，另一个凸耳则紧贴螺帽的切口 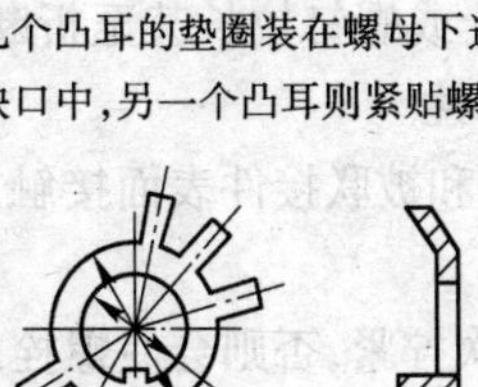	凸耳不可反复折曲

续表 12－3

分类	锁紧方法及应用	装配注意事项
机械方法	用钢丝锁紧一组螺母	钢丝的缠绕方向应是使螺母拉紧的方向
	利用斜楔楔入螺栓横孔压紧螺母。防松良好。一般用于大直径螺栓联接	斜楔楔入深度根据计算的螺栓伸长量
	用焊接的方法防松。只用于受较大冲击载荷的螺栓联接。一般情况下避免采用	焊接要使螺栓与螺母不能发生相对运动，且不损伤联接零件

12.2.3.2　螺纹装配工艺

(1) 双头螺柱的装配要点

1) 将双头螺栓涂上润滑油，其目的是防止螺栓拧入时卡死，便于拆卸和重复安装。

2) 双头螺柱轴心线必须与机体表面垂直。装配时用角尺检查，若轴心线与机体表面有少量倾斜时，可用丝锥校正螺孔，或用装配的双头螺柱校正；若倾斜较大，不得强力校正，以防止螺栓联接的可靠性受到破坏。

3) 为保证螺柱和机体联接的配合足够紧固，螺柱紧固端采用过渡配合，具体可采用台肩形式或利用最后几圈较浅螺纹使配合紧固。

(2) 螺母与螺钉的装配要点

1) 螺母或螺钉与被紧固件贴合表面要光洁、平整。

2) 严格控制拧紧力矩，过大的拧紧力矩会使螺栓或螺钉拉长甚至折断，或引起被联接件严重变形。拧紧力矩不足时，使联接容易松动，影响可靠性。

3) 螺母拧紧后，弹簧垫圈要在整个圆周上同螺母和被联接件表面接触。螺纹露在螺帽外边的长度不得少于两扣。

4) 拧紧成组螺母时，须按一定顺序进行，逐步分次拧紧，否则会使螺栓或机体受力不均产生变形。拧紧长方形布置的成组螺母时，应从中间开始，逐步向两侧扩展；拧紧圆形或方形布置的成组螺母时，必须对称拧紧。如图 12－10 所示。

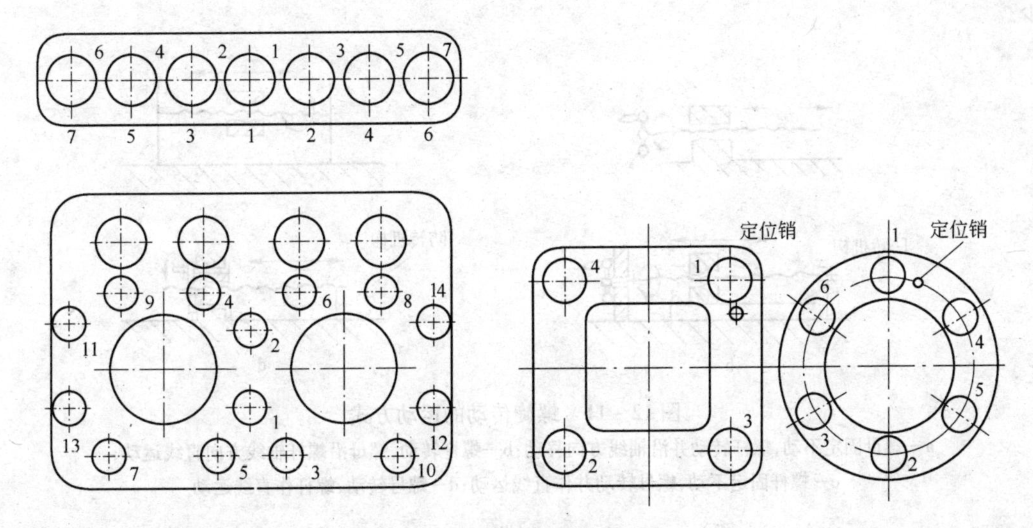

图 12-10 拧紧螺母的顺序

12.3 螺旋传动

螺旋传动由螺杆、螺母及机架组成,其主要作用是将旋转运动变成直线运动,并传递运动和动力。

12.3.1 螺旋传动的分类及应用

按使用要求的不同,螺旋传动可分为三类。

(1) 传力螺旋。以传力为主,以较小的转矩产生较大的轴向力,用来做起重或加压,如螺旋千斤顶或螺旋压力机,此种螺旋传动一般速度不高,大多间歇工作,并要求自锁。

(2) 传动螺旋。以传递运动为主,有较高的运动精度,一般要求在较长的时间内连续工作,工作转速较高,因此要求具有较高的传动精度,如车床的丝杠传动与进给机构。

(3) 调整螺旋。用以调整、固定零件或部件的相互位置,它不经常转动,一般在空载下调整,如机床卡盘或仪器、测试装置中的微调机构。

除此以外还可根据螺旋副的摩擦性质不同,将螺旋传动分为滑动螺旋传动和滚动螺旋传动。

12.3.2 螺旋传动的运动分析

12.3.2.1 运动方式

如图 12-11 所示,螺杆与螺母之间有四种相对运动形式。

(1) 螺母固定不动,螺杆转动并沿轴线方向移动(图 12-11a),其结构简单,但占据空间大,如千分尺和台虎钳中的螺旋传动。

(2) 螺杆转动,螺母沿螺杆轴线方向直线运动(图 12-11b),如某些升降椅上的螺旋传动结构。

(3) 螺杆固定不动,螺母转动并作直线运动(图 12-11c),此时螺杆两端结构较简单,有的钻床工作台采用这种结构。

(4) 螺母转动,螺杆作直线运动(图 12-11d),此种结构较复杂,且占据空间较大,应用较少。

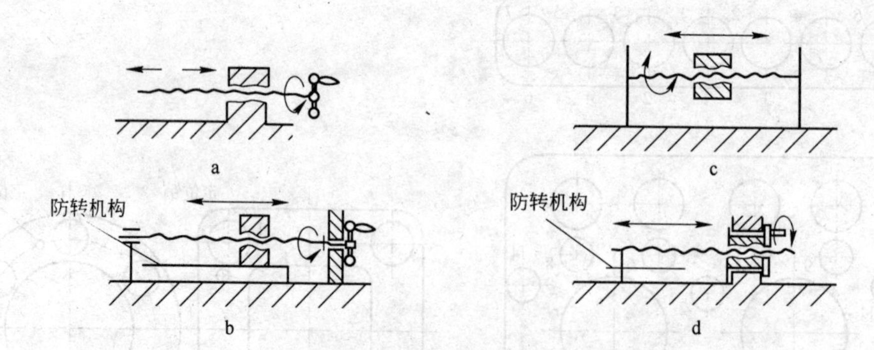

图 12 - 11　螺旋传动的运动方式

a—螺母固定不动，螺杆转动并沿轴线方向移动；b—螺杆转动，螺母沿螺杆轴线方向直线运动；c—螺杆固定不动，螺母转动并作直线运动；d—螺母转动，螺杆作直线运动

12.3.2.2　运动分析

（1）单螺旋传动机构。单螺旋传动机构是指螺杆；螺母和机架之间只组成一对螺旋副的机构，如图 12 - 12a 所示。A 为转动副；B 为螺旋副，导程为 S_B；C 为移动副。当螺杆 1 转过角度 φ 时，螺母 2 的位移为

$$l = \frac{\varphi}{2\pi} S_B \tag{12-4}$$

设螺杆按图示方向转动，若螺旋副 B 的螺纹为右旋，则螺母 2 向右移动：若螺旋副 B 为左旋，则螺母 2 向左移动。

（2）双螺旋传动机构。若 A、B 都是螺旋副（图 12 - 12b），两螺旋副的导程分别为 S_A 和 S_B，则称为双螺旋传动机构。

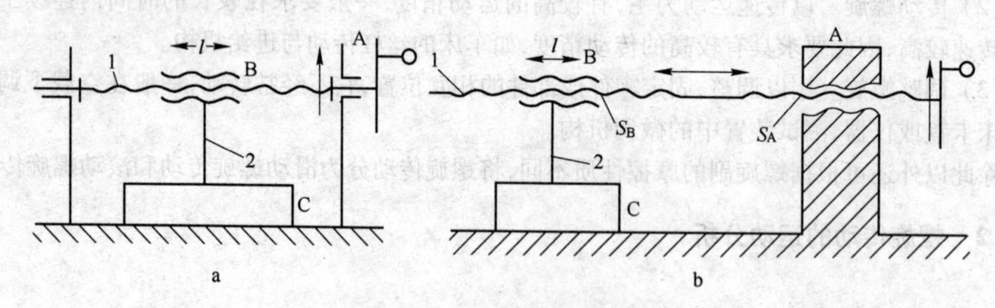

图 12 - 12　螺旋传动机构

a—单螺旋传动机构；b—双螺旋传动机构

1—螺杆；2—螺母

设两螺旋副的螺纹旋向相反，则螺母 2 的总位移为

$$l = (S_A + S_B)\frac{\varphi}{2\pi} \tag{12-5}$$

这种双螺旋传动机构称为复式螺旋传动机构，其特点是可使螺母 2 快速移动，可用于快速靠近或离开的场合，如应用于快速夹紧的夹具。

设两螺旋副的螺纹旋向相同，则螺母 2 的总位移为

$$l=(S_A-S_B)\frac{\varphi}{2\pi} \tag{12-6}$$

这种双螺旋传动机构称为差动螺旋传动机构。

例 12-1 某镗床采用差动螺旋机构使镗刀得到微量移动。已知 $S_A=1.5\text{mm}$,$S_B=1\text{mm}$,试求当调整手柄转一转时,镗刀的移动距离。

解: 参考图 12-12b,由式(12-6)可得

$$l=(S_A-S_B)\varphi/2\pi=(1.5-1)2\pi/2\pi=0.5(\text{mm})$$

若手柄转动的不是一周,而是转过去 1/360 周,则镗刀的实际位移为 0.014mm。由此可见差动螺旋传动机构可以产生极小位移,而螺旋的导程并不需要很小,使得加工比较容易,所以常用于分度计、微调机构等许多精密切削机床、仪器和工具中。

思考题

12-1 国标是如何规定普通螺纹的画法的?

12-2 解释下列符号的含义:

M10-5g6g—S　　M10×1—6H

12-3 螺纹联接的主要形式和应用场合?

12-4 螺纹联接预紧的作用是什么?控制预紧力的方法有哪几种?

12-5 螺纹联接防松的目的和常见的防松方法?

12-6 什么是螺旋传动?常用的螺旋传动有哪些应用形式?

12-7 复式螺旋传动机构与差动螺旋传动机构的特点是什么?

参 考 文 献

1 栾学钢主编. 机械设计基础. 北京:化学工业出版社,2001
2 范思冲主编. 机械基础. 北京:机械工业出版社,2001
3 陈海魁主编. 机械基础. 北京:中国劳动社会保障出版社,2001
4 郭仁生主编. 机械设计基础. 北京:清华大学出版社,2001
5 王伯平主编. 互换性与测量技术基础. 北京:机械工业出版社,2000
6 黄云清主编. 公差配合与测量技术. 北京:机械工业出版社,1997
7 潘宝俊主编. 互换性与测量技术基础. 北京:中国标准出版社,1997
8 齐宝玲主编. 几何精度设计与检测基础. 北京:北京理工大学出版社,1999
9 戴学增主编. 机械设计基础. 北京:机械工业出版社,1998
10 汤慧瑾主编. 机械设计基础. 北京:机械工业出版社,2000
11 刘庶民编著. 实用机械维修技术. 北京:机械工业出版社,1991
12 莫顺维、杨宗汤主编. 机械制图. 北京:高等教育出版社,1988
13 南玲玲主编. 机械制图及计算机绘图. 北京:化学工业出版社,2003
14 杨祖孝主编. 机械维护修理与安装. 北京:冶金工业出版社,1989
15 周师圣主编. 机械维护修理与安装. 北京:冶金工业出版社,2001
16 李世维主编. 机械基础. 北京:高等教育出版社,1996
17 蔺文友主编. 冶金机械修理. 石家庄:河北人民出版社,1990
18 刘宝瑄主编. 冶金机械检修手册. 北京:冶金工业出版社,1992